博碩文化

微軟S2D軟體定義
儲存技術實戰

王偉任 著

還在為了規劃儲存設備規模大小而苦惱嗎？
實作微軟S2D軟體定義儲存技術，一次整合運算及儲存資源

微軟 S2D 軟體定義儲存技術實戰

作　　者：王偉任
責任編輯：曾婉玲

董 事 長：蔡金崑
總 經 理：古成泉
總 編 輯：陳錦輝

出　　版：博碩文化股份有限公司
地　　址：221 新北市汐止區新台五路一段 112 號 10 樓 A 棟
　　　　　電話 (02) 2696-2869　傳真 (02) 2696-2867

郵撥帳號：17484299　戶名：博碩文化股份有限公司
博碩網站：http://www.drmaster.com.tw
讀者服務信箱：DrService@drmaster.com.tw
讀者服務專線：(02) 2696-2869 分機 216、238
（週一至週五 09:30 ～ 12:00；13:30 ～ 17:00）

版　　次：2017 年 8 月初版

建議零售價：新台幣 560 元
Ｉ Ｓ Ｂ Ｎ：978-986-434-240-2（平裝）
律師顧問：鳴權法律事務所 陳曉鳴 律師

本書如有破損或裝訂錯誤，請寄回本公司更換

國家圖書館出版品預行編目資料

微軟 S2D 軟體定義儲存技術實戰 / 王偉任著 .-- 初版 .
-- 新北市：博碩文化，2017.08
　面；　公分

ISBN 978-986-434-240-2(平裝)

1. 作業系統 2. 電腦軟體

312.54　　　　　　　　　　　　　106014072

Printed in Taiwan

博 碩 粉 絲 團　歡迎團體訂購，另有優惠，請洽服務專線
(02) 2696-2869 分機 216、238

推薦序

《微軟 S2D 軟體定義儲存技術實戰》經由這本書可以輕鬆學習到敏捷式的 IT 基礎架構以及企業組織如何能夠在現今雲端應用、資訊服務行動至上社交媒體，同時學習到分散 IT 預算並投資到敏捷性來刺激出「創新」，讓企業可以在新興的商業模式中獲利。

連續榮獲 6 年 Cloud and Datacenter Management Microsoft MVP 榮銜的王偉任老師，**致力於微軟技術的推廣已超過十多年，平常更熱心於社群中分享所學**。《微軟 S2D 軟體定義儲存技術實戰》書中詳細介紹實務上的 SDS 軟體定義儲存技術，敏捷性概念，呈現出來具體、清楚的內容，讓讀者更容易解讀。

什麼是微軟最有價值專家 Microsoft Most Valuable Professional？微軟最有價值專家（MVP）是積極幫助他人的傑出社群領導者，他們主動在技術社群內分享對於技術的熱忱、實用的專業知識與技術專長。目前全球獲頒微軟最有價值專家（Microsoft Most Valuable Professional）有三千多名，分別來自於全球九十多個國家，其中位居亞洲的台灣，目前將近 100 位的 MVP 獲此殊榮。更多訊息，請參考 🔗URL http://mvp.microsoft.com/zh-tw/default.aspx。

微軟雲端開發體驗暨平台推廣事業部技術社群行銷經理

張嘉容 *Reneata Chang*

推薦序

2012 年秋天，隨著微軟（Microsoft）發佈 Windows Server 2012（代號為 Windows Server 8）。這世代的發佈也標誌著一個重大的改變：

1. 從 Windows Server 2012 開始不再支援 Itanium（IA-64）或 IA-32。

2. 引進 Metro 使用介面。

3. 引進 ReFS 檔案系統。

4. Windows Storage Spaces 服務（以下簡稱為 Storage Spaces）。

其中尤以 Storage Spaces 佔了一個舉足輕重的位置；因為從此之後，Microsoft 正式踏入了企業級「軟體定義儲存」（SDS），為未來的「軟體定義數據中心」及「混合雲」戰略播下了一顆堅實的種子。

當然，就如很多產品的第一版推出後，都會遇到排山倒海的問題；效能、可靠度、部署及管理複雜度……等，都讓企業在考慮要利用 Storage Spaces 作為內部主要的儲存裝置多了一層擔憂。

微軟想當然會持續改進 Storage Spaces 在各方面的性能與修正，務求在 SDS 方案推陳出新的年代能更受企業用戶的青睞；終於，在接下來的 R2 版本中，Storage tiers / Write-back cache/Parity Space support/Dual Parity/Automatically rebuild from free space 等新功能也一一引進到 Storage Spaces 上。

這些顯著的提昇，讓更多的企業客戶開始接納 Storage Spaces 方案作為企業當中的主要儲存系統，搭配 Windows Azure Pack，能在最短的時間內為企業內部打造類 Azure 的公有雲平台，擺脫傳統認為虛擬化就是企業私有雲的誤解。

經過 3 個年頭，Windows Server 2016 終於在 2016 年 9 月 26 日推出；其中在技術預覽版 TP2 中，由 Storage Spaces 演化而來的 Storage Spaces Direct（S2D）無疑是讓人更有興趣了；在 2016 的 Ignite 大會，Claus Joergensen 利用了 16 nodes 的配置，做了 6,600,000 read IOPS，這樣的性能已經能擠進一線儲存系統的位置了。

當然不是隨便架設就能跑出那麼好的成績，那該如何調校呢？

本書深入淺出的帶大家了解 S2D 的不同部署模式及環境需求，特別是如果閱讀本書的你已經有 Windows Server 2012 的 Storage Spaces 經驗，你會發現架構上有一些很大的改變，可塑性更高了。

如果有閱讀過本書作者偉任的其他著作，一定不陌生的知道他接下來會帶領讀者們從如何規劃，如何根據需求選取你適合的硬體配置；到如何安裝設定，以及部署後如何驗證架構的效能，及後續的維運管理……等。

如果你有打算導入 S2D 方案，這本著作將成為你最好的教科書。

Dell 大中華地區企業解決方案資深副總

梁匯華

推薦序

　　接到偉任寫推薦序的邀請實在惶恐,雖然在資訊圈工作已經超過30年了,實非名人深怕影響銷售,但看到偉任願意分享他的專業且把所有資訊整理成冊進而出書,這種勇氣與氣度實在令人感佩。平常愛冒險的我心想凡事都有第一次,於是就答應了。

　　現在是資訊爆炸的時代,尤其是從事資訊的人,特別倚賴網路找資料,或是乾脆在社群直接問朋友得到答案。有什麼人還會想要寫書呢?我常說,資訊太多就是沒有資訊,要快速且正確地找到資料是很花時間的,若是能從專家處得到想要的資訊那是多麼美好的事啊。

　　軟體定義是一個熱門話題,客戶透過軟體定義可以享受到簡易操作,容易擴充及節省TCO的目的,問題是要達到這些目的,數據中心人員要從熟悉產品架構開始,偉任這本書是帶您進入軟體定義存儲的一個捷徑,熟讀後必能幫你進入軟體定義存儲的殿堂。

　　對廠商而言軟體定義已經是兵家必爭之地,Lenovo的軟體定義解決方案能為客戶提供從研發、測試、生產、安裝到服務的端到端一體解決方案,能簡化並加速選擇、佈署進而優化數據中心。

　　有了好的產品,好的知識及技能,進入軟體定義就易如反掌了。這本書正是您成功的邁向軟體定義必備的一本書,強力推薦。

Lenovo 區域解決方案首席顧問

黃國柱

推薦序

　　一週之前得知，在過去職場工作上，合作無間的客戶夥伴好友，即該書作者王偉任先生，在其如日中天的雲端科技專業領域中，再度執筆撰寫他的科技新作，精闢分享他的實務心得，並委由博碩文化股份有限公司出版《微軟 S2D 軟體定義儲存技術實戰》一書，感到萬分高興。承蒙作者誠摯邀請，在此，榮幸地做一推薦簡序。

　　在當今如火如荼的雲端科技產品開發戰場上，本人的老東家美商微軟公司，亦針在軟體定義儲存（Software Defined Storage，SDS）的技術競技殿堂上，適時地推出殺手鐧級的產品，即**軟體定義的儲存技術 Storage Spaces Direct（S2D）**。其主要開發的商業價值，是因應不斷劇增的大數據資料儲存，以及面對現有儲存設備硬體的限制，期望能有效地處理，儲存效能提升、可擴充性、可程式性、自動化等問題，而最終就是要改善總體成本的效益（Total Cost Ownership）。有鑑於此，作者將其本身實作實例的經歷，藉由本書闡述該技術產品功能及應用，並分享其寶貴經驗及看法。

　　從參與部份章節的校對過程中及識覽全部的章節裡，本人對本書的評價是，平陳直述，內容充實。其不僅涵蓋 S2D 技術介紹、佈署模式、運作架構、硬體環境需求暨配置、規劃設計、安裝設定、效能效率評估與測試、維運管理，然其精典之處在於，考量各種佈署的情境、列圖舉例、概要說明、標明細節、提點心得、介紹技術、產品及科技趨勢，以及建議解決方案，提供參考文獻，方便讀者索引延伸閱讀。

　　期望該書能夠針對，想瞭解想學習**軟體定義儲存技術**的資訊讀者及專業人士們，能夠提供進一步廣度及深度的認知及應用的幫助。

美商英特爾亞太科技有限公司 國際客戶業務行銷事業群雲端資料中心業務暨技術行銷總監

國立臺北科技大學電機研究所兼任教授

王怡鈞 博士

序言

　根據知名市調機構 Gartner 的統計調查結果顯示，從 2016 年開始將有 **2/3** 以上的企業及組織，開始建構及整合 **Mode 2** 的敏捷式 IT 基礎架構，所謂**基礎架構敏捷化**（Infrastructure Agility），便是著重於 IT 基礎架構中 Mode 2 的部分以便因應商業數位化的需求。

　在 2017 年時全球大型企業中已有高達 **75%** 的比例，建立 Mode 1 及 Mode 2 的雙重 IT 基礎架構稱之為 **Bimodal IT**。在傳統 Mode 1 當中的工作負載、技術、流程、部署模式已經行之有年無須再驗證，但 Mode 2 是新興的方式且在根本上與 Mode 1 不同，它強調的是「敏捷性」與「可擴充性」以便提高開發人員的生產力，達到快速推出各式各樣新服務的一種方式，舉例來說，**容器**（Container）技術可以幫助開發人員達到更好的敏捷性。

　簡單來說，傳統的 Mode 1 運作架構專注於「基礎架構管理」，而新興的 Mode 2 運作架構則是專注於「工作負載為中心」。那麼，以往虛擬化技術的主角 VM 虛擬主機就不再重要了嗎？當然不會！雖然，現在 Docker / Container 容器環境及**微服務**（Microservice）的新興架構當道，然而企業及組織目前線上營運的運作環境中仍為舊有架構，因此除非是新創公司或全新專案才有可能全面導入容器環境及微服務運作架構。倘若，企業及組織以每年 10～20% 的比例更換原有架構至容器環境及微服務運作架構，至少也要 5～10 年時間才有可能全面翻新整體運作架構。

　微軟官方也在 Windows Server 2016 雲端作業系統中，與 Docker 合作推出 Windows Server Container 及 Hyper-V Container 技術，讓 Hyper-V 虛擬化平台成為同時運作 VM 虛擬主機及 Container 容器的最佳運作環境，輕鬆幫助管理人員達成 Bimodal IT 的雙重 IT 基礎架構，幫助企業及組織在傳統及新興架構之間找到最佳平衡點。

　事實上，建構微軟 S2D 軟體定義儲存運作架構並不難，但是在建置 S2D 前倘若未妥善規劃硬體配置及相關注意事項，那麼屆時企業及組織將營運服務遷移至 S2D 環境時，便有可能發生效能不佳或回應過慢的情況。

　然而，導致效能不佳或回應過慢的結果，是因為 CPU、Memory、Networking、Storage 硬體資源不足？應用程式本身程式碼有問題？S2D 基礎架構設計不良？IT 管理人員操作不當……等？因此，本書除了深入剖析 S2D 硬體配置、部署模式、規劃設計等議題外，同時

也實戰 S2D 建置及維運管理以便幫助你建構出最佳化、高彈性、高可用性的 S2D 軟體定義儲存運作環境。

王偉任（weithenn.org）

Microsoft MVP 2012 ～ 2017
VMware vExpert 2012 ～ 2017

學習路徑圖

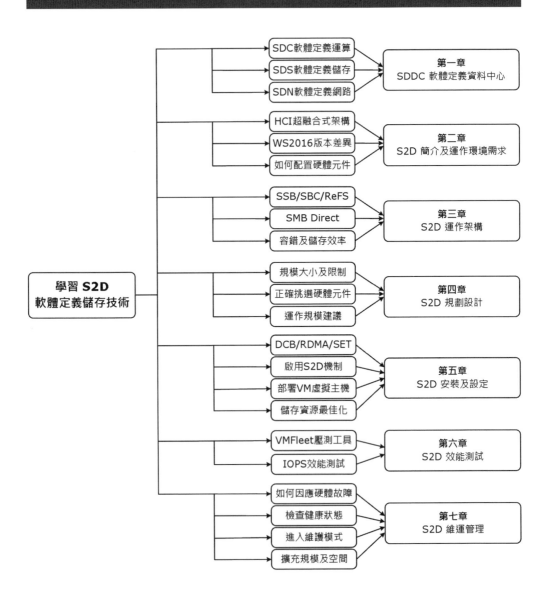

學習 S2D 軟體定義儲存技術

- SDC軟體定義運算
- SDS軟體定義儲存
- SDN軟體定義網路
  - **第一章** SDDC 軟體定義資料中心

- HCI超融合式架構
- WS2016版本差異
- 如何配置硬體元件
  - **第二章** S2D 簡介及運作環境需求

- SSB/SBC/ReFS
- SMB Direct
- 容錯及儲存效率
  - **第三章** S2D 運作架構

- 規模大小及限制
- 正確挑選硬體元件
- 運作規模建議
  - **第四章** S2D 規劃設計

- DCB/RDMA/SET
- 啟用S2D機制
- 部署VM虛擬主機
- 儲存資源最佳化
  - **第五章** S2D 安裝及設定

- VMFleet壓測工具
- IOPS效能測試
  - **第六章** S2D 效能測試

- 如何因應硬體故障
- 檢查健康狀態
- 進入維護模式
- 擴充規模及空間
  - **第七章** S2D 維運管理

Chapter 03　S2D 運作架構

S2D 規劃設計

S2D 安裝及設定

Chapter *06* S2D 效能測試

01
CHAPTER

SDDC 軟體定義資料中心

1.1 SDDC 軟體定義資料中心

　　根據Gartner的研究結果顯示，過往IT人員所熟知及打造**Mode 1**的**現代化資料中心**（Data Center Modernization）所遭遇的挑戰，主要在於管理及打造企業或組織中有關運算資源、儲存資源、網路資源、硬體設備、虛擬化技術……等虛實整合。

　　同時，現代化資料中心針對快速變動的商業數位化需求中，有關因應行動至上、資料爆炸式成長、IoT物聯網、AI人工智慧、VR虛擬實境、ML機器學習……等，都讓整個商業應用模式發生巨大變化與過往有著極大的不同。

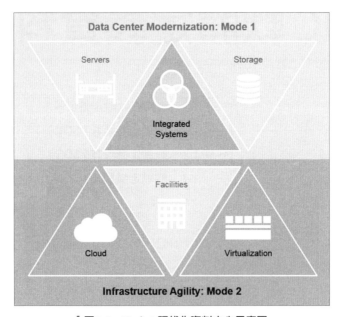

▌圖1-1　Mode 1現代化資料中心示意圖

※圖片來源：Gartner 官網 – Data Center Modernization and Consolidation Key Initiative Overview

　　隨著企業及組織朝向商業數位化模式不斷發展，知名的市調機構Gartner所屬分析師在2015下半年期間，針對100位企業及組織中負責領導IT基礎架構的主管調查結果顯示，有2/3以上的企業及組織開始建構及整合**Mode 2**的**敏捷式IT基礎架構**（Infrastructure Agility）。

　　所謂「基礎架構敏捷化」（Infrastructure Agility），便是著重於IT基礎架構中「Mode 2」的部分也就是因應商業數位化的需求，這些範圍包括：

- ❏ 將**敏捷**（Agility）最佳實務概念，充分導入至現代化資料中心的 IT 基礎架構當中，讓工作流程及技術人員能夠快速因應現在新興的商業數位化需求。

- ❏ 深入了解各項使用案例、決策考量、微服務（Micro-Service）、容器引擎……等最佳實務概念。

- ❏ 將單純的虛擬化運作環境，發展成**軟體定義**（Software-Defined）的基礎架構以達成敏捷的目的，也就是打造「軟體定義資料中心」（Software-Defined Data Center，SDDC）。

- ❏ 充份利用彈性的雲端基礎架構部署**新世代應用程式**（Next-Generation Applications）。

- ❏ 建構**邊緣資料中心**（Edge Data Center）平台，以便因應商業數位化及 IoT 物聯網。

- ❏ 加強巨量資料分析、Web 應用程式、IoT 物聯網……等部署作業，以便因應現代化行動至上的商務模式。

AWS（Amazon Web Services）及 Microsoft Azure 公有雲服務供應商，已經成功建構**Mode 2** 的敏捷及差異化平台，並且不斷侵蝕傳統 IT 資料中心硬體及基礎架構軟體供應商的市場佔有率。同時，現代化商務模式逐漸轉變成 **Infrastructure as Code** 及 **API-Based** 的運作模式，這對於傳統 IT 資料中心也造成非常大的衝擊，傳統的 IT 大型企業開始發現原有的基礎架構很難滿足新興的 IT 需求及應用方式，除非能夠迅速改變以便因應新世代的商務需求，否則企業及組織將在下一波進化及破壞性革命的洪流中逐漸被淹沒。

隨著新興商業數位化的應用模式不斷成熟，企業及組織更應該建構 Mode 2 類型的敏捷式IT 基礎架構，以及企業及組織能夠在雲端應用、資訊服務、行動至上、社交媒體……等新興的商業模式中獲利。因為未來成功的企業及組織，必須善用巨量資料及各種演算法來創造獨特的商務戰略優勢，同時善用 2 種類型的 IT 基礎架構以便提供資訊及技術服務。

雖然，傳統的 Mode 1 基礎架構能夠提供穩健的運作環境但卻顯得不夠敏捷，而 Mode 2雖然帶來敏捷性卻必須注意到過程中可能帶來的風險，此時便要仰賴企業及組織內的「I&O Leaders」帶領大家穩健的轉換到敏捷的 Mode 2 基礎架構。同時，企業及組織必須體認到，透過分散 IT 預算並投資到敏捷性來刺激出「創新」（Innovation），以及刺激過往企業及組織中原有的管理、成本及法規的部分，並且企業及組織也必須注意到將 IT 基礎架構遷移到Mode 2 運作架構時，可能採用的技術不成熟所帶來的風險。

在傳統 Mode 1 當中的工作負載、技術、流程、部署模式已經行之有年無須再驗證，但Mode 2 是新興的應用方式在根本上與 Mode 1 完全不同，它強調的是**敏捷性**（Agility）與**可擴充性**（Scalability）以便提高開發人員的生產力，達到快速推出新服務的一種方式，舉

例來說，**容器**（Container）技術可以幫助開發人員達到更好的敏捷性。簡單來說，傳統的 **Mode 1** 運作架構專注於**基礎架構管理**，而新興的 **Mode 2** 則是專注於**工作負載為中心**。

因此，根據 Gartner 市調機構的預測，在 2017 年時全球大型企業中將有高達 **75%** 的比例，會建立 Mode 1 及 Mode 2 的雙重 IT 基礎架構稱之為 **Bimodal IT**。然而，改變公司文化從來就不是一件容易的事情，企業或組織要建立 Mode 2 的 IT 基礎架構也是同樣的情況，不僅在傳統 IT 基礎架構中，必須擁有對創新的渴望同時要能夠接受及解決分歧意見的能力，並且努力改變企業及組織中的行為同時要能夠容忍失敗並接受風險，最後必須要能夠不斷探索及學習團隊中的各項事務，然後充份了解使用者的各種商務需求。因此，I&O Leaders 必須與 CIO 們及業務部門合作，確認**未來 5 年**企業及組織所需要的技術藍圖，並且制訂相關計畫及相關人員的角色以便達成目標。

事實上，採用新興的 Mode 2 運作架構並非是指在短時間內獲得相關技能或能力，而是企業及組織整體**文化**（Cultural）的改變，同時輔以敏捷流程，例如：「DevOps」。雖然，當企業及組織在走向敏捷的過程中可能會失敗，所以企業及組織必須學習**快速失敗**（FailFast），然後從失敗中吸取教訓並改進後朝向**創新**（Innovation），也就是達到 **Fail Early → Fail Fast → Learn Quickly → Learn Cheaply → Innovation** 的快速翻轉流程。所以 IT Leaders 在決定採用 Mode 2 敏捷式 IT 基礎架構時，應該注意下列事項才能避免發生大規模災難事件：

❏ 鼓勵冒險，並賦予 Mode 2 團隊足夠的執行預算以及獲得管理階層的認同及支持。

❏ 試用 Mode 2 公有雲供應商所提供的雲端服務，以便充分了解 Mode 2 應用程式需求以及敏捷 IT 基礎架構的專業知識。

❏ 促進商務流程、開發團隊、基礎架構團隊、維運團隊……等之間共享企業及組織的願景和目標，並定期舉行會議灌輸 DevOps 的敏捷文化。

❏ 把**自動化**（Automation）視為核心競爭力，透過 API-toolchain-based 的方式進行基礎架構部署、佈建、變更管理生命週期……等事務。

❏ 選擇正確的運作架構及部署模式，強調「敏捷性」及「可擴充性」同時防止「技術債」，並且不斷更新及升級以便快速支援新興服務或修正各項錯誤。

❏ 透過軟體定義的方式，降低「硬體依賴」（Hardware Dependency）及「供應商鎖定」（Vendor Lock-In）的情況發生。

❏ 充分了解企業及組織的「商務需求」，選擇適合的供應商、專業服務團隊、長期的願景、技術藍圖。

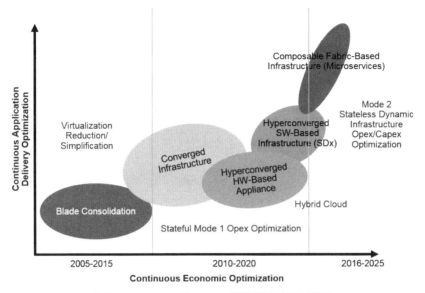

▎圖 1-2　Mode 1 與 Mode 2 基礎架構並行示意圖

※ 圖片來源：Gartner 官網 – Prepare for the Next Phase of Hyperconvergence

　　簡單來說，不管是 Mode 1 的現代化資料中心或是新興 Mode 2 的基礎架構敏捷化，在企業或組織的資料中心內硬體資源的組成，不外乎就是「CPU、記憶體、儲存、網路」等 4 大硬體資源，而這 4 大硬體資源又可以簡單劃分為 3 大類也就是 **運算、儲存、網路**。

　　那麼，接下來我們來看看 Mode 2 基礎架構敏捷化定義中，透過 **軟體定義**（Software-Defined）的運作概念，如何將「運算、儲存、網路」等硬體資源，轉換成 SDC 軟體定義運算、SDS 軟體定義儲存、SDN 軟體定義網路，幫助企業及組織打造成快速因應商業數位化需求的強大 IT 基礎架構，最終達成 SDDC 軟體定義資料中心的目標。

1.2 軟體定義運算（SDC）

　　軟體定義運算（Software Defined Compute，SDC），與 SDS 軟體定義儲存及 SDN 軟體定義網路技術相較之下，為基礎架構硬體資源當中最為成熟的技術。事實上，許多企業及組織在建構軟體定義式的 IT 基礎架構時，最先投入的便是 SDC 軟體定義運算的部分。

　　舉例來說，國際大廠 Intel 在整個軟體定義資料中心的演進歷程中，在 1990 年代末期便從原本垂直整合伺服器解決方案切入，但是由於解決方案費用太過昂貴並且難以管理，所以從

1997 年開始轉向 SDC 軟體定義運算的部分，將專屬的 RISC Unix 轉換成以 Intel 架構為基礎的 Linux 運作環境，因此從 1997 ～ 2005 年間資本支出累積共節省了 **1.4 億美元**。

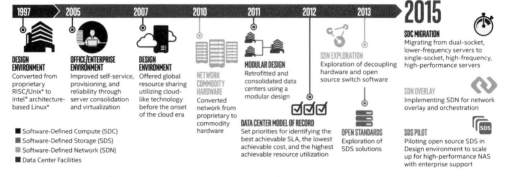

▌圖 1-3　Intel 在軟體定義資料中心的發展里程碑演進示意圖

※ 圖片來源：Intel 官網 – How Software-Defined Infrastructure is Evolving at Intel

然而，談到 SDC 軟體定義運算便無法不談到 **x86 伺服器虛擬化**（x86 Server Virtualization）技術，在 x86 伺服器虛擬化技術尚未風行前，企業及組織的應用程式及營運服務便直接運作在 x86 硬體伺服器上，這樣的運作架構雖然讓應用程式及營運服務，可以直接獨佔整台 x86 硬體伺服器所有硬體資源，所以能夠提供良好的工作負載能力。但是，卻容易產生「供應商鎖定」（Vendor Lock-in）的情況，舉例來說，倘若原本的應用程式及營運服務運作於 Dell 硬體伺服器上，但是該台 x86 硬體伺服器發生故障損壞事件時，需要將其上的應用系統或營運服務遷移至它牌硬體伺服器時（例如：HPE 或 Lenovo）是非常困難的。

因此，x86 伺服器虛擬化技術的出現打破了供應商鎖定的困擾。現在，透過底層 x86 伺服器虛擬化技術，不管底層採用哪種硬體供應商的 x86 伺服器，只要建構好 Hypervisor 虛擬化底層管理機制後，那麼其上便可以順利運作 VM 虛擬主機並提供應用程式及營運服務。

1.2.1　x86 虛擬化技術

在說明 x86 虛擬化技術以前，便要先從 x86 架構 **CPU 特權模式**（CPU Privileged Mode）開始談起。由於 x86 CPU 架構一開始設計是以「個人電腦」為定位，因此要達成將實體主機的硬體資源虛擬化有很大的困難，如圖 1-4 所示在 x86 CPU 特權模式示意圖中可以看到，CPU 運作架構上共有 4 個特權等級從 **Ring 0 ～ Ring 3**，其中權限最高為 Ring 0 層級通常只有作業系統可以與核心（Kernel）進行溝通，並且能夠直接控制實體主機硬體資源的使用，例如：CPU、Memory、Device I/O……等，而 Ring 1 / Ring 2 層級則通常為週邊裝置的驅動程式很少使用到，最後則是使用者端所能碰觸到的應用程式處於 Ring 3 特權模式。

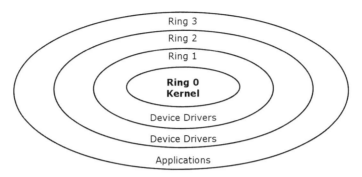

▌圖 1-4　x86 架構 CPU 特權模式

　　當 x86 實體主機進行虛擬化之後的虛擬層（Virtualization Layer），將會允許多個作業系統（Operating System）同時運作於一台 x86 實體主機上，同時可以動態分享實體主機的 CPU 運算能力、儲存裝置（Storage）、記憶體（Memory）、網路功能（Networking）、磁碟 I/O（Disk I/O）、週邊裝置（Device）……等各項實體主機硬體資源。

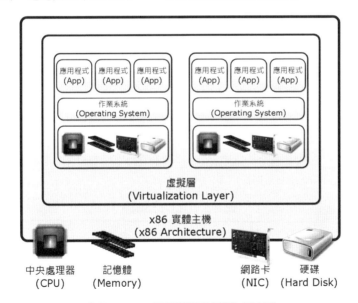

▌圖 1-5　x86 硬體伺服器虛擬化示意圖

　　近年來，x86 伺服器運算能力與日俱增可以說幾乎為倍數成長，伺服器虛擬化技術也到達非常成熟穩定的階段。因此，很適合使用它來簡化軟體開發及測試作業，並且也可以將企業營運用途的主機及服務遷移至虛擬化平台上，達到整合伺服器的目的也就是大家耳熟能

詳的**伺服器集縮**（Server Consolidation），同時也能提高資料中心整體的彈性、可用性及連續性。

虛擬化技術可以將作業系統由硬體伺服器當中**抽離**出來，並且封裝成單一檔案之後運作於虛擬化環境內，因此使得作業系統可以無須在意伺服器的硬體為何，例如：作業系統可以在高可用性及具備容錯功能的虛擬化環境上，持續運作 365 天（7 x 24 小時）都無須停機（DownTime），即使 x86 實體伺服器需要進行硬體元件維修，也只需要將運作於其上的 VM 虛擬主機遷移至其它台實體伺服器繼續運作即可。

對於標準的 x86 架構系統來說，虛擬化技術可以採用 Hosted 或 Hypervisor 運作架構，其中 **Hosted** 寄存式運作架構必須先為硬體伺服器安裝作業系統之後，才能夠安裝 Virtualization Layer 於應用程序上（例如：Microsoft VirtualPC、VMware WorkStation、Oracle VirtualBox……等），這樣的運作架構雖然支援最廣泛的硬體裝置，但最大的缺點便是這樣的虛擬化環境僅適用於**測試**環境，並無法符合企業環境高可用性、高擴充性的要求。

相較之下 **Hypervisor**（Bare-Metal）裸機運作架構，則是直接將 Virtualization Layer 安裝在 x86 硬體伺服器上，由於它可以**直接存取**（Direct Access）硬體資源而無須再透過作業系統額外轉譯，因此可以提供運作於其上 VM 虛擬主機「接近」原生硬體伺服器的運作效能。

❖ x86 CPU 架構虛擬化技術

x86 CPU 架構虛擬化技術約略區分為 3 種：

❑ **全虛擬化（Full Virtualization）**：使用二進位轉譯（Binary Translation）技術達成。

❑ **半虛擬化（Para Virtualization）**：修改作業系統核心並配合 Hypercall 技術達成。

❑ **硬體輔助虛擬化（Hardware Assisted Virtualization）**：由 CPU 直接支援虛擬化技術達成。

1.2.2 全虛擬化技術

在 x86 CPU 處理器的原生設計架構中，作業系統會完全掌控實體主機的硬體資源，x86 架構提供了 4 個特權等級 Ring 0 ~ Ring 3（特權由大至小）給作業系統及應用程式，以便透過直接存取的方式存取實體伺服器硬體資源，使用者等級的應用程式通常運作在 Ring 3 特權等級上，而作業系統因為需要直接存取硬體資源（例如：CPU、Memory……等），所以運作在 Ring 0 特權等級上。

但是 x86 虛擬化運作架構，是將虛擬層 **VMM**（Virtualization Layer）插入與作業系統同樣特權等級的 Ring 0，以便完全掌控硬體資源進而提供給運作於其上的 VM 虛擬主機，但是當 Ring 0 特權等級已經被虛擬層 VMM 佔用的情況之下，運作於 VMM 上的 VM 虛擬主機其客體作業系統（Guest OS）特權等級就後退一級變成 Ring 1。但是，當客體作業系統嘗試存取硬體資源的某些情況下，若沒有身處於 Ring 0 特權等級中有些指令是無法順利執行的，而且那些執行動作的指令也無法被虛擬化成在 Ring 1 特權等級上可以執行（Non-Virtualizable OS Instructions），甚至還可能因此導致作業系統發生當機的情況，因此一開始 x86 虛擬化架構看來是一項無法實際運作的技術。

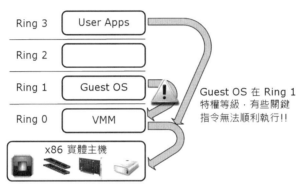

圖 1-6　x86 架構 CPU 特權模式（尚未虛擬化之前）

然而，x86 架構的虛擬化難題在 1998 年時被 VMware 挑戰成功，VMware 開發出名為**二進位轉譯技術**（Binary Translation Techniques）的全虛擬化技術，該項技術可以使虛擬層 VMM 運作在 Ring 0 特權等級中，而 VM 虛擬主機（Guest OS）雖然處於 Ring 1 特權模式，但是當需要存取 x86 實體伺服器的硬體資源時便會透過二進位轉譯的方式，將無法於 Ring 1 模式執行的**核心代碼**（Kernel Code）進行轉譯的動作，進而讓客體作業系統能夠順利執行指令並存取底層硬體資源，而使用者等級的應用程式仍透過直接存取的方式來存取硬體資源，每台 VM 虛擬主機都會有 VMM 負責與實體伺服器之間硬體資源存取的需求，並提供虛擬硬體給 VM 虛擬主機使用包括 BIOS、Memory、週邊裝置⋯⋯等。

整合了二進位轉譯及直接存取的全虛擬化技術，讓 Virtualization Layer 可以支援並運作任何作業系統的 VM 虛擬主機，因此 VM 虛擬主機可以完全跟實體伺服器的硬體脫勾。此外，運作於 VM 虛擬主機中的客體作業系統完全不需要進行任何修改，因為它不知道自己已經處於虛擬化環境當中，所以全虛擬化技術並不需要硬體支援，也不需要修改作業系統核心即可達成支援無法被虛擬化特權指令的目的。

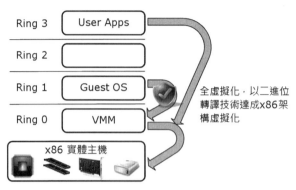

圖 1-7　透過二進位轉譯技術達成 x86 架構虛擬化

1.2.3　半虛擬化技術

Para 原本是源自於希臘血統的語言文字，使用英語來翻譯字面則有「旁邊」的意思（所以 Para Virtualization 翻譯為旁虛擬化技術也適當），半虛擬化技術主要是透過修改作業系統核心，將那些無法被虛擬化的指令（Non-Virtualizable Instructions），也就是無法在 Ring 1 特權模式執行的指令以 Hypercall 取代它們，讓作業系統不用因為虛擬化而將 CPU 特權等級調降到 Ring 1（保持在 Ring 0），並且透過 Hypercall 介面與 Virtualization Layer Hypervisor 進行溝通，同時管理實體主機上的記憶體及 CPU 核心中斷處理（Critical Kernel Operations）……等作業，以減少實體主機硬體資源耗損進而提高 VM 虛擬主機效能表現。

由此可知半虛擬化與全虛擬化是 2 種完全不同的虛擬化技術，半虛擬化的主要優勢是降低因為虛擬化所帶來的硬體資源耗損，但缺點是必須要修改作業系統核心為前提，因此未經過修改的作業系統核心便無法運作於半虛擬化技術平台上。在開放原始碼中的 Xen 計畫，就是個半虛擬化技術的最好範例，它使用修改過的 Linux 核心建立的半虛擬化平台運作的非常良好。

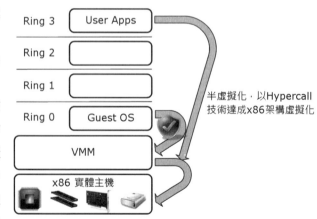

圖 1-8　透過修改作業系統核心以 Hypercall 技術達成 x86 架構虛擬化

1.2.4 CPU 硬體輔助虛擬化

由於 x86 架構伺服器硬體效能與日俱增，因此 x86 虛擬化架構的需求將不斷增加，所以 CPU 大廠 Intel 及 AMD 便決定重新設計 x86 CPU 架構以簡化虛擬化技術的導入門檻，這 2 家 CPU 大廠分別在 2006 年時推出**第 1 代**虛擬化技術 x86 CPU，Intel 公司推出 **Virtualization Technology**（VT-x）技術而 AMD 公司則是推出了 **AMD-V**，第 1 代虛擬化技術為制訂一個新的 CPU 執行特權模式，讓 VMM 虛擬化層可以運作在低於 Ring 0 的環境中。

Intel VT-x 虛擬化技術，是將 VM 虛擬主機狀態儲存於「虛擬主機控制結構」（Virtual Machine Control Structures）當中，而 AMD-V 虛擬化技術則是將 VM 虛擬主機狀態儲存於「虛擬主機控制區塊」（Virtual Machine Control Blocks）內，雖然這 2 家 CPU 廠商的虛擬化技術或許不同然而目的卻相同。簡單來說硬體輔助虛擬化技術，是將原先 x86 CPU 特權等級 Ring 0 ~ Ring 3 重新規劃為 **Non-Root Mode** 特權等級，同時新增一個 **Root Mode** 特權等級提供 Hypervisor（VMM）使用，所以也常常有人把 Root Mode 稱之為 **Ring -1**。

因此 Hypervisor（VMM）虛擬化層級，直接使用 Root Mode（Ring -1）特權等級進行運作，而 VM 虛擬主機當中的客體作業系統維持在原來的 Ring 0 特權等級，所以透過 CPU 硬體輔助虛擬化技術後，半虛擬化技術無須再修改作業系統核心以符合虛擬化運作架構，而全虛擬化技術也不用再進行二進位轉譯的動作耗損不必要的硬體資源，以開放原始碼的 Xen 計畫為例，當採用 CPU 硬體輔助虛擬化技術後，便不再需要修改 Linux 核心即可輕鬆建立一個 x86 虛擬化運作環境。

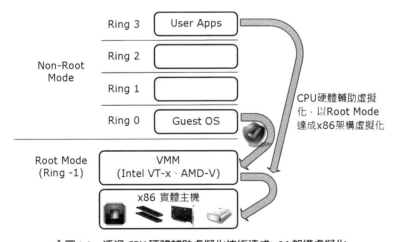

▌圖 1-9 透過 CPU 硬體輔助虛擬化技術達成 x86 架構虛擬化

順利將 CPU 運作資源虛擬化之後，接著下一個關鍵點便是將 Memory 資源進行虛擬化，因為這涉及到實體伺服器記憶體如何分配給 VM 虛擬主機並進行動態調整，VM 虛擬主機記憶體虛擬化其實與虛擬記憶體支援作業系統的方式非常類似。

因此，Intel 及 AMD 又發展出**第 2 代**的硬體輔助虛擬化技術 **MMU**（Memory Management Unit），有效降低因為虛擬化所造成的記憶體資源損耗，以 Intel 技術來說稱之為 **Intel EPT**（Extended Page Tables），而 AMD 技術則為 **AMD NPT**（Nested Page Tables）或 **AMD RVI**（Rapid Virtualization Indexing），記憶體虛擬化技術會在 x86 CPU 中包含一個記憶體管理單元 MMU，以及**前瞻轉換緩衝區**（Translation Lookaside Buffer，TLB）以便最佳化虛擬記憶體的使用效率。

第 2 代 MMU 虛擬化技術的運作原理是，當應用程式看到一個連續的「位址空間」（Address Space）時，無須依賴底層實體伺服器記憶體資源進行空間佔用的動作，而是客體作業系統保留對應的「虛擬頁面號碼」（Virtual Page Numbers），接著與實體頁面號碼在「頁面表格」（Page Tables）中，每台運作的 VM 虛擬主機其虛擬記憶體不斷對應到實體記憶體區塊，但是並無法直接存取實體伺服器的記憶體區塊。

此時，將會透過記憶體管理單元 MMU 來支援 VM 虛擬主機進行對應的動作，VMM 使用**陰影分頁技術**（Shadow Page Tables）技術，負責把 VM 虛擬主機的記憶體區塊對應到實體伺服器的記憶體區塊，如圖 1-10 所示 VMM 透過 TLB 前瞻轉換緩衝區運作機制（虛線箭頭），將虛擬記憶體區塊直接對應至實體記憶體區塊，有效避免每次進行記憶體資源存取的動作時就要經過層層轉換的耗損，同時當 VM 虛擬主機改變虛擬記憶體區塊的對應時 VMM 便會立即更新陰影分頁內容，以便快速找到相關的記憶體區塊對應位址。

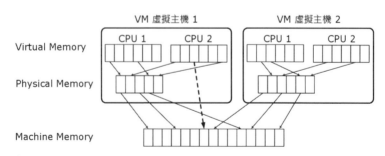

▌圖 1-10　第 2 代 MMU 虛擬化技術將針對記憶體區塊存取行為進行最佳化

克服 CPU 及 Memory 運算資源虛擬化的難題之後，供應商接著想要將**週邊裝置 I/O** 也進行虛擬化，然而這涉及到虛擬裝置和實體裝置之間，各種 I/O 請求以及軟體方式 I/O 虛擬化裝置管理作業，同時對於實體裝置來說虛擬化裝置有效達到豐富功能及簡化管理的需求，

例如：虛擬化平台建立虛擬交換器，並將多台 VM 虛擬主機接於其中之後，透過虛擬網路卡連接互相進行網路流量傳輸，但是實際上卻不會帶給實體網路環境任何的網路流量，成功達成更具備彈性的網路架構。

網路卡群組（NIC Teaming）功能，為實體網路卡提供**故障轉移和負載平衡**（Load Balancing and FailOver，LBFO）的功能，同時又不會影響 VM 虛擬主機對外溝通的網路流量，並且當 VM 虛擬主機遷移到不同的虛擬化平台上仍能使用相同的網路卡位址（MAC Address）。

因此，I/O 虛擬化的關鍵便是要確保這樣的機制能夠有效降低實體主機的 CPU 工作負載，這些虛擬裝置都有效的模擬出 VM 虛擬主機所會使用到的週邊裝置，因此不管 VM 虛擬主機的客體作業系統為何，都無須擔心實體機器週邊裝置 I/O 的問題。

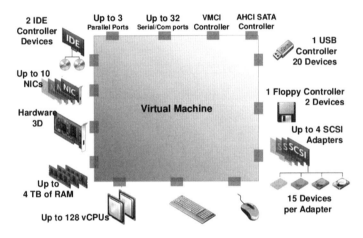

▌圖 1-11　VM 虛擬主機週邊裝置 I/O 虛擬化
※ 圖片來源：VMware Advance Troubleshooting Workshop – Day1

至此，我們已經討論目前市場上 3 種主流的 x86 架構虛擬化技術，並且將 3 種虛擬化技術針對各項需求進行簡要的功能性比較：

▌表 1-1　虛擬化技術功能比較表

	半虛擬化	全虛擬化	硬體輔助虛擬化
達成技術	Hypercall	Binary Translation	Root Mode
VM 虛擬主機相容性	必須修改客體作業系統核心才能夠支援。	VM 虛擬主機可運作絕大部份的作業系統。	VM 虛擬主機可運作絕大部份的作業系統。
運作效能	較好	普通	中等
代表廠商	Xen、Microsoft	VMware、Microsoft、Parallels	VMware、Microsoft、Parallels、Xen

1.2.5 容器技術

事實上，談到虛擬化技術一般 IT 管理人員通常都會聯想到 VM 虛擬主機，然而這個情況從 2013 年 Docker 的出現而發生重大的改變。其實，Docker 並非是「容器」（Container）技術，而是一項用來**管理**及**調度**容器環境的技術，讓 IT 管理人員能夠不用費心處理容器的管理作業，便能達到輕量級作業系統虛擬化解決方案的目的。

Docker 容器管理技術，原本是 dotCloud 公司（主要提供 PaaS 雲端服務）內部的一個業餘專案，採用 Google 的 Go 語言進行容器管理所實作的一項內部專案，後來 dotCloud 公司索性將此專案加入 Linux 基金會並在 GitHub 上進行維護，然後便迅速受到全球開發人員的喜愛，甚至 dotCloud 直接將公司名稱改名為 Docker Inc。

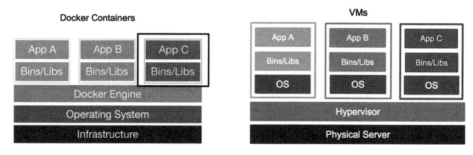

▌圖 1-12　容器與 VM 虛擬主機的運作架構示意圖

※ 圖片來源：Docker Blog – The 4 Biggest Questions About Docker from VMworld 2016

在 Docker 的運作架構中，容器與 Docker 服務的溝通是透過 **RESTful API** 進行溝通。同時，一開始 Docker 的容器管理環境是以 Linux 作業系統為基礎，然而在最新 Windows Server 2016 作業系統版本中，微軟也與 Docker 公司合作在 Windows 作業系統中實現 Docker 容器管理環境。

但是，整個 Docker 容器管理環境的實作方式與 Linux 作業系統完全不同，所以現階段在 Linux 容器環境中所打包的容器映像檔（Container Image），並無法在 Windows 容器環境中使用的。當然，在 Windows 容器環境中所打包的容器映像檔，也無法在 Linux 容器環境中運作。因為，剛才已經提到容器與 Docker 服務的溝通是透過 RESTful API 進行溝通，而 Linux 與 Windows 作業系統在根本上便有很大的差異，當然也採用**不同的 API**（Windows API vs Linux API），那麼我們來看看有哪些根本上的不同：

❖ Linux 容器環境

❑ **Control Group**：控制群組，針對共享資源進行隔離並管控硬體資源的使用（例如：管理記憶體、檔案快取、CPU、磁碟 I/O⋯⋯等使用率）。

❑ **Namespaces**：命名空間，確保每個容器都有單獨的命名空間，讓容器之間的運作互相不受影響。

❑ **AUFS**：檔案系統，不同容器可以共享基礎的檔案系統層，同時實現分層功能並將不同目錄掛載到同一個虛擬檔案系統中。

❖ Windows 容器環境

❑ **Job Objects**：類似 Linux 的控制群組機制。

❑ **Object Namespace、Process Table、Networking**：類似 Linux 的命名空間機制。

❑ **Compute Service**：作業系統層級的運算服務層。

❑ **NTFS**：每個運作的容器各自擁有 1 份 NTFS 分區表，並搭配虛擬區塊儲存裝置來建立容器多層式檔案系統，接著再利用 Symlink 運作機制把不同層的檔案對應到 Host 環境檔案系統內的實際檔案，以便減少虛擬區塊儲存裝置所占用的儲存空間。

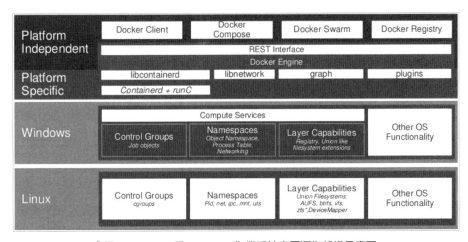

▌圖 1-13　Linux 及 Windows 作業系統底層運作架構示意圖

※ 圖片來源：Docker and Microsoft – Windows Server 2016 Technical Deep Dive

此外，在新一代 Windows Server 2016 雲端作業系統運作環境中，微軟設計 2 種不同的容器運作環境以便因應不同的需求。首先，是類似 Linux 容器概念的 **Windows Server Container** 容器環境，屆時上層的每個應用程式都已經**容器化**（Containerized），在容器主機上透過 User-Mode 的方式共用系統核心並運作著互相隔離的容器。

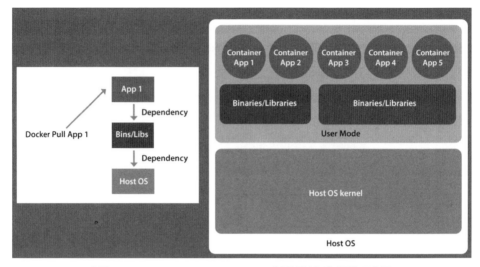

▍圖 1-14　Windows Server Container 容器環境運作架構示意圖

※ 圖片來源：TechNet Wiki – Windows Containers vs. Hyper-V Containers in Windows Server 2016

　　由於 Windows Server Container 容器環境會**共用系統核心**，因此這樣的應用情境在**單一**租用戶的運作環境中非常適合。然而，在**多租用戶**的運作環境時，便有可能因為某個惡意租用戶濫用共用系統核心的機制，進而攻擊其它共享系統核心的容器。同時，在 Windows Server Container 容器環境中，也有可能因為 Windows Server 進行安全性更新後必須重新啟動，而導致共用系統核心的所有容器發生服務中斷的情況。

　　此時，便可以採用添加 VM 虛擬主機元素的 **Hyper-V Container** 容器環境。簡單來說，Hyper-V Container 容器環境採用獨立系統核心資源，同時它並非運作傳統的 Hyper-V VM 虛擬主機，而是運作 Windows Server Container 技術的特殊 VM 虛擬主機，並且具備獨立的系統核心、客體運算服務、基礎系統執行程序……等。因此，透過 Hyper-V Container 所提供的獨立系統核心資源機制，可以有效解決在多租用戶運作環境中的安全性疑慮及困擾。

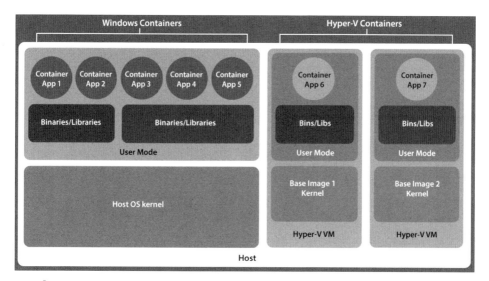

| 圖 1-15　Windows Server Container 及 Hyper-V Container 容器環境運作架構示意圖

※ 圖片來源：TechNet Wiki – Windows Containers vs. Hyper-V Containers in Windows Server 2016

值得注意的是，倘若需要運作 Hyper-V Container 容器環境，必須要確認運作環境能否順利啟用**巢狀式虛擬化**（Nested Virtualization）技術。在伺服器虛擬化運作環境中，談到巢狀式虛擬化運作環境時，大家通常都會想到 VMware vSphere 虛擬化解決方案。沒錯，在過去舊版的 Hyper-V 虛擬化平台當中，要建構出「巢狀式虛擬化」的運作環境，確實非常困難並且難以達成。現在，透過最新發行的 Windows Server 2016 雲端作業系統，所建構的 Hyper-V 虛擬化平台便原生內建支援**巢狀式虛擬化**運作機制。

說明

事實上，從 Windows Server 2016 技術預覽版本 4 的「**10565**」組建號碼開始，便開始原生內建支援巢狀式虛擬化機制。

簡單來說，在過去舊版 Hyper-V 虛擬化平台運作架構中，最底層 Hyper-V Hypervisor 虛擬化管理程序，將會完全管控**虛擬化擴充功能**（Virtualization Extensions）的部分，也就是如圖 1-16 所示 Level 0 傳遞給 Level 1 **箭頭**的部分。同時，Hyper-V Hypervisor 並不會將底層硬體輔助虛擬化功能，傳遞給運作於上層的客體作業系統，所以在舊版的 Hyper-V 虛擬化平台上很難實作出巢狀式虛擬化的運作環境。

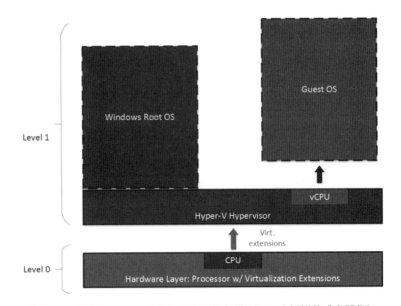

▌圖1-16 舊版 Hyper-V 虛擬化平台運作架構（「不」支援巢狀式虛擬化）

※ 圖片來源：Virtualization Blog – Windows Insider Preview Nested Virtualization

現在，透過最新 Windows Server 2016 雲端作業系統所建置的 Hyper-V 虛擬化平台，Hyper-V Hypervisor 虛擬化管理程序，已經可以順利將「虛擬化擴充功能」也就是底層硬體輔助虛擬化技術，傳遞給 Hyper-V 虛擬化平台上運作的客體作業系統了。

因此，當 Hyper-V 虛擬化平台上運作的客體作業系統為 Windows Server 2016 時，因為能夠順利接收到由底層所傳遞過來的硬體輔助虛擬化技術，所以便能啟用 Hyper-V 虛擬化功能並建立 VM 虛擬主機，達成 VM 虛擬主機中再生出 VM 虛擬主機的巢狀式虛擬化運作架構。

說明

事實上，當客體作業系統運作 Windows 10 時，也能順利接收底層所傳遞過來的硬體輔助虛擬化技術，達成 VM 虛擬主機中再生出 VM 虛擬主機的巢狀式虛擬化運作架構。

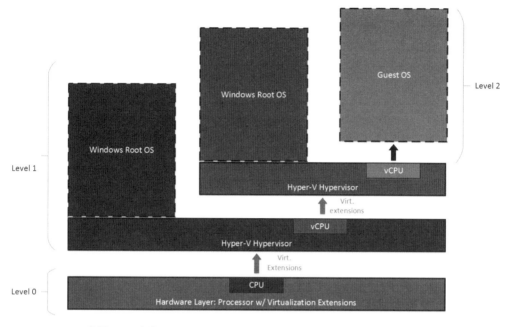

▍圖 1-17　新版 Hyper-V 虛擬化平台運作架構（「支援」巢狀式虛擬化）

※ 圖片來源：Virtualization Blog – Windows Insider Preview Nested Virtualization

　　此外，一般對於巢狀式虛擬化技術的認知，僅止於建立測試研發環境上具備方便度而已，通常在線上營運的運作環境並不會使用到巢狀式虛擬化技術。然而，在新版 Windows Server 2016 中 Hyper-V 虛擬化平台支援巢狀式虛擬化技術，並非只是為了達到 Nested VM 這種 VM 虛擬主機再生出 VM 虛擬主機，方便建立測試研發環境的目的而已。

　　在新一代 Windows Server 2016 雲端作業系統運作環境中，同時支援 Windows Containers 及 Hyper-V Container 這 2 種容器技術運作環境，其中 **Hyper-V Container** 容器技術運作環境的部分，便是在 VM 虛擬主機中再運作 Container 容器環境，達到更進一步的容器技術隔離運作環境。事實上，Hyper-V Container 的容器技術運作環境，便是透過 Hyper-V 巢狀式虛擬化技術所達成。

　　值得注意的是，在 Windows 容器運作環境中提供 2 種容器映像檔，分別是 **Windows Server Core** 及 **Nano Server**，但是並非所有作業系統或服務都支援這 2 種容器映像檔。舉例來說，倘若採用 Windows Server 2016 作業系統時，將可以順利使用 Windows Server Container 及 Hyper-V Container 容器技術，然而若是採用 Windows 10 作業系統時，那麼只能結合 Hyper-V 巢狀式虛擬化技術使用 Hyper-V Container 容器環境而已。

表 1-2　不同 Windows 作業系統版本所支援的容器技術及容器映像檔

作業系統版本	Windows Server Conitaner	Hyper-V Container
Windows Server 2016 with Desktop	Server Core / Nano Server	Server Core / Nano Server
Windows Server 2016 Core	Server Core / Nano Server	Server Core / Nano Server
Windows Server 2016 Nano Server	Nano Server	Server Core / Nano Server
Windows 10 專業版 / 企業版	不支援	Server Core / Nano Server

※ 資料來源：Microsoft Docs – Windows Container Requirments

1.2.6　Microsoft SDC 軟體定義運算技術

　　Microsoft 於 2008 年 6 月份，在發行的 Windows Server 2008 作業系統版本中，便開始內建 Hyper-V 1.0 虛擬化技術，宣示微軟正式跨入虛擬化技術領域的決心，緊接著在 2009 年 10 月所發佈的 Windows Server 2008 R2 作業系統版本中，將 Hyper-V 虛擬化技術版本升級至 Hyper-V 2.0。

　　微軟經過多年的努力之後，於 2012 年 10 月所發行的 Windows Server 2012 作業系統當中，已經演變為成熟的 Hyper-V 3.0 虛擬化技術，隔年在 2013 年 6 月 TechEd 2013 大會上，發佈 Windows Server 2012 R2 的技術預覽版本（Preview Version），並於 2013 年 10 月時，正式發佈 Windows Server 2012 R2 雲端作業系統（Cloud OS），此時的 Hyper-V 虛擬化平台技術版本為非常成熟的 Hyper-V 3.0 R2。

　　微軟新世代 Windows Server 2016 雲端作業系統，在 2014 年 10 月正式發佈第 1 版的「技術預覽」（Technical Preview，TP1）版本，接著陸續發佈 TP2 ~ TP5 技術預覽版本並於 2016 年 9 月正式推出。台灣則是在 2016 年 10 月 Microsoft Tech Summit 微軟年度技術盛會中，揭幕 Windows Server 2016 正式上市。

　　在 Hyper-V 虛擬化平台運作架構中，主要分為 3 層式運作分別是 **Hypervisor**、**Root Partition**（**或稱 Parent Partition**）、**Child Partition**，當然其中又有其它的運作元件以便互相協同運作，當我們在看 Hyper-V 運作架構圖時常會看到一些技術名詞的縮寫，下列便是相關技術名詞的功能說明：

❖ **Hypervisor**

負責掌管實體主機的硬體資源存取，以及實體主機硬體資源的調度使用。

❑ **Hypercall**：先前有提到半虛擬化技術，便是採用 Hypercall 技術處理硬體資源的存取作業。

❑ **MSR**：Memory Service Routine。

❑ **APIC（Advanced Programmable Interrupt Controller）**：硬體裝置的中斷作業控制。

❖ Root/Parent Partition

Host OS 負責執行虛擬化堆疊的任務，將 Child Partition 傳送過來的存取硬體裝置需求，傳遞給 Hypervisor 以便進行硬體資源的存取作業。

❑ **WMI（Windows Management Instrumentation）**：Root Partition 透過 WMI API 去管理及控制在 Child Partition 中運作的客體作業系統。

❑ **VMMS（Virtual Machine Management Service）**：負責管理 Child Partition，也就是客體作業系統的運作狀況。

❑ **VMWP（Virtual Machine Worker Process）**：透過 Virtual Machine Management 管理服務，每管理一個客體作業系統就會建立一個服務來專門負責管理，以便有效管理 Child Partition 中的客體作業系統。

❑ **VID（Virtualization Infrastructure Driver）**：提供 Partition 的管理服務，負責管理 Virtual Processor、Memory 資源的運作任務。

❑ **VSP（Virtualization Service Provider）**：存在於 Root Partition 中，主要任務為掌管從 Child Partition 經由 VMBus 傳送過來的硬體資源請求。

❑ **VMBus**：為 Root Partition 與 Child Partition 之間溝通的管道。

❑ **I/O Stack**：硬體資源中的 Input/Output 堆疊。

❑ **WinHv（Windows Hypervisor Interface Library）**：為 Partition 中作業系統驅動程式及 Hypervisor 之間的溝通橋樑。

❖ Child Partition

客體作業系統，也就是運作於虛擬化平台上的 VM 虛擬主機，當需要存取硬體資源時會透過 VMBus 把存取需求傳遞給 Root Partition。

❑ **VMBus**：為 Root Partition 與 Child Partition 之間溝通的管道，若 Child Partition 之中的客體作業系統未安裝**整合服務**（Integration Services），便不會透過 VMBus 與 Root Partition 進行硬體資源的存取作業，導致 VM 虛擬主機運作效能低落。

❑ **IC（Integration Component）**：允許 Child Partition 能夠與其它 Partition 以及 Hypervisor 進行溝通作業。

❏ **I/O Stack**：硬體資源中的 Input/Output 堆疊。

❏ **VSC（Virtualization Service Client）**：存在於 Child Partition 中，當客體作業系統需要存取硬體資源時，會把存取需求透過 VMBus 傳送給 Root Partition 的 VSP。

❏ **WinHv（Windows Hypervisor Interface Library）**：為 Partition 中作業系統驅動程式及 Hypervisor 之間的溝通橋樑，客體作業系統必須要安裝**整合服務**才會有此元件。倘若，客體作業系統為 Hyper-V Enlightenment OS 則預設已經擁有此運作元件。

❏ **LinuxHv（Linux Hypervisor Interface Library）**：為 Partition 中作業系統驅動程式及 Hypervisor 之間的溝通橋樑，客體作業系統必須要安裝**整合服務**才會有此元件，整合服務目前最新版本為 Linux Integration Services Version 4.1.3 for Hyper-V。

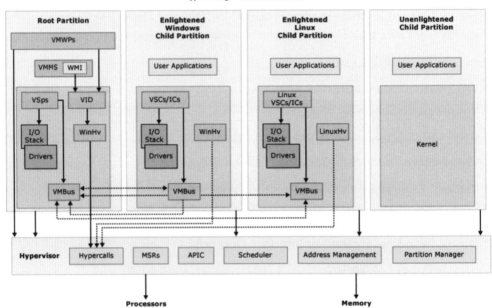

▌圖 1-18　Hyper-V 虛擬化平台運作元件架構示意圖

※ 圖片來源：MSDN Library – Hyper-V Architecture

1.2.7　伺服器虛擬化技術市場趨勢

那麼，我們來看看近幾年來伺服器虛擬化技術的市場趨勢，根據全球知名市調研究機構 Gartner，於 **2010** 年 5 月所發表 **x86 伺服器虛擬化基礎設施魔術象限**（2010 Magic Quadrant for x86 Server Virtualization Infrastructure），在研究報告中我們可以發現唯一居於**領導者**

（Leaders）象限中的廠商只有 VMware，而其它如 Microsoft、Citrix、RedHat、Oracle、Parallels、Novell 則分屬於其它象限中繼續追趕。

在 **2011** 年 6 月，Gartner 所發表的 x86 伺服器虛擬化基礎設施魔術象限研究報告中，我們可以發現 **Microsoft**、**Citrix** 等領導廠商已經了解到，虛擬化技術對於全球 IT 來說為勢在必行的技術，因此經過相當程度的努力後也紛紛擠身至「領導者」象限中，至於 RedHat、Oracle、Parallels 仍在其它象限中繼續追趕。

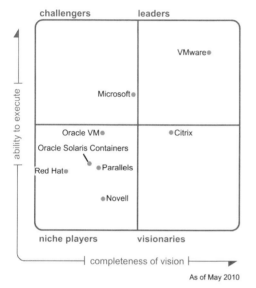

▌ 圖 1-19　**Gartner 研究報告 – 2010 年 x86 伺服器虛擬化基礎設施魔術象限**	▌ 圖 1-20　**Gartner 研究報告 – 2011 年 x86 伺服器虛擬化基礎設施魔術象限**
※ 圖片來源：Gartner – 2010 Magic Quadrant for x86 Server Virtualization Infrastructure	※ 圖片來源：Gartner – 2011 Magic Quadrant for x86 Server Virtualization Infrastructure

在 **2012** 年 6 月，Gartner 研究報告 x86 伺服器虛擬化基礎設施魔術象限研究報告中，處於**領導者**象限中仍然只有 **VMware**、**Microsoft**、**Citrix** 等 3 家廠商，但你應該已經發現微妙的變化，原本位於領導者象限中第 2 名的 Citrix 已經降為第 3 名，甚至已經處於領導者象限邊緣，而 RedHat、Oracle、Parallels 同樣保持在其它象限中繼續追趕。

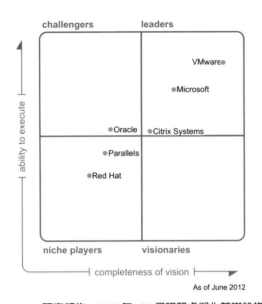

║ 圖 1-21　Gartner 研究報告 – 2012 年 x86 伺服器虛擬化基礎設施魔術象限

※ 圖片來源：Gartner – 2012 Magic Quadrant for x86 Server Virtualization Infrastructure

在 **2013** 年 6 月，Gartner 研究報告 x86 伺服器虛擬化基礎設施魔術象限研究報告中，處於「領導者」象限中僅剩 **VMware**、**Microsoft** 等 2 家廠商。事實上，在 2012 年時 Citrix 除了名次降低為第 3 名之外，也已經處於領導者象限的邊緣，Citrix 甚至將虛擬化架構中最重要的運作底層 XenServer 釋出成為 OpenSource，相信此舉也是造成今年 Citrix 跌出領導者象限的主要原因之一。至於 Oracle 則已經提升為**挑戰者**（Challengers）象限，而 RedHat、Parallels 同樣保持在其它象限中繼續追趕。

║ 圖 1-22　Gartner 研究報告 – 2013 年 x86 伺服器虛擬化基礎設施魔術象限

※ 圖片來源：Gartner – 2013 Magic Quadrant for x86 Server Virtualization Infrastructure

在 **2014** 年 7 月，Gartner 研究報告 x86 伺服器虛擬化基礎設施魔術象限研究報告中，處於「領導者」象限中仍為 **VMware**、**Microsoft** 這 2 家廠商，Citrix 則是一如預期的從去年「遠見者」（Visionaries）象限再跌至「特定領域者」（Niche Players）象限，其中令人驚豔的是從今年開始 Huawei 出現在魔術象限中。

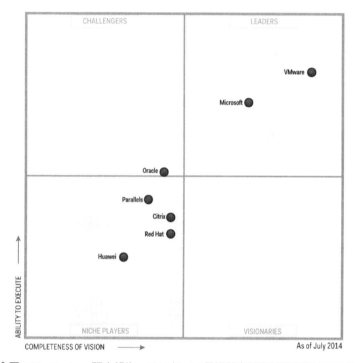

▌圖 1-23　Gartner 研究報告 – 2014 年 x86 伺服器虛擬化基礎設施魔術象限

※ 圖片來源：Gartner – 2014 Magic Quadrant for x86 Server Virtualization Infrastructure

在 **2015** 年 7 月，Gartner 研究報告 x86 伺服器虛擬化基礎設施魔術象限研究報告中，處於「領導者」象限中仍為 **VMware**、**Microsoft** 這 2 家廠商，並且 Microsoft 與 VMware 之間的距離不斷縮短，而 RedHat 雖然仍在「特定領域者」象限裡但已經超越 Citrix，至於 Oracle 則從先前的「挑戰者」象限再度跌回「特定領域者」象限裡，而原來的 Parallels 則是在 2015 年 3 月時重新命名為 Odin。

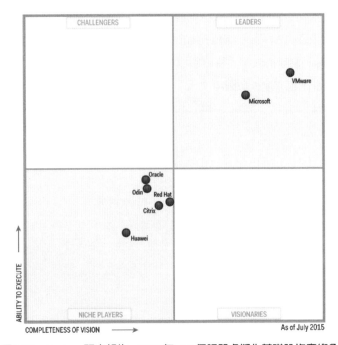

┃ 圖 1-24　Gartner 研究報告 – 2015 年 x86 伺服器虛擬化基礎設施魔術象限

※ 圖片來源：Gartner – 2015 Magic Quadrant for x86 Server Virtualization Infrastructure

　　在 **2016** 年 8 月，Gartner 研究報告 x86 伺服器虛擬化基礎設施魔術象限研究報告中，處於「領導者」象限中仍為 **VMware**、**Microsoft** 這 2 家廠商，不知您有沒有發現 Microsoft 與 VMware 之間的距離已經非常接近了。同時，RedHat 正式從原本的「特定領域者」晉升至「遠見者」象限，而去年的 Odin 則再度改名為 Virtuozzo。此外，除了原本的 Huawei 之外第 2 家中國廠商 Sangfor 也首次入圍至「特定領域者」象限。

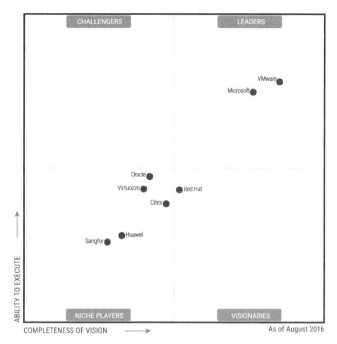

▎圖 1-25　Gartner 研究報告－2016 年 x86 伺服器虛擬化基礎設施魔術象限

※ 圖片來源：Gartner – 2016 Magic Quadrant for x86 Server Virtualization Infrastructure

　　最後，在 Gartner 最新的研究報告則表明，以後不會再發行「x86 伺服器虛擬化基礎設施魔術象限」（Magic Quadrant for x86 Server Virtualization Infrastructure）分析報告。主要原因在於，根據 Gartner 的調查結果顯示目前已經有**超過 80%** 的工作負載被虛擬化，並且伺服器虛擬化基礎架構解決方案經過幾年的演變下來已經非常成熟，同時業界的應用方式也隨著商業數位化、DevOps、容器技術、Bimodal IT……等發生質變，舉例來說，Gartner 預測在 2018 年時企業及組織將會有 **50%** 的工作負載運作在容器當中，並且在 2020 年時不管私有雲或公有雲當中的 IaaS 服務，將有**超過 80%** 的容器會運作在 VM 虛擬主機內。下列便是改變市場趨勢的主要因素：

❏ **市場飽合度**：伺服器虛擬化技術加快整個市場風行的速度，在 2010 年時僅 30% ～ 40% 的工作負載運作在 VM 虛擬主機。然而，至 2016 年時已經有超過 80% 的工作負載都運作在 VM 虛擬主機，此時市場的發展速度開始趨緩（雖然，中國及拉丁美洲等區域仍不斷成長當中）。簡單來說，大部分的企業及組織都已經建置 x86 伺服器虛擬化運作環境。

❏ **技術成熟度**：伺服器虛擬化技術有效將「硬體設備抽離」，讓應用程式或營運服務不再依賴硬體伺服器，並且虛擬化技術已經進入成熟階段。現在，在 SDDC 軟體定義資料中心的浪潮下，建置驅動力開始往「SDS 軟體定義儲存」、「SDN 軟體定義網路」前進。值得注

意的是，企業及組織從原本的技術領域轉往新興技術時通常會遭遇到困難，但這並非是軟體定義技術本身的問題，而是整個運作機制、管理流程等都圍繞在相關技能發展上。

❑ **雲端運算**：從 2008 年時，企業開始發展「私有雲」建構 IaaS 服務（主要提供 VM 虛擬主機服務），在 2011 年時僅有 2% 的 VM 虛擬主機運作在雲端環境中，至 2016 年底時則已經有至少 15% 的 VM 虛擬主機在雲端環境中運作並提供服務。同時，新興的服務模式則是希望能夠達到「快速存取」，因此私有雲環境轉往「自動化」的趨勢日益明顯。

❑ **容器技術**：過往伺服器虛擬化技術主要提供 VM 虛擬主機，而容器技術則是專注於提供「敏捷性、擴充、組態一致性」等，同時微軟也在 Windows Server 2016 中導入容器技術。事實上，容器技術並非要取代 VM 虛擬主機而是補其不足，預計在未來 4 ~ 5 年內 IaaS 的主要工作負載單位便是容器（雖然，大部分的容器將會運作在 VM 虛擬主機內）。

❑ **商業數位化**：企業及組織仍持續不斷使用雲端服務、虛擬化技術、容器技術……等，同時企業及組織為了邁向商業數位化及新興的應用模式（例如：IoT 物聯網），所以「敏捷開發、微服務、事件驅動（或稱 Serverless）」……等技術也不斷出現。因此，基礎架構也從過往強調管理演變成現今強調服務為主體的方式運作。

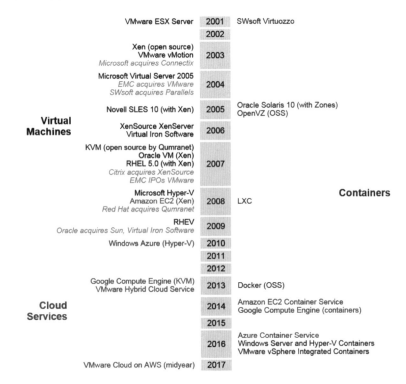

▌圖 1-26　虛擬化基礎架構技術演變歷程

※ 圖片來源：Gartner Report – Gartner Retires the Magic Quadrant for x86 Server Virtualization Infrastructure

因此，Gartner 認為往年定期發佈的「x86 伺服器虛擬化基礎設施魔術象限」研究報告已經不合時宜，並且從 2017 年開始將會改為發行 **x86 伺服器虛擬化基礎設施市場指南**（Market Guide for x86 Server Virtualization Infrastructure）分析報告，屆時將以更全面的角度來分析市場趨勢演進、競爭性產品、戰略指導、建議……等，同時也會開始深入探索不同的區域市場（例如：了解中國市場以及其它不同環境的市場需求）。

1.2.8　基礎建設的重要性

在目前競爭激烈的商業環境當中，能夠提供給顧客一個高穩定性及反應快速的服務一直是企業營運環境所追求的目標，然而隨著時代的進步目前大多數企業及組織都紛紛將作業環境轉移至電腦上，因此小至個人電腦大至科學運算無一不跟電腦牽連在一起。

因此，為了達到高穩定性及反應快速的服務提供給顧客的目標，企業及組織的 IT 部門便會開始著手建置容錯移轉叢集（Failover Cluster）等運作機制，一般來說容錯移轉叢集技術又可劃分為 3 種類型，分別是高可用性（High Availability）、負載平衡（Load Balancing）、網格運算（Grid Computing）：

❏ **高可用性（High Availability）**：也就是大家耳熟能詳的 HA 機制（例如：Active / Standby、Active / Active），此類型的叢集架構通常在於維持服務隨時處於高穩定的狀態中，例如：企業營運環境中常常將資料庫伺服器導入此運作機制，將 2 台資料庫伺服器建置為高可用性容錯移轉叢集架構，因此只要其中 1 台資料庫伺服器發生不可抗拒或其它因素故障損壞時，另外 1 台資料庫伺服器便能夠在的很短時間內自動將服務接手過來，頂多是資料庫服務在回應時間上有一點緩慢而已，然而使用者完全感覺不到有發生過任何服務中斷的情況。

❏ **負載平衡（Load Balancing）**：此類型的叢集通常能夠同時服務為數眾多的服務請求，例如：在企業營運環境中前端 AP 應用程式伺服器便經常擔任這樣的角色，通常會在前端佈署多台 AP 伺服器，以便同時服務數量眾多客戶端所送出的大量服務請求，然後將使用者送出的服務請求進行處理後，接著再與後端資料庫伺服器進行溝通然後將資料寫入或取出供客戶端查詢。

❏ **網格運算（Grid Computing）**：此類型的叢集較少使用於企業營運環境上，通常都運用於科學研究領域，例如：結合多台電腦的運算能力串連起來後，利用匯整的強大運算能力進行運算找出人類基因密碼、對抗癌症的方法、分析外星人訊息……等，例如：早先於 1999 年風靡一時的 SETI@Home 專案（Search Extraterrestrial Intelligence at Home），就是號召有心人士在擁有控制權的主機中安裝應用程式，於主機閒置時提供運算能

力以共同參與分析外星文明傳遞過來的微弱訊息，又或者是近年來備受爭議的比特幣（Bitcoin）現象，便是透過 P2P 對等網路配合分散式資料庫，整合網際網路上的電腦運算能力，一起進行龐大複雜的數學運算（也就是俗稱的挖礦）。

❖ 高可用性

「高可用性」（High Availability，HA）運作機制，其實便是容錯移轉叢集技術（Failover Cluster）的其中一項，也就是常常聽到的 HA 機制（例如：Active / Standby），此類型的叢集技術通常在於維持服務的高可用性使服務處於高穩定的運作狀態，例如：將企業營運環境中的 Exchange 郵件伺服器建置 HA 機制後，只要其中 1 台 Exchange 郵件伺服器發生不可抗拒或其它因素損壞時，另外 1 台 Exchange 郵件伺服器便能夠在很短的時間內，將線上服務完全接手過來繼續服務使用者請求，因此不論是企業內部員工或外部網際網路使用者，完全感覺不到有任何服務停擺或中斷服務的情況發生。

然而，談到高可用性便不得不從**服務層級協議**（Service Level Agreement，SLA）方面說起，服務層級協議 **SLA** 便是服務提供者與使用者端兩者之間，依據服務性質、時間、品質、水準、效能……等方面雙方達成共同協議或訂定契約，並且在服務可用性方面通常會採用數字 9 及百分比來表示，依據不同的 SLA 等級通常約略可區分為 1 ~ 6 個 9，如表 1-3 所示依據可用性不同等級百分比，制訂出依照「每年、每月、每週」可允許服務中斷時間（Down Time）：

▍表 1-3　SLA 服務中斷時間統計表

可用性 %\ 中斷時間	年	月	週
90%（1 個 9）	36.5 天	72 小時	16.8 小時
99%（2 個 9）	3.65 天	7.2 小時	1.68 小時
99.9%（3 個 9）	8.76 小時	43.2 分	10.1 分
99.99%（4 個 9）	52.56 分	4.32 分	1.01 分
99.999%（5 個 9）	5.26 分	25.9 秒	6.05 秒
99.9999%（6 個 9）	31.5 秒	2.59 秒	0.605 秒

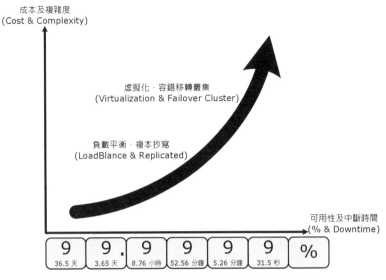

成本及複雜度
(Cost & Complexity)

虛擬化、容錯移轉叢集
(Virtualization & Failover Cluster)

負載平衡、複本抄寫
(LoadBlance & Replicated)

可用性及中斷時間
(% & Downtime)

9	9.	9	9	9	9	%
36.5 天	3.65 天	8.76 小時	52.56 分鐘	5.26 分鐘	31.5 秒	

▌圖 1-27　SLA 服務層級協議（成本、複雜性、可用性）

　　事實上，關於 SLA 服務層級協議並非僅上述說明可允許服務中斷時間而以，還有許多因素需要考量，舉例來說，必須要了解服務供應商及企業或組織所允許的**停機定義**才行，假設 A 企業可能認為所謂的停機就是伺服器故障損壞導致服務停擺，而 B 企業卻有可能認為只要線上運作的服務中斷，或者離線（伺服器並未故障損壞）就視為發生停機事件，因此實際上還要結合許多的企業營運狀況並進行通盤考量後，才能有效避免災難事件發生時雙方在責任上釐清的問題。

　　以企業放置營運環境伺服器的資料中心（機房）為例，就有美國國家標準協會（ANSI）、電子工業協會（EIA）、電信工業協會（TIA）……等，所訂定的 ANSI / EIA / TIA-942 及 UPTIME Institute 組織標準可供遵循，以制訂出一套標準來進行資料中心的可用性評估標準，從資料中心空間規劃（分佈區域）、電力供應、冷氣空調（冷 / 熱通道）、機房環境乾濕度、網路 / 光纖線材……等皆在評估標準範圍內。此外，還有 3 大關鍵性 RAS 指標，分別是可靠性（Reliability）、可用性（Availability）、可維護性（Serviceability）。

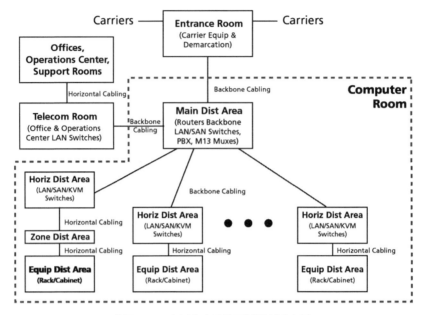

▌圖 1-28　資料中心分佈區域規劃示意圖

※ 圖片來源：TIA-942 – Data Center Standards Overview

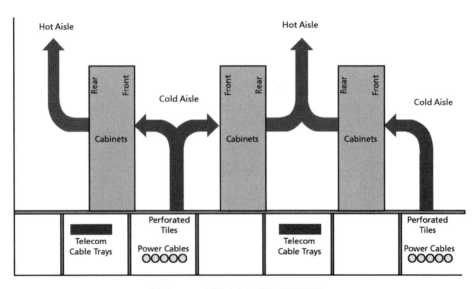

▌圖 1-29　資料中心冷熱通道示意圖

※ 圖片來源：TIA-942 – Data Center Standards Overview

就連許多人認為單純的**機櫃**其實也是機房建置的一大重點,舉例來說,時常看到許多企業機房中所採用的機櫃,其前後門皆採用透明的玻璃門便是造成機房散熱問題的原兇,試想硬體伺服器通常採用前方進氣後方排熱的機構設計,但是伺服器前方吸收冷氣的管道已經被機櫃玻璃門所阻隔,而伺服器後方排放熱氣的管道也被玻璃門或線材瀑布所阻隔。因此,除了造成伺服器散熱不良導致電子元件損壞機率提升之外,同時機房的冷房效果也極度不佳。所以,新興的機櫃設計便發展出煙囪式機櫃,統一將伺服器所排放的熱能直接導離機房有效提升冷房效果。

說明

根據統計企業及組織的 IT 預算花費中,每年有 **1/3** 的電費是花費在伺服器供電上、另外 **1/3** 電費則是花費在冷房能力上。

▍圖 1-30　煙囪式機櫃冷熱空氣流向示意圖

※ 圖片來源:Great Lakes Case and Cabinet 網站 – Cooling Solutions

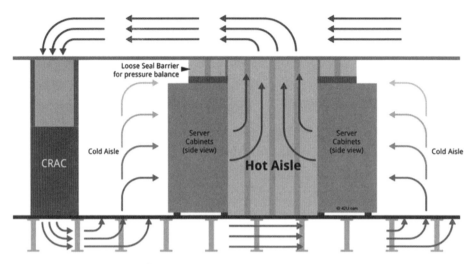

▌圖 1-31　煙囪式機櫃冷熱通道示意圖

※ 圖片來源：42U.com 網站 – Hot Aisle Containment

　　除了伺服器的散熱問題之外，在建置機房的過程中還有許多需要注意的事項，例如：佈線標準 EIA／TIA568、空間標準 EIA／TIA569、接地及連線需求 EIA／TIA607、佈線標示管理標準 EIA／TIA606……等。同時，許多企業及組織所採購的機櫃並沒有「整線／理線」機制，所以久而久之便產生線材瀑布的壯觀情況，並且嚴重影響機房的整體散熱及冷房能力。

▌圖 1-32　機櫃線材瀑布妨礙伺服器散熱影響冷房能力，同時也影響 IT 管理人員維運

※ 圖片來源：Engineering Hub – 10 of the Worst Cabling Nightmares

　　此外，網路線材也不應該自行 DIY 才對，舉例來說，IT 管理人員是否能夠真正確認水晶頭含銅量是否符合標準？ UTP 線材的雙絞線是否符合標準？……等。事實上，實在看過太

多企業及組織的機房雖然使用的網路交換器是大廠牌，但是所使用的網路線材卻是令人啼笑皆非的情況。

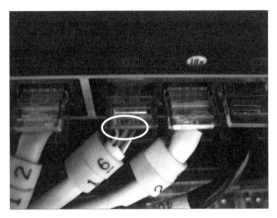

▌圖 1-33　自行 DIY 製作的網路線材傳輸效率令人擔心

因此，強烈建議企業及組織在建立資料中心時，便應該要考量整體基礎架構應該採用結構化佈線機制（並非單純整線），如此一來不但可以有效提升系統的可靠度、日後維護彈性、管理方便性……等，對於機房的冷房能力也同樣有很大的幫助。

近年來台灣各大 ISP 業務，例如：中華電信、台灣大哥大、遠傳所打造的資料中心（綠色雲端機房），便紛紛採用 TIA-942 或 UPTIME Institute 評估資料中心可靠性標準進行建置，舉例來說，台灣大哥大於 2013 年 11 月最新落成的 IDC 雲端機房，便是東亞地區唯一通過 **Uptime Institute Tier 3** 的國際級機房（目前全球僅 60 座擁有此等級國際機房），也就是除了機電設備具有 N+1 的備援機制之外，諸如電力、空調、消防、安全、環控……等機房五大系統都達成雙迴路設計，使機房在維修相關系統時仍能不中斷的提供服務。

▌圖 1-34　採用結構化佈線後管理方便、整齊美觀、傳輸效率高

簡言之，UPTIME Institute 國際機房評估標準為透過「平均故障間隔時間」（Mean Time Between Failures，MTBF），以及「平均修復時間」（Mean Time to Repair，MTTR）等進行評估建置，並配合 3 大關鍵性 RAS 指標規劃出 4 種不同等級（Tier 1 ~ Tier 4）可用性評估標準，下列表為 Tier 1 ~ Tier 4 的可用性及中斷時間：

▌表 1-4　Tier 1 ~ Tier 4 的可用性及中斷時間

可用性等級	可用性 %	中斷時間（年）
Tier 1 – Basic	99.671%	28.8 小時
Tier 2 – Redundant Components	99.741%	22.7 小時
Tier 3 – Concurrently Maintainable	99.982%	1.6 小時
Tier 4 – Fault Tolerant	99.995%	26.3 分

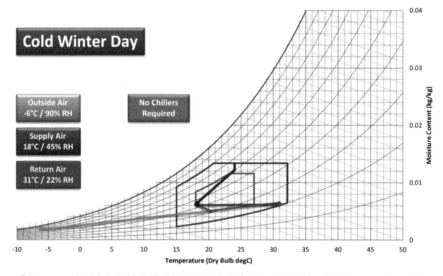

▌圖 1-35　資料中心對於各種季節時溫濕度也應進行相對調整（冬天時溫濕度建議值）

※ 圖片來源：UPTIME Institute – Achieving 99% Free Cooling and Tier 3 Certification in a Modular Enterprise Data Center

然而，即便如此是否就能高枕無憂完全沒有任何問題呢？事實證明不然，即便是目前公有雲市場上最優秀的雲端服務供應商 Amazon，也是偶爾會發生嚴重當機事件，舉例來說，早先 Amazon EC2（Elastic Compute Cloud）雲端服務，對於使用者宣稱提供 **99.95%（年）**高可用性服務，也就是 1 年當中的中斷時間僅 4.38 小時。

但是，Amazon EC2（Elastic Compute Cloud）服務在 2011 年 4 月 21 日時，便因為維護人員操作上的人為疏失（弄錯某項網路設定），再加上過度自動化機制的盲點所產生的連鎖效

應下，導致整個 Amazon EC2、Amazon RDS、AWS Elastic Beanstalk……等，相關雲端服務足足中斷了 **3 天**才完全復原，連帶影響到存放於該機房中運作的上千個網站停止服務。

隔年 2012 年 12 月 24 日聖誕夜時，Amazon ELB（Elastic Load Balancing）服務發生資料被誤刪，造成專門提供串流影片的 Netflix 服務中斷 **20 小時**才恢復正常，其它網站則因為此次的資料誤刪事件出現嚴重效能不彰的情況。

因此，Amazon EC2 服務於 2013 年 6 月 1 日公佈新的 SLA 內容，除了將可用性修改成 **99.95%**（月）之外，倘若提供的雲端服務無法達到該有的 SLA 標準時，將依不同的可用性百分比而有不同比例的費用折扣，例如：可用性在 99.0% ~ 99.95% 之間將提供 10% 的服務折扣（Service Credit），若可用性小於 99.0% 時則提供 30% 的服務折扣。

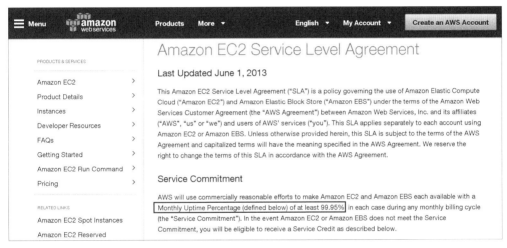

▎圖 1-36 Amazon EC2 網站更新 SLA 內容，以及未達成時的服務折扣方案

※ 圖片來源：Amazon 網站 – Amazon EC2 Service Level Agreement

對於企業或組織講求永續經營服務不中斷的理念來說，除了深入了解雲端服務供應商所提供的 SLA 服務層級協議及相關罰則之外，對於營運服務的異地備援機制也應該要進行考量，以便發生災難事件時能夠在最短的時間進行應變，如此一來除了持續提供顧客使用企業服務之外，顧客也將對企業優良的應變能力深植於心。

❖ SPOF 單一失敗點

事實上，要達成叢集服務高可用性的目標，並非僅為伺服器建置容錯移轉叢集機制就可以達成，所謂的高可用性服務並非只是硬體伺服器運作應用程式而以，還包括剛才所提到的網路設備、儲存設備、電力供應、機房空調……等環境因素，整體來說就是整個服務顧客

流程中所會經過的企業節點設備都應該建置備援機制，也就是常常聽到的預防**單一失敗點**（Single Point Of Failure，SPOF）的情況發生。

舉例來說，雖然 IT 管理人員已經為伺服器群建立叢集服務機制，但是儲存設備並未建置備援機制的情況下，當儲存設備發生故障損壞事件時仍會造成叢集服務停擺，又或者網路交換器只有建置 1 台的情況下也會因為故障損壞事件，導致網路連線中斷進而影響到企業服務停擺。簡單來說，預防單點故障最好的方法，其實就是硬體設備最好都建置 2 套以達成互相備援容錯的運作機制。

如圖 1-37 所示，叢集網路架構中不管是網路交換器（Network Switch）、叢集節點伺服器（Cluster Node Server）、心跳線（Heartbeat）、光纖交換器（SAN Switch）、儲存設備（Storage）……等，這些設備在單台故障損壞的情況下都不會造成服務的停擺，所以我們可以說這樣的叢集網路架構可以防止 SPOF 單點失敗的情況發生，當然這樣的運作架構並沒有考慮其它環境因素，例如：電力、空調……等。

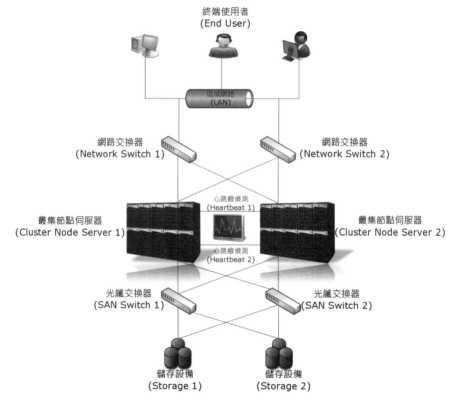

┃ 圖 1-37　雙節點高可用性叢集網路架構示意圖

1.3 軟體定義儲存（SDS）

軟體定義儲存（Software Defined Storage，SDS），為企業及組織帶來儲存資源的潛在好處，便是能夠提升靈活性並降低整體維運成本。因此，企業及組織的CXO們應尋找及確認能夠更好提供「總體擁有成本」（Total Cost of Ownership，TCO）的SDS軟體定義儲存解決方案，同時選擇的SDS解決方案必須具備效率及可擴充性等特性，以便因應不斷增加的資料量並且能夠擺脫儲存設備的硬體限制。

目前，在SDS軟體定義儲存解決方案市場中尚未有明確的市場領導者出現。雖然，SDS軟體定義儲存解決方案具備可程式性及自動化等好處，但是仍須考量對於「運算」及「網路」所造成的影響。同時，所建立的SDS儲存資源必須要能夠融入IT基礎架構中而非再以孤島的方式運作。

根據知名市調機構Gartner的分析及統計顯示：

❏ 在2016年時，市場中儲存設備產品僅有「15%」採用「軟體定義」的方式提供儲存服務，預估在2019年時比例將會提升至**50%**。

❏ 在2016年時，市場中以x86伺服器打造的「超融合式架構」（Hyper-Converged Integrated，HCI）的比例僅「不到5%」但市場規模已高達15億美元，預估2019年時全球資料中心內部署HCI超融合式架構的比例將會達到**30%**，並且市場規模將會高達50億美元。

❏ 在2016年時，企業及組織內整合SDS儲存資源至IT基礎架構的比例約「10%」，預估2020年時比例將會提升至**70%**。

根據Gartner組織，在Gartner Data Center Conference Storage Survey的調查結果顯示，從2015年開始企業及組織當中有**48%**的比例，正在積極了解及尋找SDS軟體定義儲存解決方案。同時，在2014 ~ 2015 Gartner Data Center I&O Management Summits的調查結果顯示，企業及組織在建構內部私有雲的步調上，SDC軟體定義運算的部分通常已經建置完畢，第2個湧現的需求便是SDS軟體定義儲存，接著才會是SDN軟體定義網路，最後再搭配自動化機制達到SDDC軟體定義資料中心的目標。

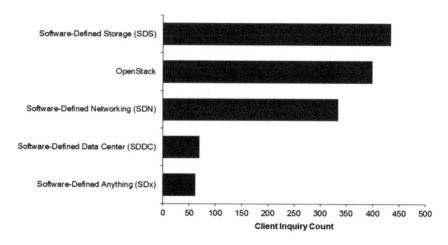

圖1-38　企業及組織邁向軟體定義基礎架構的需求

※ 圖片來源：Gartner Report – Top Five Use Cases and Benefits of Software-Definded Storage

因此 SDS 軟體定義儲存解決方案，應具備**抽象化**特定實體儲存設備或虛擬裝置的限制，提供更高的敏捷性、QoS 儲存資源管控機制、降低成本。同時，透過「軟體定義」的方式進行部署，不該採用特定硬體伺服器或特定供應商的硬體設備。當然，某些硬體供應商可能會將 SDS 軟體定義儲存解決方案，透過預先載入的方式提供快速部署解決方案。總歸來說，SDS 軟體定義儲存解決方案應具備的關鍵屬性，例如：抽象化、檢測機制、可程式化、自動化、移動性、原則管理機制、協調流程……等。

簡單來說，目前市面上的 SDS 軟體定義儲存解決方案，大致可以區分為下列 2 大類型：

❏ **Infrastructure SDS**：主要為建構及**取代**資料中心內傳統儲存設備，透過業界標準的 x86 硬體伺服器進行部署以提升**資本支出**（Capital Expense，CapEx），同時建構後的 SDS 軟體定義儲存資源可以透過「File、Block、Object」等儲存通訊協定提供服務。

❏ **Management SDS**：主要用於與**現有**儲存資源協同運作以提供更大的靈活性，通常 Management SDS 產品支援儲存資源抽象化、移動性、虛擬化、儲存資源管理、I/O 最佳化……等，目的為降低**營運成本**（Operating Expense，OPEX），舉例來說，建構 Management SDS 產品後能夠「管理、虛擬化、部署、最佳化」多個儲存設備之間的儲存資源，並且在儲存及雲端之間遷移資料。

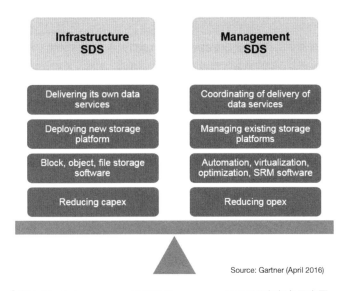

圖 1-39　Infrastructure SDS 及 Management SDS 解決方案示意圖

※ 圖片來源：Gartner Report – Top Five Use Cases and Benefits of Software-Definded Storage

雖然，SDS 軟體定義儲存技術帶來諸多好處，但是企業及組織的 CXO 們仍應注意部分潛在問題，舉例來說，某些傳統儲存解決方案已經重新定位為 SDS 軟體定義儲存解決方案以便因應市場需求，因此需要仔細檢查及評估 ROI 的部分。

此外，企業及組織採用 SDS 軟體定義儲存解決方案的主要原因之一，是因為軟體定義新興技術的部署方式改變了現有儲存資源應用的困擾。同時，理論上可以在基礎架構中同時使用多種 SDS 軟體定義儲存解決方案，但是在大部分的運作環境中通常還無法很好的彼此協同運作。並且，在標準的 x86 硬體伺服器上部署 SDS 軟體定義儲存解決方案，將會因為新興技術而帶給 IT 管理人員的挑戰為故障排除及技術支援的部分。

1.3.1　Microsoft SDS 軟體定義儲存技術

在微軟新世代 Windows Server 2016 雲端作業系統當中，SDS 軟體定義儲存技術是由 Windows Server 2012 R2 當中的 **Storage Spaces** 技術演化而來，在 Windows Server vNext 開發時期稱為 **Storage Spaces Shared Nothing**，在 Windows Server 2016 的正式名稱則為 **S2D**（Storage Spaces Direct）。

簡單來說，與舊版 Windows Server 2012 R2 的 Storage Spaces 技術，最大的不同點在於 S2D 軟體定義儲存技術，可以將多台伺服器的**本機硬碟**（Local Disk）匯整成為一個大的儲存資源集區。

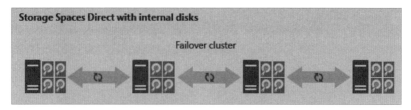

▌圖 1-40　S2D 軟體定義儲存技術支援本機硬碟運作架構示意圖

※圖片來源：TechNet Library – Storage Spaces Direct in Windows Server 2016 Technical Preview

　　此外，即使企業或組織已經採用 Windows Server 2012 R2，建置 Storage Spaces 共享式 JBOD 運作架構時，那麼在 Windows Server 2016 當中的 S2D 技術，除了支援本機硬碟成為儲存資源集區之外，也支援原有的共享式 JBOD 架構，讓企業或組織可以輕鬆將原本的 Windows Server 2012 R2 運作環境，升級為新一代的 Windows Server 2016 運作環境。

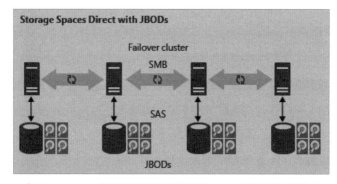

▌圖 1-41　S2D 軟體定義儲存技術支援 JBOD 運作架構示意圖

※圖片來源：TechNet Library – Storage Spaces Direct in Windows Server 2016 Technical Preview

　　那麼，S2D 軟體定義儲存技術支援哪些部署模式。在 S2D 運作架構中支援 2 種部署模式：

❏ 超融合式（Hyper-Converged）。

❏ 分類（Disaggregated）或稱融合式（Converged）。

　　如果，企業或組織希望採用**超融合式**（Hyper-Converged）部署模式，也就是將「運算（Compute）、儲存（Storage）、網路（Network）」等資源全部**整合**在一起，並將 Hyper-V 及 S2D 技術都運作在「同一個」容錯移轉叢集環境中，此時 VM 虛擬主機將直接運作在本地端的 **CSV** 當中，而非運作在 SOFS（Scale-Out File Server）環境中，同時也能省去檔案伺服器的存取及權限等組態設定，這樣的部署模式適合用於**中小型**規模的運作架構。

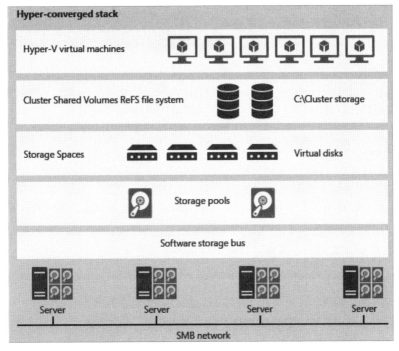

▌圖 1-42　S2D 超融合式部署模式運作示意圖

※ 圖片來源：TechNet Library – Storage Spaces Direct in Windows Server 2016 Technical Preview

　　如果企業或組織採用**分類**（Disaggregated）部署模式的話，那麼便是將「運算（Compute）、儲存（Storage）、網路（Network）」等資源全部**分開**進行管理，也就是將 Hyper-V 及 S2D 技術都運作在「不同」的容錯移轉叢集環境中，適合用於**中大型**規模的運作架構。

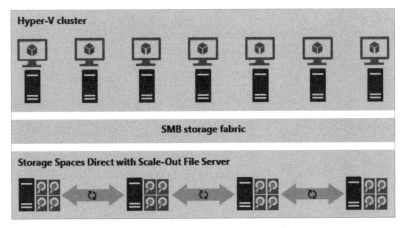

▌圖 1-43　S2D 分類部署模式運作示意圖

※ 圖片來源：TechNet Library – Storage Spaces Direct in Windows Server 2016 Technical Preview

1.4 軟體定義網路（SDN）

事實上，近幾年商業數位化帶來新興應用方式，過去傳統的網路基礎架構已經明顯無法因應龐大的網路存取需求。舉例來說，IoT 物聯網裝置的網路存取需求，就與過往傳統的網路產品存取需求完全不同，根據 Gartner 的統計結果顯示在 2020 年時，全球將會有超過 240 億台的 IoT 物聯網裝置連網，並且將會有 6,000 萬台新設備會連接至企業網路當中，這樣的連網裝置數量是與過去截然不同的。

因此，企業及組織當中負責網路基礎架構的團隊成員，也需要透過網路創新機制來因應商業數位化所帶來的挑戰。舉例來說，根據 Gartner 的統計結果顯示，在 2016 年企業及組織有高達 **85%** 的網路基礎架構團隊，都是透過 CLI 的方式來管理網路設備及進行組態設定，預估至 2020 年時透過 CLI 方式進行管理的比例將會下降至 **30%**，主要原因在於企業及組織的網路基礎架構團隊，將會開始著重於網路管理部署解決方式，例如：零接觸部署（Zero-Touch Provisioning）、原則式組態設定管理（Policy-Based Configurations）、自動化軟體更新（Automated Software Updates）、網路功能虛擬化（Network Function Virtualization，NFV）、API 驅動（API-Driven）……等技術，打造「更簡單」（Simplification）、「更敏捷」（Agility）、「更自動化」（Automation）的網路基礎管理方式，並且一步一步朝向 NetOps 2.0 的方向前進。

根據 CIO 的調查結果顯示，有 86% 的企業及組織 CIO 正計畫將內部資料中心及基礎架構進入 Bimodal IT 環境（相較於往年增加 20%），透過將過去 3 層式網路架構遷移至 Spine-Leaf 網路架構讓整體網路環境簡單化，並結合**軟體定義網路**（Software Defined Network，SDN）技術，以 SDN Network Control Plane 來管理 Mode 2 的資料中心，以便因應**東-西**（East-West）向的網路流量，並採用模組化架構以便輕鬆進行自動化部署，同時結合 Ansible、Puppet、Chef 等自動化組態設定工具，讓企業及組織的網路架構更適合 DevOps 環境，並往**基礎架構即程式碼**（Infrastructure as Code）的方向進前。

如圖 1-44 所示便是 Gartner 建議，企業及組織當中的 CIO 及基礎架構團隊主管和網路架構團隊主管，必須一起協同合作打造更簡單、更敏捷、更自動化的網路環境，依據短期、中期、長期所給予的各項建議。

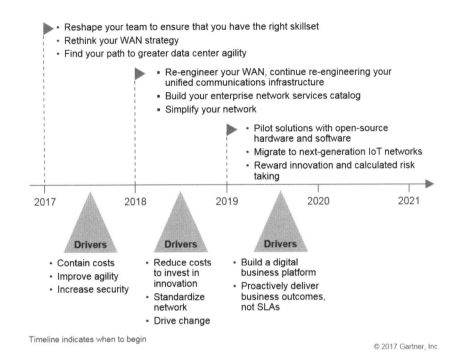

圖 1-44　打造 Mode 2 企業網路環境短中長期建議

※ 圖片來源：Gartner Report – 2017 Strategic Roadmap for Networking

1.4.1　Microsoft SDN 軟體定義網路技術

　　微軟新世代 Windows Server 2016 雲端作業系統當中，「軟體定義網路」（Software Defined Network，SDN）技術內的重要角色「網路控制器」（Network Controller），以及透過 SDN 技術管理「網路功能虛擬化」（Network Functions Virtualization，NFV）運作環境，進而幫助企業或組織在資料中心內建構網路虛擬化環境。

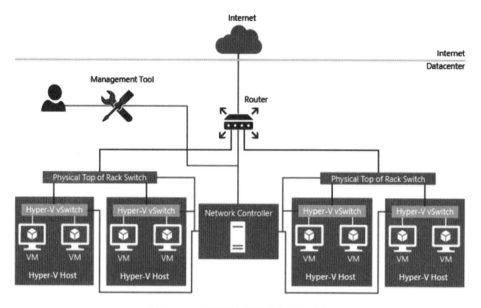

▍圖 1-45　網路控制器運作架構示意圖

※ 圖片來源：TechNet Library – Network Controller

　　網路控制器的運作概念來自於微軟管理 Azure 公有雲環境的經驗，也就是希望能夠在資料中心內提供基礎架構「集中、可程式化、自動化管理、組態設定、監控、故障排除」等機制，而非傳統環境中必須要管理人員逐台登入相關實體或虛擬設備進行管理的困擾。

　　網路控制器為高可用性及高可擴充性的伺服器角色，並且提供相對應的**應用程式開發介面**（Application Programming Interface，API），以便允許網路環境中的相關設備能夠與網路控制器進行通訊作業。

　　IT 管理人員可以在「網域」或「非網域」環境中部署網路控制器，當網路控制器運作在網域環境時，那麼與網路設備之間的通訊便是透過 Kerberos 進行驗證程序，倘若是運作在非網域環境時則透過憑證進行驗證程序。

　　事實上，網路控制器與網路設備進行溝通作業時，所提供的 API 還可以區分為「南向 API」及「北向 API」：

❑ **南向 API（Southbound API）**：用於「探索」網路環境中的網路設備，以及其它在網路環境中運作的網路元件，同時還能「檢測」組態配置內容是否正確。

❑ **北向 API（Northbound API）**：用於「管理、監控、配置」的 API，可以使用 Windows PowerShell 或 RESTAPI 來進行管理作業，同時 SCVMM 2016 也提供網路控制器的 GUI 管理介面。

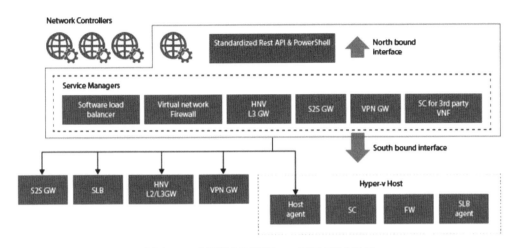

▌圖 1-46　網路控制器管理 NFV 網路虛擬化功能

※ 圖片來源：TechNet Library – Network Function Virtualization

　　此外，在 Windows Server 2016 雲端作業系統當中，可以支援下列多種網路功能達成 NFV 網路功能虛擬化，並透過網路控制器進行管理實體網路 IP Subnets、VLANs、Layer2 / Layer3 Switches……等管理作業：

❑ 軟體式負載平衡器（Software Load Balancer）。

❑ 站台對站台閘道器（Site-to-Site Gateway）。

❑ 轉送閘道器（Forwarding Gateway）。

❑ GRE 通道閘道器（GRE Tunnel Gateway）。

❑ BGP（Routing Control Plane）。

❑ 分散式多租戶防火牆（Distributed Multi-Tenant Firewall）。

　　分散式多租戶防火牆又稱為**資料中心防火牆**（DataCenter Firewall），管理人員可以透過網路控制器進行集中式的管理，它座落在 Hypervisor 及 VM 虛擬主機之間，同時管理人員可以透過資料中心防火牆，有效控制**東 - 西**（East-West）、**南 - 北**（North-South）的網路流量。

　　簡單來說，資料中心防火牆便是具備網路層（Network Layer）、5-Tuple（協定、來源端連接埠、目的端連接埠、來源端 IP 位址、目的端 IP 位址）、可設定狀態（Stateful）等功能的多租用戶防火牆，以便幫助企業或組織在資料中心運作環境中，透過這樣的防護機制有效提升多租用戶的 VM 虛擬主機安全性及使用者操作體驗。

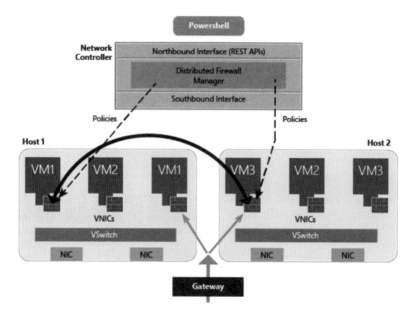

┃圖1-47　資料中心防火牆運作架構示意圖

※ 圖片來源：TechNet Library – DataCenter Firewall Overview

02
CHAPTER

S2D 簡介及運作環境需求

2.1 S2D 運作架構及部署模式

在微軟新一代 Windows Server 2016 雲端作業系統中,已經內建 SDS 軟體定義儲存技術稱為 **S2D**(Storage Spaces Direct)。事實上,S2D 是由舊版 Windows Server 2012 R2 當中的 **Storage Spaces** 技術所演化而來,並且在 Windows Server vNext 開發時期時稱之為 **Storage Spaces Shared Nothing**,在 Windows Server 2016 發行版本中則正式稱為 **S2D**。

簡單來說,在新版 Windows Server 2016 當中的 S2D 軟體定義儲存技術,與舊版 Windows Server 2012 R2 的 Storage Spaces 技術,最大不同在於它可以將多台硬體伺服器的**本機硬碟**(Local Disk)串聯後,匯整成為一個非常巨大的儲存資源集區。

由於 Windows Server 2016 當中的 S2D 軟體定義儲存技術,是由舊版 Windows Server 2012 R2 的 Storage Spaces 技術演化而來。因此,在 S2D 軟體定義儲存技術運作環境中,IT 管理人員同樣可以延用過去所熟悉的各項特色功能,例如:容錯移轉叢集、CSV 叢集共用磁碟區、SMB 3……等。

值得注意的是,在 S2D 運作架構中最重要的元件之一便是 **SSB**(Software Storage Bus),你可以把它視為是**共享式 SAS 纜線**的運作機制,因此 S2D 軟體定義儲存技術才能夠順利將眾多 S2D 叢集節點主機,互相串連起來並且彼此之間可以看到所有配置的本機硬碟。

下列為 Windows Server 2016 當中,有關 S2D 軟體定義儲存技術運作架構中每層運作元件的功能概要說明:

❑ **網路硬體**:在 S2D 運作架構中採用 SMB 3 通訊協定,包含 SMB Direct(RDMA)及 SMB MultiChannel 傳輸技術,以便眾多 S2D 叢集節點主機之間能夠快速交換資料。強烈建議,每台 S2D 叢集節點主機應配置支援 RDMA(Remote-Direct Memory Access)技術的 10GbE 網路卡(例如:RoCE 或 iWARP),以便透過 SMB Direct(RDMA)機制提供高輸送量、低延遲、低 CPU 使用率……等特性,簡單來說就是 S2D 叢集節點主機之間能夠快速交換資料,同時又不會影響 S2D 叢集節點主機的運作效能。

❑ **儲存硬體**:在 S2D 運作架構中支援 2 ～ 16 台叢集節點主機的運作規模,每台 S2D 叢集節點主機支援本機連接的 SATA、NL-SAS、SAS、NVMe 儲存裝置。同時,**每台** S2D 叢集節點主機至少應配置 **2 個** SSD 固態硬碟,以及 **4 個** HDD 機械式硬碟。

❑ **容錯移轉叢集**:透過 Windows Server 內建的容錯移轉叢集伺服器功能,能夠將眾多 S2D 叢集節點主機的運算、網路、儲存……等硬體資源匯整,進而建構出龐大的資源集區。

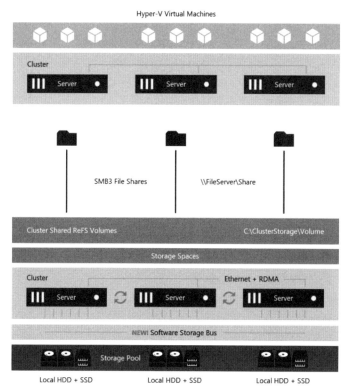

圖 2-1　S2D 軟體定義儲存技術運作架構示意圖

※ 圖片來源：Microsoft Docs – Storage Spaces Direct in Windows Server 2016

❏ **軟體式儲存匯流排**：軟體式儲存匯流排（Software Storage Bus，**SSB**），為 S2D 軟體定義儲存技術的新功能，它能夠跨越叢集建立軟體定義儲存運作架構，讓所有 S2D 叢集節點主機能夠互相看到本機硬碟。簡單來說，可以把此特色功能視為取代過往傳統且昂貴的光纖通道，或者是共享式 SAS 纜線機制。

❏ **儲存匯流排快取機制**：儲存匯流排快取機制（Storage Bus Layer Cache，**SBC**），在 S2D 軟體定義儲存技術運作架構中，負責達成軟體式儲存匯流排運作機制，以及匯整 SSD 固態硬碟和 HDD 機械式硬碟成為儲存資源，以便 S2D 叢集節點主機能夠提供資料的讀取及寫入快取機制。

❏ **儲存集區**：當眾多 S2D 叢集節點主機建立容錯移轉叢集之後，系統將會把符合標準的儲存裝置集合成巨大的儲存資源，這個巨大的儲存資源便稱之為「儲存集區」（Storage Pool）。此外，根據微軟官方最佳作法建議，每個 S2D 容錯移轉叢集應該僅建立 **1 個**儲存集區而非多個。

❏ **儲存空間**：當建立好儲存集區之後便可以建立虛擬磁碟，也就是 S2D 運作架構圖中**儲存空間**（Storage Spaces）的部分。此時，IT 管理人員可以決定即將建立的虛擬磁碟容錯層級，例如：2-Way / 3-Way Mirror 或是 Single / Dual Parity 等容錯層級，以便兼顧虛擬磁碟運作效能的同時仍能保有資料可用性。

❏ **叢集共用磁碟區**：叢集共用磁碟區（Cluster Shared Volumes，CSV），在 S2D 運作架構中預設採用新一代的 **ReFS v2** 檔案系統，它可以針對儲存集區及儲存空間進行最佳化處理，並且具備錯誤偵測及自動修正等運作機制，同時 ReFS 檔案系統原生便針對 VHD / VHDX（Fixed、Dynamic、Merge）等虛擬磁碟格式，進行**加速**（Accelerations）處理。

❏ **SMB 3 檔案共享**：將 S2D 運作底層的儲存資源集區，以及儲存空間和高可用性機制處理完畢之後，最後便是透過「SOFS（Scale-Out File Server）」運作機制，將 S2D 儲存資源分享給 VM 虛擬主機、SQL 資料庫……等工作負載使用。

2.1.1 超融合式架構（Hyper-Converged）

那麼，我們來看看 S2D 軟體定義儲存技術支援哪些部署模式，以便後續章節進行實作時才不致發生觀念混亂的情況。在微軟的 S2D 軟體定義儲存技術中，支援 2 種不同的部署模式：

❏ 超融合式（Hyper-Converged）。

❏ 融合式（Converged）或稱分類（Disaggregated）。

簡單來說，當 IT 管理人員決定採用**超融合式**（Hyper-Converged）部署模式時，那麼便是將「運算（Compute）、儲存（Storage）、網路（Network）」等硬體資源全部**整合**在一起，這樣的 S2D 運作架構適合用於**中小型**規模、遠端辦公室、分公司等運作架構。

▌圖 2-2 S2D 超融合式部署模式運作架構示意圖

※ 圖片來源：Microsoft Docs – Storage Spaces Direct in Windows Server 2016

2.1.2　融合式架構（Converged）

　　當 IT 管理人員決定採用**融合式**（Converged）或稱**分類**（Disaggregated）部署模式時，那麼便是將「運算（Compute）、儲存（Storage）、網路（Network）」等資源全部**分開**進行管理及運作，這樣的 S2D 運作架構適合用於**中大型**規模的運作架構。

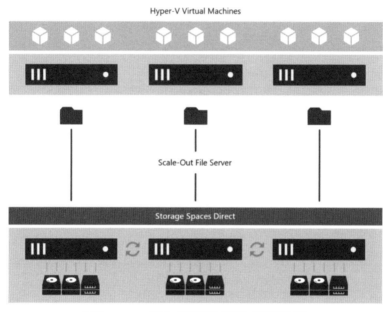

▌圖 2-3　S2D 融合式部署模式運作架構示意圖

※ 圖片來源：Microsoft Docs – Storage Spaces Direct inWindows Server 2016

2.2 Windows Server 2016 版本

　　在舊版 Windows Server 2012 R2 作業系統運作環境中，「標準版」（Standard Edition）及「資料中心版」（DataCenter Edition），這 2 種版本在特色功能方面一模一樣，唯一不同的部份只有 VM 虛擬主機軟體授權。然而，最新 Windows Server 2016 雲端作業系統版本則有所不同，舉例來說，倘若需要使用微軟新一代 SDS 軟體定義儲存技術（Storage Spaces Direct，S2D），或者需要建置 SDN 軟體定義網路運作環境時，就必須要購買 **Windows Server 2016 資料中心版本**才行。

基本上，當企業或組織要建置**容器**（Container）運作環境時，倘若採用 Windows Server 容器技術的話，那麼採用 Windows Server 2016 標準版或資料中心版本都可以符合你的需求。

但是，倘若企業及組織需要採用 **Hyper-V 容器**（Hyper-V Container）技術時，那麼將會因為 Windows Server 2016 標準版本，僅能運作 **2 台** VM 虛擬主機的軟體授權限制而讓企業及組織違反軟體授權的規範。此外，企業或組織倘若需要在正式營運環境中部署及使用 Nano Server 時，那麼必須要擁有「軟體保證」（Software Assurance，SA）才能獲得微軟官方的技術支援。

▌表 2-1　Windows Server 2016 版本支援特色功能表

特色功能	標準版	資料中心版
Windows Server 核心功能	√	√
OSE / Hyper-V 容器	2	無限制
Windows Server 容器	無限制	無限制
主機守護者服務	√	√
Nano Server	√	√
S2D 與 Storage Replica		√
受防護的 VM 虛擬主機		√
SDN 網路功能堆疊		√

※ 資料來源：Microsoft 官網 – Windows Server 2016 授權和定價

2.2.1　Windows Server 2016 軟體授權

隨著 Windows Server 2016 及 System Center 2016 產品，在 2016 年 9/26 ~ 9/30 於美國 Ignite 大會舉辦時正式公布，台灣也於 2016 年 10 月 10 日當週正式進行產品發表，以及產品的 Product Launch 和 Road show 等相關宣傳活動。

雖然，Windows Server 2016 及 System Center 2016 產品，為企業及組織當中的開發人員及 IT 管理人員提供許多耳目一新的功能，但是在軟體授權的部分則與過去所熟悉的 Windows Server 2012 R2 及 System Center 2012 R2 有所不同，值得企業及組織的 IT 管理人員特別注意。

首先，在 Windows Server 2012 R2 及 System Center 2012 R2 版本時，軟體授權模式為**處理器架構**（Processor Based），舉例來說，過去採購 1 套 Windows Server 2012 R2 軟體授權將具備 **2 顆 CPU 處理器**的使用權利，完全不用考慮 CPU 處理器**運算核心**（Core）數量的部分。

然而，最新 Windows Server 2016 及 System Center 2016 版本中，軟體授權模式則改為**實體核心架構**（Core Based）。雖然，每 1 套 Windows Server 2016 軟體授權仍具備 **2 顆 CPU**

處理器的使用權利，但是每顆 CPU 處理器只有 **8 個實體核心**（8 Cores）的使用權利，一旦採用的實體伺服器 CPU 處理器運算核心超過「16 個實體核心」（16 Cores）時，將需要額外採購運算核心軟體授權（Core Pack），**每 1 套核心授權為 2 個實體核心**（1 Core Pack = 2 Cores）。

舉例來說，企業或組織欲採購 Intel Xeon E5-2600 **v4** 雙路硬體伺服器，倘若採購的 CPU 處理器為 E5-2609 v4、E5-2620 v4 或 E5-2667 v4 時，因為每顆 CPU 處理器的實體核心為 8 Cores，所以每台硬體伺服器只要採購 1 套 Windows Server 2016 軟體授權即可。

> **說明**
>
> 舊有 Intel E5-2600 **v2** 系列處理器中，E5-2640、E5-2650、E5-2667 為實體核心 8 Cores 產品。倘若採用 Intel E5-2600 **v3** 系列處理器時，則 E5-2630、E5-2640、E5-2667 為實體核心 8 Cores 產品。

倘若，企業及組織所採購的 CPU 處理器為 E5-2650 v4 時，因為每顆 CPU 處理器的實體核心為 12 Cores，所以每台配置 2 顆 CPU 處理器的硬體伺服器總核心數量為 **24 Cores**，因此每台硬體伺服器除了要採購 **1 套** Windows Server 2016 軟體授權之外（核心數使用權利 **16 Cores**），還要額外購買 **4 套**核心授權（4 Core Pack = **8 Cores**）才能正確合乎軟體授權使用範圍。因此，企業或組織若是新採購硬體伺服器的話，可以直接參考所要選購的 CPU 處理器規格，挑選實體核心 8 Cores 的處理器，屆時便無須再額外購買核心授權。

> **說明**
>
> Windows Server 2016 及 System Center 2016 產品，將會依照實體核心（Physical Core）進行軟體授權而非邏輯處理器（Logical Processor）。所以，在硬體伺服器 BIOS 中開啟**超執行緒**（Hyper-Threading, HT）功能，並不會影響運算核心軟體授權。

那麼企業及組織應該如何確認硬體伺服器的運算核心總數量，倘若是新採購的 x86 硬體伺服器，那麼只要直接查看所採購的 CPU 處理器規格即可，倘若是舊有 x86 硬體伺服器打算進行翻新的話，並且已經安裝 Windows Server 2012 R2 作業系統時，那麼可以直接開啟工作管理員查看 CPU 項目中的**核心項目**欄位即可，或者是透過微軟的免費資產清點工具 MAP（Microsoft Assessmentand Planning），快速收集及清點資料中心內每台硬體伺服器的運算核心數量。

> **說明**
>
> 有關微軟免費資產清點工具 MAP 的架設及使用說明的詳細資訊，請參考第 107 期網管人雜誌技術專欄內容（**URL** http://www.weithenn.org/2014/12/netadmin-107.html）。

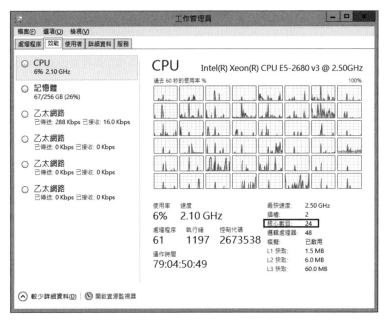

┃ 圖 2-4   透過工作管理員快速判斷硬體伺服器運算核心總數量

2.2.2 Windows Server 2016 標準版

透過上述 Windows Server 2016 軟體版本的說明後，你應該已經了解當企業或組織，希望建立微軟新一代 SDS 軟體定義儲存技術 S2D（Storage Spaces Direct）運作環境時，必須採用 **Windows Server 2016 資料中心版本**才能順利建立。

當然，本書實作環境中也採用 Windows Server 2016 資料中心版本。倘若，IT 管理人員採用 **Windows Server 2016 標準版**，嘗試建立 S2D（Storage Spaces Direct）運作環境時會發生什麼事情？簡單來說，當 IT 管理人員採用 Windows Server 2016 標準版，嘗試建立 S2D 軟體定義儲存容錯移轉叢集環境時，在容錯移轉叢集驗證報告中 IT 管理人員將會看到，在**儲存空間直接存取→驗證儲存空間直接存取支援**項目的驗證結果為**失敗**，原因就是採用不支援的作業系統版本。

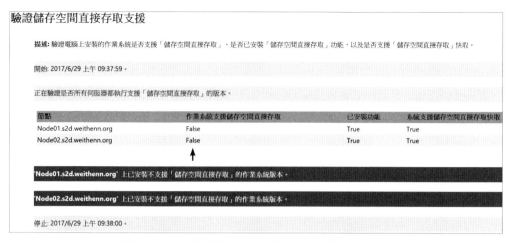

圖 2-5　採用「標準版」無法順利通過 S2D 叢集驗證程序

2.2.3　Windows Server 2016 資料中心版

同樣的運作環境，當 IT 管理人員在實作環境中採用 **Windows Server 2016 資料中心版本**時，建構 S2D 軟體定義儲存容錯移轉叢集環境，在容錯移轉叢集驗證報告中 IT 管理人員將會看到，在**儲存空間直接存取→驗證儲存空間直接存取支援**項目的驗證結果為**成功**，後續當然也就能夠順利啟用 S2D 軟體定義儲存技術。

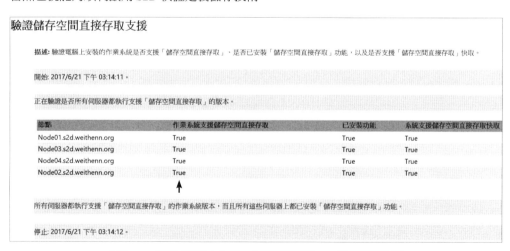

圖 2-6　採用「資料中心版」才能順利通過 S2D 叢集驗證程序

2.3 如何配置硬體元件

在本小節當中,我們將討論建置 Microsoft S2D 軟體定義儲存技術時,應該採用哪些正確的硬體元件才能順利建構 S2D 軟體定義儲存環境,舉例來說,一般 IT 管理人員在採購 x86 硬體伺服器時,習慣為 x86 伺服器配置 **RAID 磁碟陣列卡**保護作業系統及資料,然而在選擇建構 S2D 軟體定義儲存環境的 x86 伺服器時,在「資料」的部分則應該配置 **HBA 控制器**才對而非 RAID 磁碟陣列卡。

首先,在選擇建構 S2D 軟體定義儲存環境的 x86 硬體伺服器時,保護 Windows Server 2016 作業系統磁碟的部分,仍然可以採用過往習慣的 RAID 磁碟陣列卡(例如:支援 RAID-1 模式的磁碟陣列卡)。然而,在建構 S2D 軟體定義儲存的部分則要改為採用**主機匯流排介面卡**(Host-BusAdapter,HBA)才行。

在 Microsoft Ignite 2016 大會中,已經有許多硬體伺服器供應商通過微軟測試程序,並正式支援建立 S2D 軟體定義儲存運作環境,詳細資訊請參考 Microsoft Ignite 2016 議程 BRK3008、BRK2167。下列為支援 S2D 軟體定義儲存技術硬體伺服器供應商的概要清單:

❑ Cisco UCS C240 M4。

❑ DataOn S2D-3110、S2D-3240、S2D-3116。

❑ Dell PowerEdge R730XD。

❑ Fujitsu Primergy RX2540 M2。

❑ HPE ProLiant DL380 G9。

❑ Inspur NF5166 M4、NF5280 M4。

❑ Intel MCB2224THY1、MCB2312WHY2、MCB2224TAF3、MCB2208WAF4。

❑ Lenovo x3650 M5。

❑ NEC Express 5800 R120f-2M、R120g-2E。

❑ QCT QxStack MSW2000、MSW6000、MSW8000。

❑ RAID Inc. Ability HCI Series S2D100、S2D200、S2D220、S2D240。

❑ Supermicro ASSM-2000、ASSM-3000、ASSM-5000、ASSM-7000。

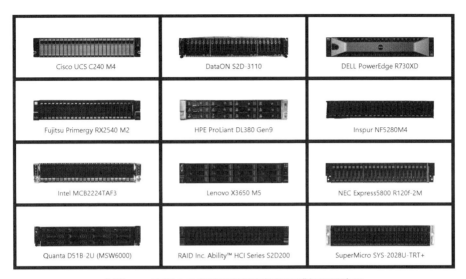

▌圖 2-7　支援 S2D 軟體定義儲存技術硬體伺服器清單

※ 圖片來源：Channel 9 – Discover Storage Spaces Direct, the ultimate software-defined storage for Hyper-V（BRK3088）

2.3.1　Microsoft HCL 硬體相容性

　　簡單來說，在挑選建構 S2D 軟體定義儲存環境的 x86 硬體伺服器相關硬體元件時，應確認所挑選的硬體元件通過 Windows 硬體相容性測試，也就是選擇的硬體元件應條列於 **Windows 硬體相容性清單**（Hardware Compatibility List，HCL）當中，才能確保該硬體元件在 Windows Server 2016 運作環境中，能夠發揮應有的硬體效能及穩定性。

　　舉例來說，在本書實作 S2D 軟體定義儲存環境的 x86 硬體伺服器中，用於連接眾多 SSD 固態硬碟及 HDD 機械式硬碟，所配置的 HBA 介面卡便是 **Avago Adapter SAS 3008**，在 Windows Server Catalog 官方網站中，便可以順利查詢到此 HBA 介面卡通過微軟官方硬體相容性驗證程序，並且獲得 Windows Server 2016 Certified 標章。

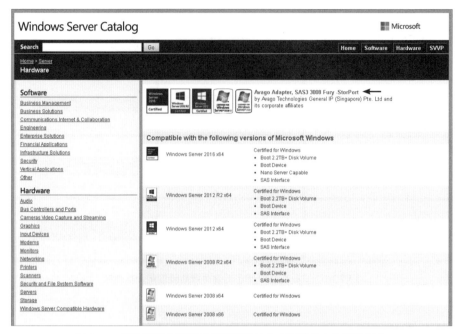

▎圖 2-8　確認採用的硬體元件通過微軟官方硬體相容性驗證程序

※ 圖片來源：Windows Server Catalog 官方網站

2.3.2 採用 **HBA** 控制器或 **RAID** 卡？

在本小節一開始時，我們便已經說明在 IT 管理人員過往的管理經驗中，通常在採購 x86 硬體伺服器時，通常會習慣為 x86 硬體伺服器配置 RAID 磁碟陣列卡保護作業系統及資料，並且為了資料讀寫上的效能考量及穩定性，還會選擇具備 BBU 電池及 Flash 快取的 RAID 磁碟陣列卡。

然而，在選擇建構 S2D 軟體定義儲存環境的 x86 硬體伺服器時，針對 S2D 儲存資源的部分則要改為採用 HBA 介面卡才行。簡單來說，建構 S2D 軟體定義儲存的 x86 硬體伺服器**不支援**採用 RAID 磁碟陣列卡，或者是 SAN 儲存裝置（例如：光纖通道、iSCSI、FCoE）。

在 S2D 軟體定義儲存的運作環境中，應該為 x86 硬體伺服器配置的 HBA 介面卡及儲存裝置類型如下：

❑ 適用於 SAS / SATA 儲存裝置的 Simple Pass-Through HBA。

❑ 適用於 SAS / SATA 儲存裝置的 SES（SCSI Enclosure Services）。

❑ 採用 DAS 儲存裝置機箱必須顯示 Unique ID。

▎圖 2-9　SAS 9300-8i HBA 介面卡（Simple HBA）

※ 圖片來源：Broadcom 官方網站 – SAS 9300-8i Host Bus Adapter

2.3.3　採用 DAS / JBOD / NAS / SAN 儲存設備？

至此，你應該已經了解在 S2D 軟體定義儲存的運作架構中，並不適合採用傳統的 **NAS** 及 **SAN** 儲存設備來建立 S2D 環境，應該採用 x86 硬體伺服器以螞蟻雄兵的方式逐步擴充建立，每台 x86 硬體伺服器以 **DAS** 的方式也就是 Internal Disk 的方式，來擴充 S2D 叢集的運作規模。

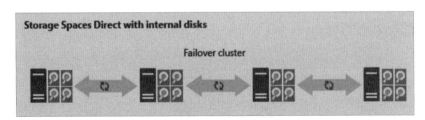

▎圖 2-10　在 S2D 叢集中每台 S2D 叢集節點主機採用 Internal Disk 提供儲存資源

※ 圖片來源：TechNet Library – Storage Spaces Direct in Windows Server 2016 Technical Preview

我們已經知道 S2D 軟體定義儲存技術，是由舊版 Windows Server 2012 R2 當中的 Storage Spaces 儲存技術演化而來。那麼，現有已經建立 Windows Server 2012 R2 Storage Spaces 儲存環境的企業及組織，接著會詢問的問題便是過去所建置的 Storage Spaces with Shared JBOD 環境，在 Windows Server 2016 當中的 S2D 技術是否支援？答案，當然是可以支援。

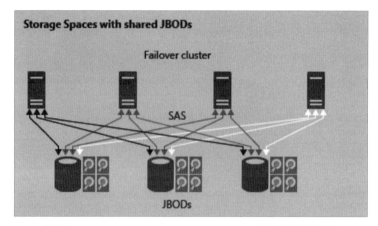

▌圖 2-11 Storage Spaces with Shared JBOD 運作架構示意圖

※ 圖片來源：TechNet Library – Storage Spaces Direct in Windows Server 2016 Technical Preview

首先，我們可以看到過去 Windows Server 2012 R2 的 Storage Spaces with Shared JBOD 運作架構中，叢集中的每台節點主機都必須要能夠存取每台 JBOD 及儲存裝置。因此，這樣的運作架構除了需要多條 SAS 實體接線造成複雜度提升之外，每台叢集節點主機也都必須安裝及組態設定**多重路徑 I/O**（Multipath I/O，MPIO）才行。

現在，新一代 Windows Server 2016 的 S2D 軟體定義儲存技術，仍然支援採用 JBOD 裝置但是有效改善過去在建置上的困擾。首先，每台 S2D 叢集節點主機無須安裝及設定 MPIO 多重路徑機制，此舉可以有效減輕 SAS 實體接線的複雜度，改為採用 **SMB Direct** 及 **SMB MultiChannel** 機制，來達到儲存資源**低延遲時間**（Low Latency）及**高輸送量**（High Throughput）的目的。

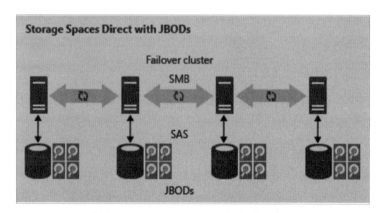

▌圖 2-12 S2D with JBOD 運作架構示意圖

※ 圖片來源：TechNet Library – Storage Spaces Direct in Windows Server 2016 Technical Preview

2.3.4　採用 SSD 固態硬碟或 HDD 機械式硬碟？

初次接觸 S2D 軟體定義儲存技術的 IT 管理人員，通常會詢問儲存裝置支援哪些介面？是否支援 SSD 固態硬碟？是否支援最新的 NVMe 快閃儲存？每台 S2D 叢集節點主機需要多少數量的儲存裝置才能建立？SSD 固態硬碟與 HDD 機械式硬碟的比例……等？在本小節當中我們將整理這些硬體配置上的重要資訊，並在後續章節中將會一一深入探討每個細節。

❖ 儲存裝置介面及格式

在 S2D 軟體定義儲存技術運作環境中，支援 x86 硬體伺服器本機端 **SATA / NL-SAS / SAS / NVMe** 等儲存介面。同時，不管是 **512n**、**512e**、**4Kn** 等硬碟格式都支援。事實上，過去舊有的儲存裝置（硬碟）都採用 **512 Byte Sector**（又稱為 512n）格式，而新式儲存裝置**進階格式**（AdvanceFormat，AF）則是採用 **4,096 Byte Sector**（又稱為 4Kn）格式，新一代的新式硬碟（2011 年 1 月起出廠的硬碟）採用的進階格式為 **4K Byte Sector** 而非舊有的「512 Byte Sector」。

簡單來說，硬碟當中的**磁區大小**（Sector Size），將會影響作業系統及 Hypervisor 虛擬化管理程序的運作效能，因為它是儲存裝置（硬碟）最底層資料 I/O 的基本單位。因此，新式 512e 與舊有 512n 相較之下，雖然新式 512e 邏輯磁區大小也是 512 Bytes，但是實體磁區大小則是 4,096 Bytes 這是兩者之間最大的不同，所以在資料的**讀取 - 修改 - 寫入**（Read-Modify-Write，RMW）存取行為上，新式的 512e 與舊有的 512n 格式相較之下，會減少許多資料在進行 RMW 存取行為時效能懲罰的部分。

雖然，原生 4Kn 不管在邏輯磁區大小或實體磁區大小都是 4,096 Bytes，但是目前的情況是並非所有儲存裝置和作業系統，以及 Hypervisor 虛擬化管理程序都能夠完全支援這種磁區格式。在下列表格中，條列舊有 512n 及新式 512e 和原生 4Kn 在邏輯及實體磁區大小上的差異：

▎表 2-2　HDD 機械式硬碟邏輯及實體磁區差異比較表

格式	邏輯磁區大小	實體磁區大小
512n	512 Bytes	512 Bytes
512e	512 Bytes	4,096 Bytes
4Kn	4,096 Bytes	4,096 Bytes

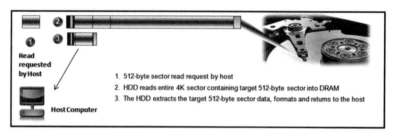

512 位元組模擬的可能讀取順序

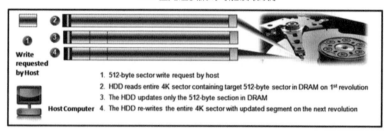

512 位元組模擬的可能寫入順序

▌**圖 2-13　4K / 512 Bytes 磁碟格式資料讀取及寫入示意圖**

※ 圖片來源：Seagate – 先進格式 4K 磁區硬碟機轉換

在舊版 Windows Server 2008 R2 版本時期，所建構的 **Hyper-V 2.0** 虛擬化平台中，虛擬磁碟 VHD 最大只能支援至「2,040GB」的空間大小，使用的就是傳統 Disk Sector「512 Bytes」並且有磁碟空間 2TB 的容量限制，雖然提升改良為 **512e Bytes Emulation** 並能與舊版 512 Bytes 相容，同時還增加了 ECC（Error Correction Codes）最佳化特色功能。但是，採用 512e Bytes Emulation 之後，仍然會發生 RMW（Read-Modify-Write）資料存取行為效能不好的問題。

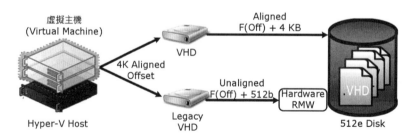

▌**圖 2-14　從 Windows Server 2008 R2 版本開始支援 512e Disk Sector**

因為，它必須要**讀取** 4KB Physical Sector 存放在 Internal Cache 內，然後**寫入**則是 512 Bytes Logical Sector（只在 1 個 Physical Sector），所以在效能表現上雖然比傳統 512 Bytes 好，但是距離資料存取效能最佳化仍有其瓶頸。

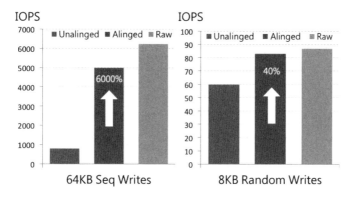

図 2-15　VHD on 512e 資料存取效能

　　從 Windows Server 2012 作業系統版本開始，全面支援 **Native 4KB Disk Sector** 機制，也就是原生支援 4KB Sector，並且對於舊版 512 Bytes 以及改良後的 512e 也都有相容性支援，值得注意的是必須要使用 **VHDX** 格式的虛擬磁碟才支援 4KB Sector，倘若使用舊版的 VHD 虛擬磁碟格式則無法支援。當然，新一代的 Windows Server 2016 雲端作業系統，支援舊式 512n 新式 512e 和原生 4Kn 等磁區格式。

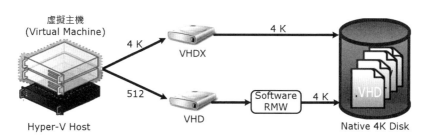

図 2-16　Native 4KB Disk Sector 運作架構示意圖

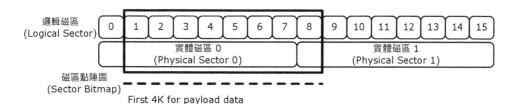

図 2-17　VHDX 虛擬硬碟 4KB 磁碟運作架構示意圖

❖ SSD 固態硬碟注意事項

為了確保屆時建立的 S2D 軟體定義儲存運作環境，能夠具備表現良好的儲存資源運作效能，以及適合長久運作的穩定性及資料高可用性。因此，為 S2D 叢集節點主機所配置的 SSD 固態硬碟應注意下列事項：

❑ 確保採用**企業等級**（Enterprise Grade），而非「消費者等級」（Consumer Grade）的 SSD 固態硬碟。

❑ 確保採用**寫入密集型**（Write Intensive），而非「讀取密集型」（Read Intensive）的 SSD 固態硬碟。

❑ 確保 SSD 固態硬碟**每日寫入量**（Device Write Per Day，DWPD）數值，至少應具備 **3** 以上或 **4TB** 每日資料寫入量的耐用度水準。

> **說明**
>
> 事實上，一開始微軟官方文件針對 SSD 固態硬碟的 DWPD 建議值為 **5** 以上，但是在 2017 年 5 月後微軟官方文件將 SSD 固態硬碟的 DWPD 建議值調整為「3」以上。

❖ S2D 叢集節點主機注意事項

在 S2D 軟體定義儲存運作環境中，每台 S2D 叢集節點主機在 SSD 固態硬碟及 HDD 機械式硬碟的數量分配上，微軟提供下列最佳建議作法：

❑ S2D 叢集運作規模中，S2D 叢集節點主機數量最少 **2** 台最多 **16** 台。

❑ S2D 叢集運作規模最多可配置 **416** 個儲存裝置。因此，以 S2D 叢集最大運作規模 16 台 S2D 叢集節點主機的運作架構來看，那麼每台 S2D 叢集節點主機不應配置超過 **26** 個（416 / 16 = 26）儲存裝置。

❑ 每台 S2D 叢集節點主機，至少應配置 **2** 個快取儲存裝置（例如：SSD 固態硬碟或 NVMe 快閃儲存），以及 **4** 個非快取儲存裝置（例如：HDD 機械式硬碟）。同時，在快取與非快取儲存裝置的空間比例，建議至少應規劃 **10%** 或以上的空間比例，舉例來說，每台 S2D 叢集節點主機，配置 2 個 800GB 的 SSD 固態硬碟（也就是總共 1.6TB 的快取儲存空間），搭配 4 個 4TB 的 HDD 機械式硬碟（也就是總共 16TB 的非快取儲存空間），所以 SSD 與 HDD 之間的空間比例為 1.6 / 16 = 10%。

❑ 每台 S2D 叢集節點主機，建議非快取儲存空間的總容量不要超過 **100TB**，否則可能會造成 S2D 叢集節點主機發生停機事件時，或是 S2D 叢集節點主機重新啟動後資料互相同步的時間過長。

在下列表格中,為 S2D 軟體定義儲存運作環境中每台 S2D 叢集節點主機,在採用不同的儲存裝置進行搭配時**最少**數量的建議值:

▌表 2-3　S2D 叢集節點主機最低需求儲存裝置數量建議值

儲存裝置類型	最少需求數量
All NVMe(同型號)	4 NVMe
All SSD(同型號)	4 SSD
NVMe + SSD	2 NVMe + 4 SSD
NVMe + HDD	2 NVMe + 4 SSD
SSD + HDD	2 SSD + 4 HDD
NVMe + SSD + HDD	2 NVMe + 4(SSD + HDD)

※ 資料來源:Microsoft Docs – Storage Spaces Direct Hardware Requirements

2.3.5　採用 TCP/IP 乙太網路或 RDMA?

在新一代 Windows Server 2016 雲端作業系統中,倘若 IT 管理人員需要建構 SDS 軟體定義儲存運作環境時,相信 IT 管理人員在相關教學文章及示範影片中,應該會不斷看到建置 S2D 軟體定義儲存運作環境,應該要配置支援**遠端直接記憶體存取**(Remote Direct Memory Access,RDMA)技術的網路卡,以降低 S2D 叢集節點主機 CPU 處理器的工作負載,同時降低資料同步及傳輸的延遲時間。

簡單來說,當 S2D 叢集節點主機採用支援 SMB Direct(RDMA)技術的網路卡時,將能夠提供**零複製**(Zero Copy)、**核心旁路**(Kernel Bypass)、**通訊協定卸載**(Protocol Offload)等 3 項特色功能。因此,在 SMB Direct(RDMA)技術的運作環境中,上層應用程式記憶體與作業系統緩衝區之間不再需要複製資料,而是應用程式在發出資料讀取或寫入請求儲存資源時,直接透過 RDMA 高速網路進行傳輸,讓存取遠端儲存資源就好像是在本地端一樣快速,同時會使用較少的 CPU 運算週期讓主機有更多的運算資源給其它工作負載使用。

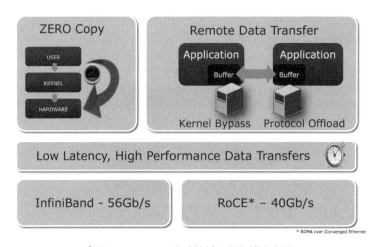

│ 圖 2-18　RDMA 高速傳輸運作架構示意圖

※ 圖片來源：Mellanox Technologies Blog – Road to 100Gb/sec Innovation Required!

　　雖然，在 Windows Server 2012 / 2012 R2 版本時便已經支援 RDMA 技術，但此時的 RDMA 運作環境有相關限制，例如：多張 RDMA 網路介面卡無法透過內建的 NIC Teaming 機制進行頻寬匯整……等多項限制，所以企業及組織在採用意願上較為低落，同時也造成大家對於 RDMA 運作環境仍然相對陌生。

　　現在，新一代 Windows Server 2016 雲端作業系統，在使用 SMB Direct（RDMA）技術時已經打破過往舊版的相關限制。但是，許多 IT 管理人員對於 S2D 軟體定義儲存技術，一開始最常詢問的問題便是，S2D 在**不支援** SMB Direct（RDMA）的運作環境中是否能夠正常運作？答案是，S2D 軟體定義儲存技術，同時支援運作在**一般 TCP/IP 乙太網路**或是 **RDMA 高速傳輸**網路環境中。

　　事實上，在 Microsoft Ignite 2016 大會的 BRK3088 議程中，微軟便採用 **Hybrid**（SSD+ HDD）儲存架構，搭配 **10GbE** 網路環境建立 S2D 軟體定義儲存運作環境，同時採用同一組 S2D 叢集及 S2D 叢集節點主機，分別測試**啓用 RDMA** 及**停用 RDMA**（一般 TCP/IP 乙太網路）的運作情境，並且在這 2 種運作環境下分別進行 S2D 儲存效能壓力測試以便了解差異。

　　壓力測試的結果顯示，啟用 RDMA 特色功能相較於停用 RDMA 的運作環境，能夠**節省 1/3** 叢集節點主機的 CPU 工作負載，同時達到**提升 2 倍**的 IOPS 儲存效能的效果。下列是在 BRK3088 議程中，進行 S2D 儲存效能壓力測試環境的硬體規格：

❑ **S2D 叢集由 8 台 S2D 叢集節點主機組成**

　　○**CPU 處理器**：Intel Xeon E5-2660 v3 2.60GHz x2。

❍**SSD 固態硬碟**：800GB x4。

❍**HDD 機械式硬碟**：4TB x12。

❍**RDMA 介面卡**：Mellanox ConnectX-3 Pro 10Gbps（Dual Port）。

▌圖 2-19　啓用 RDMA 特色功能，可節省主機 1/3 的 CPU 工作負載

※ 圖片來源：Channel 9 – Discover Storage Spaces Direct, the ultimate software-defined storage for Hyper-V（BRK3088）

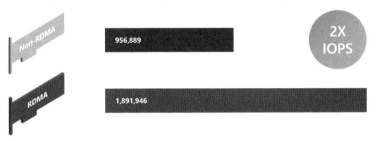

▌圖 2-20　啓用 RDMA 特色功能，可提升 2 倍的 IOPS 儲存效能

※ 圖片來源：Channel 9 – Discover Storage Spaces Direct, the ultimate software-defined storage for Hyper-V（BRK3088）

接著，在 2017 年 3 月微軟 Server & Management 部落格網站中，微軟採用 **All Flash**（NVMe）儲存架構搭配 **40GbE** 建立 S2D 軟體定義儲存運作環境，並且再度測試「啟用RDMA」及「停用 RDMA」（一般 TCP/IP 乙太網路），這 2 種不同運作環境在 S2D 儲存效能表現上的差異。

壓力測試的結果顯示，啟用 RDMA 特色功能相較於停用 RDMA 的運作環境，能夠**節省27%** 叢集節點主機的 CPU 工作負載，同時達到**提升 28%** 的 IOPS 儲存效能，並且在提升資料存取延遲時間方面**資料寫入 36%**、**資料讀取 28%**。下列為此次進行 S2D 儲存效能壓力測試環境的硬體規格：

❑ **S2D 叢集由 4 台 S2D 叢集節點主機組成**

○**CPU 處理器**：Intel Xeon E5-2699 v4 2.2GHz x 2。

○**RAM 記憶體**：128GB DDR4。

○**NVMe 快閃儲存**：Intel P3700 x 4。

○**RDMA 介面卡**：Mellanox ConnectX-3 Pro 40Gbps（Dual Port / RoCE v2）。

▎表 2-4 RDMA 與一般 TCP/IP 的 S2D 儲存效能比較表

項目	RDMA	TCP / IP
IOPS	185,500	145,500
IOPS / %kernelCPU	16,300	12,800
90% 寫入延遲時間	250 微秒（μs）	390 微秒（μs）
90% 讀取延遲時間	260 微秒（μs）	360 微秒（μs）

※ 資料來源：Server & Management Blogs – To RDMA, or not to RDMA that is the question

2.3.6 採用 NTFS 或 ReFS 檔案系統？

從舊版 Windows Server 2012 作業系統版本開始，微軟發佈一種全新的檔案系統格式 **ReFS**（Resilient File System），在 Windows Server 2012 / 2012 R2 作業系統中為 **ReFS v1** 版本，但此版本中的 ReFS 檔案系統除了有各項限制之外，在其它各方面的表現仍無法讓人放心用於營運環境。

現在，新一代 Windows Server 2016 雲端作業系統中，除了一舉將 ReFS 檔案系統提升為 **ReFS v2** 版本，並針對 Hyper-V 虛擬化環境的應用方式進行最佳化調校之外，同時在預設情況下 S2D 軟體定義儲存環境，建議採用的便是 ReFS 檔案系統。當然，倘若 IT 管理人員希望使用舊有的 NTFS 檔案系統也是沒有任何問題的。

簡單來說，ReFS 檔案系統具備如下特色功能：

❑ **完整性**：針對中繼資料使用總和檢查碼機制，以便自動修復偵測到的損毀資料並且從錯誤中快速復原，不會遺失任何資料並有效提升資料完整性及可用性。

❑ **可用性**：透過指定資料可用性優先順序機制，當發生資料損毀情況時可將範圍縮小為損毀的區域後，線上執行修復作業而不需要卸載磁碟區，有效降低因修復而必須停機的機率。

❑ **主動式錯誤修正**：在讀取與寫入資料並進行驗證程序之前，會執行「清除程式」（Scrubber）的動作以進行資料完整性的掃描作業，達到定期掃描磁碟區、識別可能隱藏的資料損毀情況，以及主動觸發執行損毀資料的修復作業程序……等。

❏ **可變叢集區塊大小**：在 ReFS 檔案系統中支援 4K 與 64K 叢集區塊大小。在一般情況下，部署容錯移轉叢集時建立的叢集區塊大小應採用 4K，倘若有「大型循序 IO」的工作負載時，則適合採用 64K 叢集區塊大小。

❏ **延展性**：ReFS 檔案系統支援磁碟區大小為 4.7ZB（NTFS 為 256TB）、支援最大檔案大小為 18EB、支援最多檔案數量為 264 個（NTFS 為 232 個）、支援檔案名稱長度為 255 個 UniCode 字元、支援路徑名稱長度為 32,768 UniCode 字元……等。

在企業及組織的運作環境中，不管採用哪種 Windows Server 作業系統版本，通常採用的主流檔案系統仍為 **NTFS**，然而在新版 Windows Server 2016 雲端作業系統中，尤其是建構 S2D 軟體定義儲存或 Hyper-V 虛擬化運作環境時，預設建議採用的則是 **ReFS** 檔案系統，以便因應企業及組織商業數位化的龐大資料量需求。

然而，目前 NTFS 與 ReFS 檔案系統在功能性方面的支援度仍有些許不同，舉例來說，傳統的 NTFS 檔案系統並未支援新式**區塊複製**（Block Clone）特色功能，而新式的 ReFS 檔案系統則尚未支援**重複資料刪除**（Data Deduplication）特色功能……等。

> **說明**
>
> 事實上，在本書撰寫期間微軟最新發佈的 Windows Server Insider Preview Build **16237** 版本中，其中一項特色功能便是 ReFS 檔案系統開始支援重複資料刪除技術。

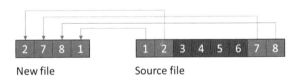

New file   Source file

║ 圖 2-21　ReFS 檔案系統區塊複製運作示意圖

※ 圖片來源：SNIA 2015 – ReFS v2

因此，下列分別整理 NTFS / ReFS 檔案系統「兩者皆支援、僅 ReFS 支援、僅 NTFS 支援」的特色功能列表。

❖ NTFS / ReFS 兩者皆支援的特色功能

BitLocker 加密機制、CSV 叢集共用磁碟區、軟式連結、支援容錯移轉叢集、ACL 存取控制清單、USN 日誌、變更通知、連接點、掛接點、重新分析點、磁碟區快照、檔案識別碼、Oplocks、疏鬆檔案、已命名資料流。

❖ 僅 ReFS 支援的特色功能

區塊複製（Block Clone）、**疏鬆有效資料長度**（Sparse VDL）、**即時階層最佳化**（Real-Time Tier Optimization），這 3 項特色功能也是 S2D 軟體定義儲存技術，預設採用 ReFS 檔案系統格式的主要原因之一。

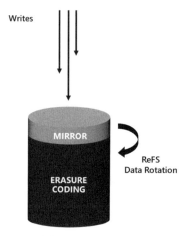

▌圖 2-22　ReFS 檔案系統即時階層最佳化運作示意圖

※ 圖片來源：Channel 9 – Discover Storage Spaces Direct, the ultimate software-defined storage for Hyper-V（BRK3088）

❖ 僅 NTFS 支援的特色功能

檔案系統壓縮、檔案系統加密、重複資料刪除、交易、永久連結、物件識別碼、簡短名稱、擴充屬性、磁碟配額、支援開機磁碟區、支援外接式儲存裝置、NTFS 儲存層。

❖ 所以要採用 NTFS 或 ReFS ？

現在，你應該已經了解傳統 NTFS 與新式 ReFS 檔案系統的功能性差異。那麼，我們將討論焦點回到本小節議題，在 S2D 軟體定義儲存運作環境中同時支援 **NTFS** 與 **ReFS** 檔案系統，然而究竟該採用傳統主流的 NTFS 還是新式 ReFS 檔案系統呢？答案是，請依照你屆時運作環境需求及工作負載類型而定。

舉例來說，屆時 S2D 軟體定義儲存運作環境為超融合式架構，那麼針對 **VM 虛擬主機**的工作負載便應該建立 **ReFS** 檔案系統，主要原因在於透過 ReFS 檔案系統「區塊複製」及「疏鬆有效資料長度」等特色功能，可以有效加快 VM 虛擬主機的複製速度、VM 檢查點合併作業……等。

說明

　　根據實測結果顯示，在 NTFS 檔案系統環境中建立 **10GB 固定格式**的 VHDX 虛擬磁碟，需要花費 **49 秒**或更久的時間才能建立完成。然而，在 ReFS 檔案系統中透過區塊複製及疏鬆有效資料長度特色功能，只需要 **1 秒**的時間即可建立完成。

　　倘若，屆時 S2D 軟體定義儲存運作環境，希望切出一部分儲存空間存放備份檔案時，那麼因為僅 **NTFS** 檔案系統才支援**重複資料刪除**特色功能。此時，便應該建立 NTFS 檔案系統而非 ReFS 檔案系統，否則屆時將會發現無法啟用重複資料刪除特色功能。

CHAPTER

S2D 運作架構

3.1 S2D 儲存堆疊運作架構

事實上，Windows Server 2016 先前的開發名稱為 Windows Server vNext，並且在 2014 年 10 月 1 日時正式發布「技術預覽」（Technical Preview，TP）版本，接著在 2015 年 5 月 4 日發佈 TP2 技術預覽版本，並且在 Windows Server 2016 TP2 技術預覽版本中，導入許多新的特色功能如 Nano Server、Storage Replica、PowerShell DSC（Desired State Configuration）……等技術。

簡單來說，從 Windows Server 2016 TP2 技術預覽版本開始，便將 Windows Server 2012 R2 當中的「Storage Spaces」技術，演化升級成「Storage Spaces Shared Nothing」技術，最後完整的與 SMB Direct（RDMA）技術整合後取名為「S2D（Storage Spaces Direct）」。

❖ S2D 技術有何不同？

首先，大家一定對於 Windows Server 2016 當中 S2D 軟體定義儲存技術感到好奇，並希望了解它與 Windows Server 2012 R2 當中的 Storage Spaces 技術有何不同。簡單來說，最主要的關鍵在於 S2D 技術，可以將多台伺服器的**本機硬碟**（Local Disk）結合成為一個大的儲存資源集區。

在 Windows Server 2012 R2 當中的 Storage Spaces 技術，底層的儲存資源是採用「共享式 JBOD」（Shared JBOD）的方式，將多座 JBOD 結合成為一個大的儲存資源集區。然後，再透過其上的 SOFS（Scale-Out File Server）叢集節點主機，將掛載的 JBOD 儲存資源透過 SMB 3.0 協定，把儲存資源分享給 Hyper-V 容錯移轉叢集。

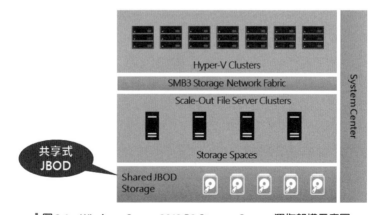

▌圖 3-1　Windows Server 2012 R2 Storage Spaces 運作架構示意圖

※ 圖片來源：MVA 微軟虛擬學院 – 以 Windows Server 打造高成本效益的儲存方案

　　在 Windows Server 2016 當中的 S2D 技術，可以直接將原本的 SOFS（Scale-Out File Server）叢集節點主機中「本機硬碟」，透過 RDMA 高速網路環境將多台 SOFS 叢集節點主機的本機硬碟資源，匯整成為一個巨大的儲存資源集區，然後透過 SMB 3.0 協定將儲存資源分享給 Hyper-V 容錯移轉叢集。

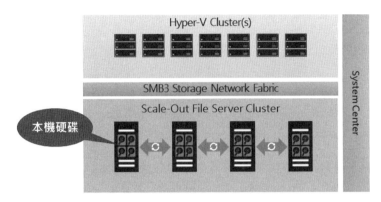

▍圖 3-2　Windows Server 2016 S2D（Storage Spaces Direct）運作架構示意圖
※ 圖片來源：MVA 微軟虛擬學院 – 以 Windows Server 打造高成本效益的儲存方案

❖ 採用 S2D 技術有何好處？

　　首先，採用 S2D 技術對於企業或組織的 IT 管理人員來說，最大的好處便是**簡化部署**。因為，採用 S2D 技術之後可以拋開傳統複雜的 SAS 網狀架構（採用 JBOD 架構的副作用），改為採用相對單純的網路架構即可。

　　另一項好處則是可以「無縫式進行擴充」，簡單來說可以達成「水平擴充」（Scale-Out）的運作架構。現在，IT 管理人員只要增加 SMB 容錯移轉叢集架構中的叢集節點主機，便可同時增加整體的「儲存空間」以及「傳輸速率」，並且新加入的叢集節點將會自動進行儲存資源的負載平衡作業。

　　此外，因為省去了 JBOD 硬碟機箱，連帶節省大量的機櫃空間、電力、冷氣……等，這也是額外為資料中心所帶來的效益。因此，現在企業或組織的 IT 管理人員除了不用規劃及組態設定複雜的 SAS Cabling 之外，也不用安裝及組態設定 MPIO 多重路徑機制。

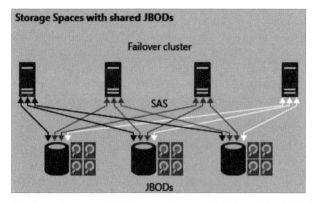

▌圖 3-3　Windows Server 2012 R2 Storage Spaces with Shared JBODs 運作示意圖

※ 圖片來源：TechNet Library – Storage Spaces Direct in Windows Server 2016 Technical Preview

　　在 S2D 軟體定義儲存技術中，整個運作架構包含了 SOFS（Scale-Out File Server）、CSVFS（Clustered Shared Volume File System）、Storage Spaces、Failover Clustering……等技術。那麼，讓我們來看看在相關運作層級中，每個層級所專司的運作角色及功能為何。

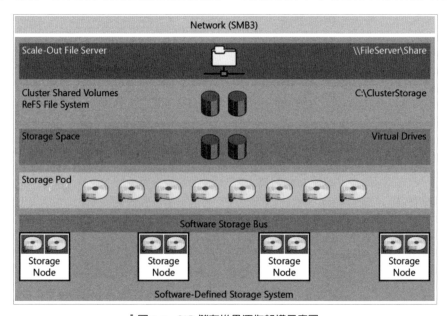

▌圖 3-4　S2D 儲存堆疊運作架構示意圖

※ 圖片來源：Microsoft Press Blog – Free Book Introducing Windows Server 2016

3.1.1　SSB（Software Storage Bus）

在 Windows Server 2016 軟體定義儲存技術運作架構中，最重要的底層技術之一便是**軟體式儲存匯流排**（Software Storage Bus，SSB），你可以把它視為傳統儲存設備運作架構中共享式 **SAS 纜線**的連線機制。在 S2D 軟體定義儲存技術運作架構中，便是透過 SSB 當中的**虛擬儲存匯流排**（Virtual Storage Bus）運作機制，將 S2D 叢集中眾多的 S2D 叢集節點主機互相串連起來，並且在眾多 S2D 叢集節點主機之間彼此能夠互相看到所配置的本機硬碟。

在 S2D 叢集運作架構中，每台 S2D 叢集節點主機皆運作 SSB 當中的 2 個主要運作元件 **ClusPort** 及 **ClusBlft**，其中 ClusPort 運作元件負責提供 **Virtual HBA** 的功能，以便 S2D 叢集中的每台 S2D 叢集節點主機能夠互相連接及存取彼此的本機硬碟，而 ClusBlft 運作元件則是負責整合每台 S2D 叢集節點主機的**本機硬碟**及**機箱**（Enclosures），並且與 ClusPort 運作元件協同運作。

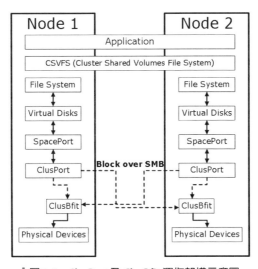

圖 3-5　ClusPort 及 ClusBfit 運作架構示意圖

從圖 3-5 的 ClusPort 及 ClusBfit 運作架構示意圖中可以看到，在 S2D 叢集運作架構內每台 S2D 叢集節點主機，都會透過 SMB 3 的通訊協定進行資料傳輸的動作。此時，將會搭配 **SMB 多重通道**（SMB MultiChannel）及 **SMB 直接傳輸**（SMB Direct）機制達成傳輸流量負載平衡及容錯移轉的目的，同時還能降低 S2D 叢集節點主機的工作負載。

其中 SMB 多重通道機制，為整併 S2D 叢集節點主機當中的多張網路介面卡，以提供更高的吞吐量及彈性（負載平衡及容錯移轉），至於 SMB 直接傳輸機制則是整合 RDMA 網路介面卡（iWARP 或 RoCE），以降低 CPU 在處理網路 I/O 的工作負載，同時降低整個硬碟裝

置的延遲時間。最後，整合**具名執行個體**（Named Instance）機制，以便分隔 S2D 叢集當中每台 S2D 叢集節點主機的工作負載，同時結合 CSVFS 機制提供給 SMB 客戶端進行存取及額外的彈性。

❖ SSB 頻寬管理機制

在 SSB 運作架構中採用下列 3 種不同的演算法機制，以達成 S2D 叢集中每台 S2D 叢集節點主機都能夠平均取得系統資源，同時在儲存效能方面上也兼顧良好的效能表現：

❑ SSB 採用**公平存取演算法**（Fair Access Algorithm）機制，確保每台 S2D 叢集節點主機都可以存取儲存資源，避免某台 S2D 叢集節點主機因為運作異常進而影響到 S2D 叢集中其它節點主機的運作。

❑ SSB 採用 **IO 優先順序演算法**（IO Prioritization Algorithm）機制，確保屆時運作在 S2D 儲存資源上的 VM 虛擬主機中，**應用程式**所發出的 IO 儲存資源請求能夠優先於**系統 IO** 的儲存資源請求。

❑ SSB 採用**去隨機化 IO 演算法**（De-Randomizes IO Algorithm）機制，確保屆時運作在 S2D 儲存資源上的 VM 虛擬主機中，雖然 VM 虛擬主機都是「隨機 IO」（Random IO）的工作負載居多，但是 SSB 透過此演算法機制儘量將隨機 IO 轉換成**循序 IO 模式**（Sequential IO Pattern），以便在某些應用情境中能夠有效提升 S2D 運作架構的整體儲存效能。

3.1.2 SBC（Storage Bus Cache）

在 SSB 運作架構中的快取機制稱為**儲存匯流排快取機制**（Storage Buslayer Cache，SBC），在 S2D 運作架構中負責整合 SSB 運作機制，以及快取裝置（例如：SSD 固態硬碟）和儲存裝置（例如：HDD 機械式硬碟），以便 S2D 叢集節點主機能夠提供資料的讀取及寫入快取機制。

SBC 快取機制必須在建立 S2D 叢集時決定是否啟用，舉例來說，當建立 S2D 叢集時決定啟用 SBC 快取機制後，屆時 SBC 快取機制將會在**每台** S2D 叢集節點主機上運作。值得注意的是，SBC 快取機制因為座落在 SSB 底層之中，因此與上層的**儲存集區**（Storage Pool）與**虛擬磁碟**（Virtual Disk）並不相干。

當 S2D 叢集節點主機欲建立 S2D 叢集並啟用 SBC 快取機制時，SBC 快取機制將會自動辨別在 S2D 叢集節點主機中，本機硬碟有哪些屬於**快取裝置**（Caching Devices）哪些為**儲存裝置**（Capacity Devices）。其中，快取裝置顧名思義便是擔任儲存裝置的快取（例如：NVMe

快閃儲存或 SSD 固態硬碟），而儲存裝置則是真正儲存資料的地方（例如：HDD 機械式硬碟）。當 SBC 快取機制定義好，哪些儲存裝置為快取裝置及儲存裝置之後，便會將儲存裝置以**輪詢**（Round-Robin）的方式綁定到快取裝置上。日後，當快取裝置發生故障損壞事件時，便會重新進行儲存裝置對應及綁定的動作。

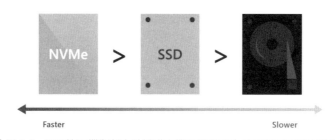

▌圖 3-6　SBC 快取機制將自動辨識本機硬碟哪些為快取裝置或儲存裝置

※ 圖片來源：Microsoft Docs – Understanding the cache in Storage Spaces Direct

此外，當 S2D 採用 **All-Flash** 或 **Hybrid** 儲存架構時，SBC 快取機制將會採用不同的運作模式來因應資料的讀寫行為。舉例來說，當採用 All-Flash 時那麼 SBC 快取機制，僅會針對**資料寫入**（Write Cache Only）的部分進行快取，而採用 Hybrid 時則會針對**資料讀取及寫入**（Read / Write Both Cache）進行快取。

❖ All-Flash 儲存架構及快取模式

那麼怎樣的儲存裝置配置稱為 All-Flash 架構，舉例來說，所有儲存裝置「皆採用 NVMe 快閃儲存、NVMe 快閃儲存 + SSD 固態硬碟、皆採用 SSD 固態硬碟」，這 3 種方式的儲存裝置配置便稱之為 All-Flash 儲存架構。

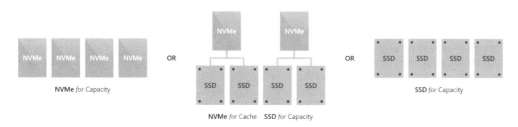

▌圖 3-7　3 種 All-Flash 儲存架構配置示意圖

※ 圖片來源：Microsoft Docs – Understanding the cache in Storage Spaces Direct

預設情況下，採用 All-Flash 儲存架構時在資料快取處理方面，僅會針對**資料寫入**（Write Cache Only）的部分進行快取，甚至在某些 All-Flash 儲存架構的配置中會**停用**快取機制。主要原因在於，S2D 軟體定義儲存的運作環境中快取裝置的儲存空間，屆時將不會納入至儲

存集區當中,由於 NVMe 快閃儲存或 SSD 固態硬碟快速存取的特性,所以即便停用快取機制在儲存效能方面仍表現優異。

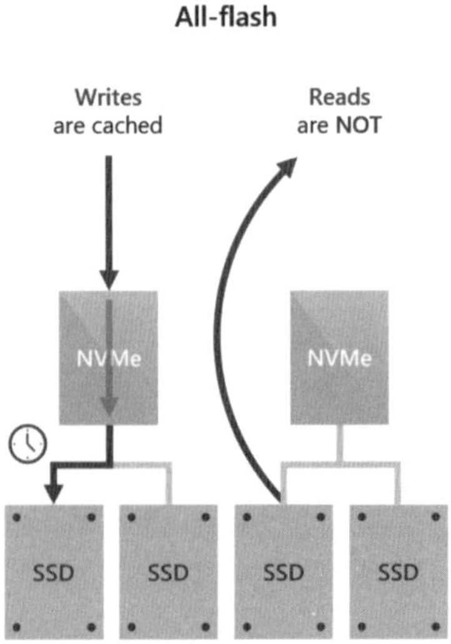

圖 3-8　All-Flash 儲存架構資料快取示意圖

※ 圖片來源:Microsoft Docs – Understanding the cache in Storage Spaces Direct

因此,根據微軟官方的建議,在採用 **All NVMe** 或 **All SSD** 的 All-Flash 儲存架構時,雖然預設值會啟用寫入快取,但管理人員可以在建立 S2D 叢集時搭配 `-S2DCacheMode Disabled` 參數停用快取機制。

下列為 All-Flash 儲存架構下,預設 SBC 快取機制將自動辨識本機硬碟為快取裝置或儲存裝置,以及預設所採用的快取機制為何。

表 3-1　3 種 All-Flash 儲存架構快取機制差異比較表

儲存架構	快取裝置	儲存裝置	預設快取機制
All NVMe	None	NVMe	僅寫入(可停用)
All SSD	None	SSD	僅寫入(可停用)
NVMe + SSD	NVMe	SSD	僅寫入

❖ Hybrid 儲存架構及快取模式

同樣的,怎樣的儲存裝置配置稱為 Hybrid 架構,舉例來說,採用「NVMe 快閃儲存 + HDD 機械式硬碟、SSD 固態硬碟 + HDD 機械式硬碟、NVMe 快閃儲存 + SSD 固態硬碟 + HDD 機械式硬碟」,這 3 種方式的儲存裝置配置便稱之為 Hybrid 儲存架構。

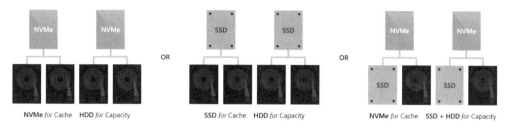

　　預設情況下，採用 Hybrid 儲存架構時在資料快取處理方面，將會同時針對**資料讀取及寫入（Read / Write both Cache）**的部分進行快取，也就是讓 SBC 快取機制辨識為「快取裝置」進行資料讀取及寫入的快取作業（例如：NVMe 快閃儲存或 SSD 固態硬碟）。

Hybrid

Writes
are cached

Reads
are cached

SSD

SSD

│ 圖 3-10　Hybrid 儲存架構資料快取示意圖

　　在 Hybrid 儲存機制中 2 層式的儲存架構非常容易理解，也就是「NVMe 快閃儲存 + HDD 機械式硬碟」或「SSD 固態硬碟 + HDD 機械式硬碟」架構中，由 SBC 快取機制自動辨識後讓 NVMe 或 SSD 擔任快取裝置並負責資料讀取及寫入的快取。

　　然而，在 Hybrid 儲存機制中還支援 3 層式的儲存架構，也就是**NVMe 快閃儲存 + SSD 固態硬碟 + HDD 機械式硬碟**，此時快取機制仍由 NVMe 快閃儲存擔任，在 SSD 固態硬碟 + HDD 機械式硬碟的部分，雖然 SBC 快取機制將會辨識為「儲存裝置」，但是此時 SSD 固態

硬碟將會負責「資料寫入」的快取部分，而 HDD 機械式硬碟將會負責「資料讀取及寫入」的快取部分。

下列為 Hybrid 儲存架構下，預設 SBC 快取機制將自動辨識本機硬碟為快取裝置或儲存裝置，以及預設所採用的快取機制為何。

┃ 表 3-2　3 種 Hybrid 儲存架構預設快取機制差異比較表

儲存架構	快取裝置	儲存裝置	預設快取機制
NVMe + HDD	NVMe	HDD	讀取 + 寫入
SSD + HDD	SSD	HDD	讀取 + 寫入
NVMe + SSD + HDD	NVMe	SSD + HDD	HDD（讀取 + 寫入） SSD（僅寫入）

最後，在預設情況下當 SBC 快取機制辨識為快取裝置後，將會在快取裝置中建立一個 **32GB** 的特殊分割區，其餘快取裝置的可用空間則成為 SBC 的快取空間，這 32GB 分割區的用途便是存放「儲存集區及虛擬磁碟」的**中繼資料**（Metadata）。

此外，每當 SBC 快取機制管理 **1TB** 的快取空間時，便需要消耗該台 S2D 叢集節點主機 **4GB** 的實體記憶體空間。舉例來說，當一台 S2D 叢集節點主機配置「4 個 800GB 的 SSD 固態硬碟 = **3.2TB**」時，將會消耗該台 S2D 叢集節點主機 **3.2 x 4 = 12.8GB** 的記憶體空間。因此，在規劃估算 S2D 叢集節點主機的實體記憶體空間時，記得將 SBC 快取機制所會消耗的記憶體空間估算進去。

說明

在 Windows Server 2016 推出時，每當 SBC 快取機制管理「1TB」的快取空間時，便需要消耗該台 S2D 叢集節點主機 **5GB** 的實體記憶體空間。在 2017 年 2 月才調整為消耗「4GB」的實體記憶體空間。

3.1.3 Storage Pool

在 S2D 軟體定義儲存技術的運作環境中，Storage Pool 負責將每台 S2D 叢集節點主機的本機硬碟進行串連匯整的動作，以便建構出 1 個巨大的儲存資源集區。因此，當 IT 管理人員透過 PowerShell Enable-ClusterS2D 或 Enable-ClusterStorageSpacesDirect 指令，啟用 S2D 軟體定義儲存技術時，系統便會自動建立 Storage Pool，並將「符合的儲存裝置」（例如：未初始化及格式化過的硬碟），加入至 Storage Pool 當中。

此外，當 S2D 叢集有新的 S2D 叢集節點主機加入後，系統也會自動將新加入的 S2D 叢集節點主機中，符合的儲存裝置加入至 Storage Pool 內並執行 **Rebalance** 的動作，以達到儲存

空間負載平衡的目的。當然，倘若 Storage Pool 當中有儲存裝置發生故障損壞事件時，系統也會自動將該儲存裝置標示為故障，並且自動退出 Storage Pool 以避免將資料存放於故障的硬碟當中。

同時根據微軟最佳建議作法，在每個 S2D 叢集當中最好只有 **1** 個 Storage Pool 即可。同時，每個 Storage Pool 最多支援 **416** 個儲存裝置及最大 **1PB** 的儲存空間。

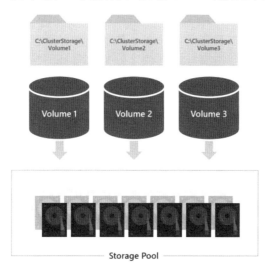

▌圖 3-11　Storage Pool 運作架構示意圖

※ 圖片來源：Microsoft Docs – Planning volumes in Storage Spaces Direct

在管理 Storage Pool 的過程中可能會看到其它技術名詞，例如：**復原**（Resiliency）、**磁塊**（Slabs）、**等量**（Striping）等。因此，為了後續能夠更順利管理 S2D 運作環境，讓我們來了解這幾個技術名詞所代表的意義。

❖ 什麼是復原（Resiliency）？

讓我們先從 S2D 叢集中，具備 **2** 台 S2D 叢集節點主機的運作架構開始談起。在 2 台 S2D 叢集節點的運作環境中，建立「磁碟區」（Volume）的唯一選項就是**雙向鏡像**（2-Way Mirror），所以當我們建立 **1TB** 空間大小的磁碟區時，這表示 S2D 的演算法將會把資料擺放在「不同台」S2D 叢集節點主機，以及「不同個」儲存裝置當中，這樣的儲存資料擺放行為也稱為「Footprint on the Pool」。

因此，S2D 演算技術將會維護 **2** 份儲存資料，以便其中 1 份資料發生故障損壞事件時（例如：某台 S2D 叢集節點主機故障），確保另 1 份資料副本是可以正確使用的。所以，雖然

建立 1TB 儲存空間大小的磁碟，但實際上會佔用底層 Storage Pool 當中 **2TB** 的儲存空間儲存效率為 **50%**。

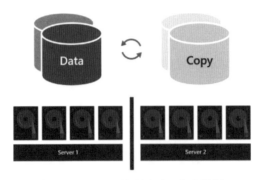

▌圖 3-12　雙向鏡像儲存空間復原機制

※ 圖片來源：Microsoft Docs – Planning volumes in Storage Spaces Direct

　　當 S2D 叢集為 **3 台** S2D 叢集節點主機的運作架構時，建立「磁碟區」（Volume）的建議選項為三向鏡像（3-Way Mirror），所以當我們建立 **2TB** 空間大小的磁碟區時，同樣的 S2D 演算法將會把資料擺放在「不同台」S2D 叢集節點主機及「不同個」儲存裝置當中。

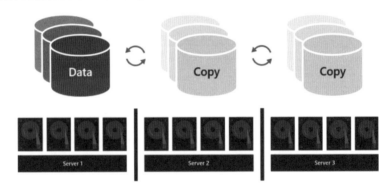

▌圖 3-13　三向鏡像儲存空間復原機制

※ 圖片來源：Microsoft Docs – Planning volumes in Storage Spaces Direct

　　因此，S2D 演算技術將會維護 **3 份**儲存資料，所以可以容許有 **2 份**資料發生故障損壞事件時（例如：某台 S2D 叢集節點主機故障，另 1 台 S2D 叢集節點主機因安全性更新重新啟動中），確保另 1 份資料副本是可以正確使用的。所以，雖然建立 2TB 儲存空間大小的磁碟，但實際上會佔用底層 Storage Pool 當中 **6TB** 的儲存空間儲存效率為 **33%**。

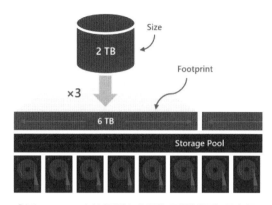

圖 3-14 三向鏡像儲存空間復原機制運作示意圖

※ 圖片來源：Microsoft Docs – Planning volumes in Storage Spaces Direct

當 S2D 叢集為**4 台或更多台** S2D 叢集節點主機的運作架構時，建立「磁碟區」（Volume）的選項將支援**三向鏡像**（3-Way Mirror）、**雙同位**（Dual Parity）、**混合式復原**（Mixed Resiliency）等，所有儲存空間復原機制。

> **說明**
>
> 當然，也支援「雙向鏡像」（2-Way Mirror）及「單同位」（Single Parity）儲存空間復原機制。然而，當 S2D 叢集節點主機足夠並考量資料高可用性的情況下，微軟官方**不建議**採用這 2 種儲存空間復原機制。

倘若，採用**雙同位**儲存空間復原機制時將具備與三向鏡像相同的資料可用性，也就是 S2D 演算技術將會維護 **3 份**儲存資料，所以可以容許有 **2 份**資料發生故障損壞事件時（例如：某台 S2D 叢集節點主機故障，另 1 台 S2D 叢集節點主機因安全性更新重新啟動中），確保另 1 份資料副本是可以正確使用的。

但是，採用雙同位儲存空間復原機制將具備更高的儲存效率。舉例來說，當具備 **4 台** S2D 叢集節點主機並建立 2TB 儲存空間大小的磁碟，實際上將會佔用底層 Storage Pool 當中 **4TB** 的儲存空間儲存效率為 **50%**。倘若，S2D 叢集具備 **7 台** S2D 叢集節點主機時，儲存空間儲存效率將會提升至 **66.7%**，若 S2D 叢集節點主機數量更多時更有機會提升至 **80%**。

> **說明**
>
> 有關儲存空間復原機制及儲存效率的詳細資訊，我們將於稍後《3.4、容錯及儲存效率》小節中進行討論。

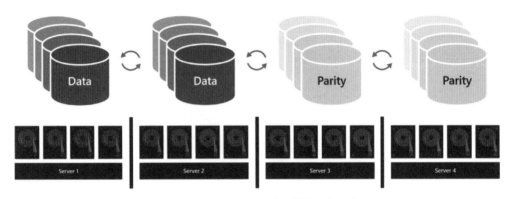

▎圖 3-15　雙同位儲存空間復原機制運作示意圖

※ 圖片來源：Microsoft Docs – Planning volumes in Storage Spaces Direct

此外，IT 管理人員可以依據資料可用性及不同的資料 IOPS 儲存效能需求，分別建立各種儲存空間復原機制在同 1 個 Storage Pool。

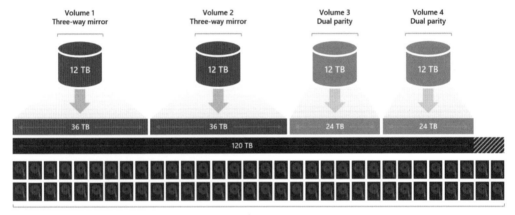

▎圖 3-16　在 1 個 Storage Pool 中同時建立不同需求的儲存空間復原機制

※ 圖片來源：Microsoft Docs – Planning volumes in Storage Spaces Direct

❖ 什麼是磁塊（Slabs）？

然而，不管採用哪種儲存空間復原機制，當 IT 管理人員在 S2D 叢集中建立 **1TB** 的磁碟區時，是否在底層就直接建立佔用 1TB 空間的巨大資料區塊？當然不是，在 S2D 叢集執行建立 1TB 磁碟區的動作時，將會自動把 1TB 拆解成眾多的 **Slab** 並且每個 Slab 大小為 **256MB**，所以倘若是建立 1TB 磁碟區的儲存空間大小時將會自動拆解為 **4,096 個 Slab**。

說明

在 Windows Server 2016 技術預覽版本時期，拆解磁碟區的單位大小稱為 **Extent** 而非 Slab，並且每個 Extent 大小為 **100MB**。

▍圖 3-17　1TB 磁碟區拆解成數量眾多的 Slab

※ 圖片來源：Microsoft Storage Blogs – The Storage Pool in Storage Spaces Direct Deep Dive

❖ 什麼是等量（Striping）？

舉例來說，當 IT 管理人員採用「雙向鏡像」儲存空間復原機制，在建立磁碟區時透過上述機制拆解成眾多 Slab，此時**每個 Slab** 將會建立「**2 份副本**」。

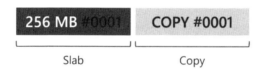

▍圖 3-18　採用雙向鏡像儲存空間復原機制時，每個 Slab 將會建立 2 份副本

※ 圖片來源：Microsoft Storage Blogs – The Storage Pool in Storage Spaces Direct Deep Dive

同時，透過 S2D 軟體定義儲存技術內建的演算法，將 Slab 存放在**不同台** S2D 叢集節點主機，以及每台 S2D 叢集節點主機當中**不同個**儲存裝置內。

▍圖 3-19　將眾多 Slab 分別儲存於不同台 S2D 叢集節點主機的不同個儲存裝置內

※ 圖片來源：Microsoft Storage Blogs – The Storage Pool in Storage Spaces Direct Deep Dive

原則上，將磁碟區自動拆解後的眾多 Slab 將會「平均、自動分散」到，S2D 叢集中不同台 S2D 叢集節點主機的不同個儲存裝置內。同時，預設情況下 S2D 叢集當中至少會有 **5個儲存裝置**，負責儲存 Storage Pool 當中這些**中繼資料**（Metadata），以便確保後續**同步**（Synchronized）及**修復**（Repaired）等作業能夠順利進行。

> **說明**
>
> 請注意，即使儲存 Storage Pool 中繼資料的所有儲存裝置都發生故障損壞事件，也不會影響到 S2D 叢集的運作及部署作業。

❖ S2D 這樣設計有什麼好處？

透過上述說明後，你已經知道 S2D 運作環境中「復原、Slab、等量」運作機制。那麼，這樣運作機制的設計目的是什麼呢？首先，針對**儲存效能**能夠達到最佳化，你可以想像將巨大的磁碟區拆解成眾多 Slab，並且放置到 S2D 叢集中不同台 S2D 叢集節點主機的不同個儲存裝置內，所以當需要進行資料讀寫作業時可以同時使用多台主機的多個儲存裝置，如此一來便可以達到**資料讀寫**最大化效益。因此，可以了解在 S2D 環境中的雙向鏡像儲存空間復原機制，與傳統 RAID-1 鏡像磁碟陣列運作模式並不相同。

這樣設計的第 2 個目的是**提升資料高可用性**。相信管理資料中心運作重任的維運同仁一定有深刻的感受，也就是在資料中心內不管硬體設備多昂貴或有各種因應機制，都無法避免硬體設備發生故障損壞的情況發生。同樣的，在 S2D 運作環境中不管是 S2D 叢集節點主機內某些儲存裝置損壞，甚至是整台 S2D 叢集節點主機發生故障損壞時，此時 S2D 將會如何進行資料重建作業？

舉例來說，當 S2D 叢集節點主機內某些儲存裝置損壞時，S2D 叢集將會自動執行**修復**（Repairing）作業，以便將原有儲存的資料副本進行重建的動作，修復作業將會執行下列 2 項操作程序：

❖ 修復程序 1：讀取存活的資料副本（讀取單位為 Bytes）

❏ 在 S2D 的運作架構中，S2D 叢集節點主機內某個儲存裝置發生故障損壞事件時，在這個故障損壞的儲存裝置中雖然有存放眾多 Slab。然而，這些眾多 Slab 其它存活的資料副本，是分佈在 S2D 叢集中「不同台」S2D 叢集節點主機的「不同個」儲存裝置中，所以整個資料重建作業可以同時使用「多個」而非「單個」儲存裝置。

❑ 你可以想像倘若 S2D 並未將建立的磁碟區拆解成眾多 Slab 的話，那麼當 1TB 磁碟區資料副本所在的硬碟發生故障損壞，實際存放資料的 HDD 機械式硬碟要執行資料修復程序時，光是讀取 1TB 存活資料副本的這個動作，可想而知整個資料重建程序將會非常緩慢。

❖ 修復程序 2：在其它可用空間中寫入新的資料副本

❑ 原則上，進行資料修復作業時只要 S2D 叢集發現空餘的儲存空間，就會將重建後新的資料副本進行寫入的動作。但是，並不會將新的資料副本寫入至發生儲存裝置故障的那台 S2D 叢集節點主機中。

簡單來說，透過「復原、Slab、等量」運作機制的幫助之下，可以讓 S2D 運作環境不僅最大化資料讀寫儲存效能，同時當硬體設備發生故障損壞事件時，重建資料的修復時間將有效縮短達到資料高可用性的目的。

❖ 預留部份可用儲存空間？

最後，針對管理 Storage Pool 儲存資源的部分，微軟提供的最佳建議作法是**預留部份可用儲存空間**。簡單來說，建立 Storage Pool 之後應該要**預留**部分的可用儲存空間，而「不要」在規劃磁碟區儲存空間大小時**用盡**所有可用儲存空間。

主要原因在於，預留部份可用儲存空間可以有效加快 S2D 執行資料重建作業。舉例來說，當 S2D 叢集節點主機內某個 HDD 機械式硬碟發生故障損壞事件，此時 S2D 將會自動進行資料副本的修復程序，因為有預留可用儲存空間當成資料緩衝區，將能有效加快整個資料副本的重建作業，IT 管理人員可以將預留部份可用儲存空間的概念，想像成類似在傳統運作架構中規劃 RAID 磁碟陣列時，會保留幾顆硬碟擔任**熱備援**（Hot Spare）的用途。

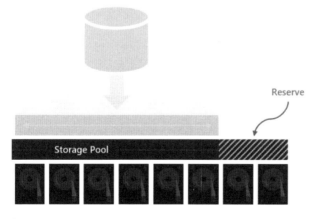

▌圖 3-20　預留部份可用儲存空間有效加速資料副本重建速度

※ 圖片來源：Microsoft Docs – Planning volumes in Storage Spaces Direct

那麼，究竟該預留多少可用儲存空間呢？答案是，每台 S2D 叢集主機最少預留 **1 個**最多 **4 個** HDD 機械式硬碟儲存裝置大小的儲存空間即可。舉例來說，在 S2D 叢集中共有 **4 台** S2D 叢集節點主機，每台 S2D 叢集節點主機配置的 HDD 機械式硬碟儲存裝置大小為 **2TB**，那麼建立 Storage Pool 之後建議預留「2TB x 4 台叢集節點主機 = **8TB**」的可用儲存空間。如此一來，當 S2D 叢集節點主機內的儲存裝置發生故障損壞事件時，在進行更換的 HDD 機械式硬碟尚未到達之前，S2D 叢集便能自動且快速的將故障的資料副本重建完畢。

> **說明**
>
> 倘若，S2D 叢集的儲存裝置配置為 NVMe + SSD + HDD 時，建議每台 S2D 叢集主機最少預留「1 個」最多「4 個」，**SSD 固態硬碟加 HDD 機械式硬碟**儲存裝置大小的儲存空間。

因此，微軟強烈建議在規劃 Storage Pool 中的磁碟區大小時，應該要預留部分可用儲存空間。然而，即便屆時沒有預留任何可用儲存空間的話，S2D 叢集仍然能夠正常運作並且儲存效能也表現良好，只是當儲存裝置發生故障損壞事件時，將會因為沒有預留可用的儲存空間進而影響到修復資料副本的重建速度。

3.1.4　ReFS Real-Time Tiering

在 Windows Server 2016 TP4 技術預覽版本時期，微軟在 S2D 運作架構中加入 2 項新的特色功能，分別是 **Multi-Resilient Virtual Disk** 及 **ReFS Real-Time Tiering** 運作機制，其中 Multi-Resilient Virtual Disk 技術，在 Windows Server 2016 中的正式名稱為**混合式復原**（Mixed Resiliency）。

在 S2D 運作架構中新加入的 2 項特色功能，可以有效解決舊版 Windows Server 2012 R2 當中 Storage Spaces 的 2 大問題：

1. 採用**同位**（Parity）儲存空間復原機制時，只能用於「備份（Backup）/ 歸檔（Archival）」用途而已，對於其它的儲存工作負載便不太適合使用，例如：運作 VM 虛擬主機。

2. 使用**儲存分層**（Storage Tiering）儲存空間復原機制時，只能透過「排程」（Scheduled）機制進行最佳化作業後，才能夠將「冷（Cold）/ 熱（Hot）」資料分別移動到各自所屬的儲存裝置當中。同時在預設情況下，系統排程為「每天執行 1 次」資料最佳化作業，倘若希望每天執行多次則建議每次最佳化作業的執行間隔「不得低於 6 小時」。

當 IT 管理人員在 S2D 運作環境中，建立**混合式復原**（Mixed Resiliency）儲存空間復原機制時，在這個磁碟區的底層仍然是個 Virtual Disk，只是這個 Virtual Disk 是由三**向鏡像 + 雙同位**這 2 種儲存空間復原機制所組成。

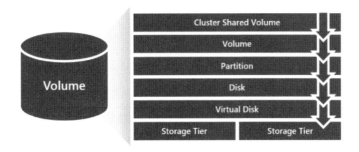

▎圖 3-21　S2D 運作環境中磁碟區結構示意圖

※ 圖片來源：Microsoft Docs – Extending volumes in Storage Spaces Direct

由於，混合式復原是由 2 種不同的儲存空間復原機制所組成，資料讀寫方式與一般單一儲存空間復原機制不同，此時便是透過 **ReFS Real-Time Tiering** 機制進行資料讀寫的動作。

首先，在混合式復原儲存空間復原機制架構中，針對資料**寫入**（Write）的部分一定會先寫入到**鏡像**層級的儲存空間內，當鏡像層級比同位層級內的資料還要「新」（Up to Date）時，那麼在同位層級內儲存的「舊資料」（Old Data）便會視為無效狀態。

這樣的資料讀寫處理方式，可以確保資料總會優先寫入到鏡像層級內，同時確保資料寫入效能為最佳化表現，除了可以降低 S2D 叢集節點主機的 CPU 工作負載之外，倘若運作如 VM 虛擬主機這種屬於**隨機 IO**（Random IO）的儲存工作負載時，儲存效能表現與過往 Storage Spaces 機制相較之下更佳。

此外，在將資料寫入混合式復原磁碟區時，S2D 叢集將會把資料寫入的工作任務交由 SBC（Storage Bus Cache）機制執行，這樣寫入架構的設計優點在於鏡像層級，與底層快取裝置無須有「固定比例」的關係。因此，不會發生因為兩端之間空間不對稱的情況下，產生儲存效能表現不如預期的副作用。

最後，ReFS Real-Time Tiering 運作機制，會將儲存於鏡像層級中**大型連續區塊**（Larger Sequential Chunks）的部分，透過**清除編碼**（Erasure Coding，EC）機制演算之後，將鏡像層級中儲存的資料區塊透過**資料旋轉**（Data Rotation）的方式寫入至同位層級。

此外，在處理大型連續區塊時將會略過「回寫式快取機制」（Write-Back Cache，WBC），直接將資料寫入至「儲存裝置」（Capacity Devices）當中，主要原因在於儲存裝置（也就是 HDD 機械式硬碟），原本就擅長處理「循序 IO」（Sequential IO）。同時，因為是將資料寫入至同位層級中，因此便不再需要進行 RMW（Read-Modify-Write）處理程序，有效確保資料寫入效能。

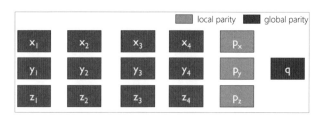

▌圖 3-22　LRC Erasure Coding 演算示意圖

※ 圖片來源：Storage Developer Conference – LRC Erasure Coding in Windows Storage Spaces

　　根據實際測試的結果顯示，採用 LRC Erasure Coding 演算與傳統 RAID 6 磁碟陣列相較之下，在 IOPS 儲存效能的表現上高出 **27%**，並且在儲存空間節省效率方面更能節省 **11%** 的儲存空間。

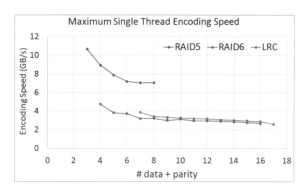

▌圖 3-23　LRC Erasure Coding 與傳統 RAID 5 / RAID 6 儲存效能比較

※ 圖片來源：Storage Developer Conference – LRC Erasure Coding in Windows Storage Spaces

3.2 SMB 3

　　SMB（Server Message Block）為網路檔案共用通訊協定，允許電腦上的應用程式讀取和寫入檔案，SMB 通訊協定可以作用於 TCP/IP 通訊協定或其他網路通訊協定上。因此，允許應用程式讀取、建立、更新遠端伺服器上的檔案，簡單來說您習慣從網路上的芳鄰存取檔案伺服器上的檔案便是採用 SMB 通訊協定。

　　事實上，從 Windows Server 2012 作業系統版本開始，SMB 便已經升級為全新的 **3.0** 版本，並且在 Windows Server 2012 R2 時再度將版本推升至 **3.02** 版本並增強原有功能之外，同時還加入幾個亮眼的特色功能。以下便是 SMB 3 所具備的一些關鍵特色功能：

❖ 針對伺服器與應用程式進行優化

您可以將 SMB 檔案伺服器應用在 **Microsoft SQL Server 資料庫**、**Microsoft Exchange Server 郵件**、**Microsoft Hyper-V 虛擬化平台上**，為您的企業及組織提供不輸傳統光纖通道的可靠性，但是又合乎成本效益的營運環境。在 SMB 3.02 版本當中，開始加強「SMB 事件訊息」（SMB Event Messages）功能，讓 IT 管理人員在進行故障排除作業時更為容易。

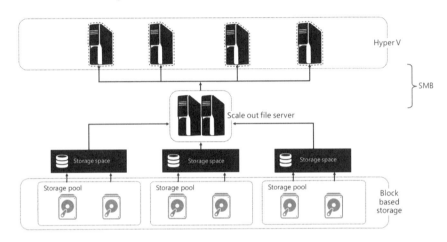

┃ 圖 3-24　Scale-Out File Server 佈署架構示意圖

※ 圖片來源：Windows Server 2012 R2 Storage White Paper

❖ SMB 透明容錯移轉（SMB Transparent Failover）

對於計畫性叢集資源遷移以及發生非計畫性叢集節點故障狀況，SMB 透明容錯移轉機制對於應用程式及使用者來說是「透明移轉」（Transparent Failover）的，運作中的應用程式以及使用者操作都不會受到任何影響。

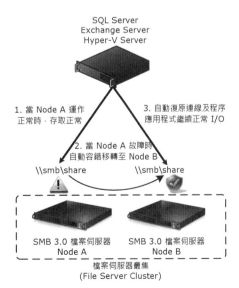

┃ 圖 3-25　SMB 透明容錯移轉示意圖

❖ 支援水平擴充（Scale-Out）架構

傳統上當儲存設備的控制器頻寬被佔滿後，除了更換成另一座儲存設備之外別無他法，採用水平擴充（Scale-Out）架構設計的 SMB 3 檔案伺服器，增加叢集檔案伺服器除了增加儲存空間之外，還能提升整體可用網路頻寬。

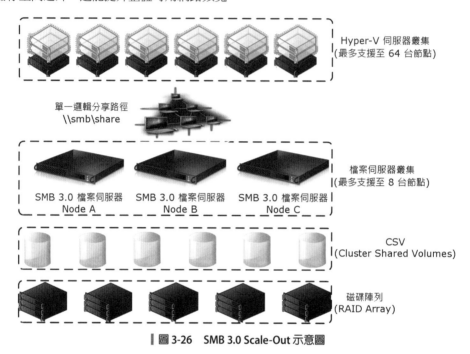

▌圖 3-26　SMB 3.0 Scale-Out 示意圖

此外，在 Windows Server 2012 R2 中的 SMB 3.02 版本，除了增加**水平擴展自動負載平衡**（Automatic Scale-Out Rebalancing）機制，能夠自動將 SMB Client 重新導向到**最佳節點**（Best Node）進行存取之外，透過「多重 SMB 執行個體」（Multiple SMB Instances）機制，可以將一般 SMB 文件共享以及 CSV 之間的流量分開，進而提高 CSV 節點的擴充性及可靠性。

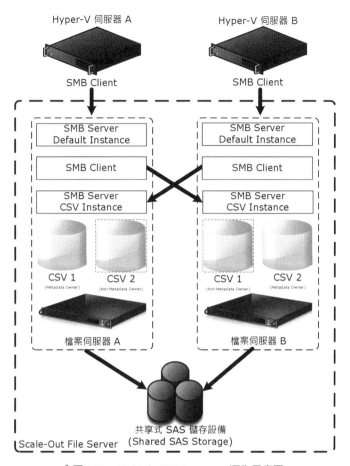

圖 3-27 Multiple SMB Instances 運作示意圖

❖ SMB 多重通道（SMB MultiChannel）

SMB 多重通道機制支援 1GbE、10GbE、RDMA 單片及多片網卡，將網路頻寬進行整合進而提高傳輸效能，並且在存取 SMB 共用資料夾多個網路路徑時也都能提供容錯備援的能力，同時也能整合內建的 NIC Teaming 機制提供更多的網路頻寬。

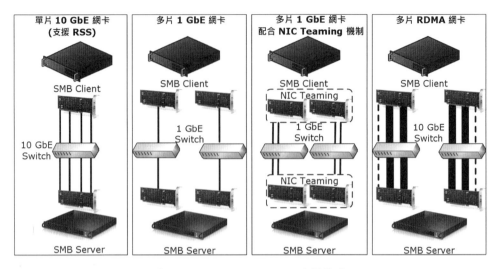

圖 3-28　SMB MultiChannel 支援模式

❖ SMB 加密（SMB Encryption）

　　SMB 加密機制可以保護資料在傳輸過程當中避免遭受竊聽和篡改的攻擊，並且啟用此機制只要勾選加密項目即可，完全不用進行任何額外組態設定的動作。

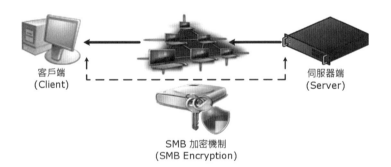

圖 3-29　SMB 加密示意圖

❖ SMB 目錄租用（SMB Directory Leasing）

　　SMB 目錄租用機制能夠暫存及快取共用資料夾中的目錄和檔案中繼資料，因此能夠有效縮短從檔案伺服器中獲取中繼資料的往返時間，尤其是分公司使用者透過 WAN 網路存取母公司資料時能明顯縮短延遲時間。

❖ 支援 VSS（VSS for SMB File Shares）

由於 SMB 檔案伺服器中已經可以存放資料庫、Exchange、Hyper-V 等應用程式資料，因此 SMB 也支援使用「磁碟區陰影複製服務」（Volume Shadowcopy Service，VSS）技術，以便備份及還原應用程式於 SMB File Shares 內存放的資料。

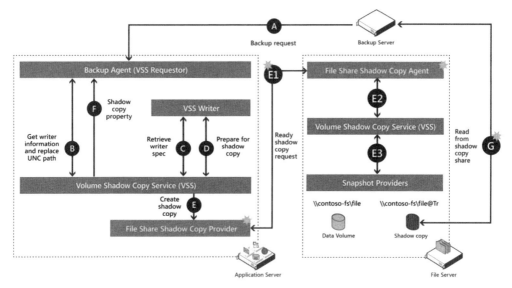

│ 圖 3-30 VSS for SMB File Shares 運作示意圖

※ 圖片來源：Windows Server 2012 R2 Storage White Paper

❖ SMB 頻寬管理（SMB Bandwidth Management）

在 Windows Server 2012 R2 中的 SMB 3.02 版本，增加了 SMB 頻寬管理的功能，並且可以針對 3 種不同的 SMB 網路傳輸類型進行限速的動作，分別是 Default、Live Migration、Virtual Machine，其限制的單位為 Bytes Per Second。

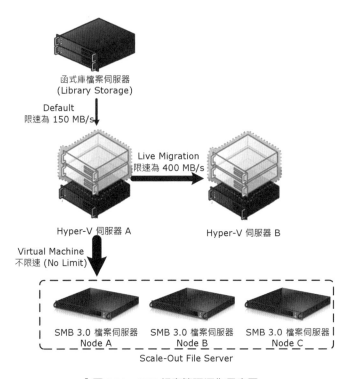

圖 3-31　SMB 頻寬管理運作示意圖

現在，最新的 Windows Server 2016 雲端作業系統，再度將 SMB 版本推升至 **SMB 3.1.1**，並且新增多項特色功能，例如：「預先認證完整性」（Pre-Authentication Integrity）、「SMB 加密增強」（SMB Encryption Improvements）、「叢集版本隔離」（Cluster Dialect Fencing）……等。

有關每個 Windows 作業系統版本中 SMB 通訊協定版本的詳細資訊，請參考 TechNet Blogs – What's new in SMB 3.1.1 in the Windows Server 2016 Technical Preview 2 文章，下列為整個 Windows 家族產品支援的 SMB 版本清單：

❑ **CIFS**：Windows NT 4.0。

❑ **SMB 1.0**：Windows 2000 / XP、Windows Server 2003 / 2003 R2。

❑ **SMB 2.0.2**：Windows Vista、Windows Server 2008。

❑ **SMB 2.1**：Windows 7、Windows Server 2008 R2。

❑ **SMB 2.2**：Windows Server 8（原 Windows Server 2012 開發代號）。

❑ **SMB 3.0**：Windows 8、Windows Server 2012。

❑ **SMB 3.02**：Windows 8.1、Windows Server 2012 R2。

❑ **SMB 3.1.1**：Windows 10、Windows Server 2016。

3.2.1　SMB Direct（RDMA）

SMB over RDMA（Remote Direct Memory Access）機制，當實體主機採用支援 RDMA 技術（iWARP、InfiniBand、RoCE）的網路介面卡時，SMB Client 與 SMB Server 主機之間，將會採用**記憶體到記憶體**（Memory to Memory）方式進行資料傳輸，所以能夠最大程度降低伺服器 CPU 工作負載和延遲時間，達成存取遠端伺服器資料時類似於存取本機資料一樣。

如圖 3-32 所示可以看到，當 SMB Client 與 SMB Server 主機之間倘若採用一般的 TCP/IP 乙太網路卡傳輸時，需要經過層層網路堆疊後才能夠到達目的端。因此，SMB Client 與 SMB Server 主機的 CPU 工作負載，將會需要耗費硬體資源來處理進出的網路封包，造成 SMB Client 與 SMB Server 主機效能表現下降。

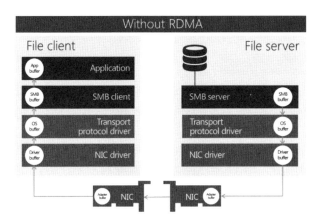

圖 3-32　伺服器採用一般網卡進行資料存取（Without RDMA）

※ 圖片來源：Windows Server 2012 R2 Storage White Paper

倘若，SMB Client 與 SMB Server 主機配置 RDMA 網路介面卡時，再進行網路封包傳輸時將會採用記憶體到記憶體方式進行資料傳輸，達到快速傳輸的目的。此外，在 SMB Direct 的運作效能表現方面，在舊版 Windows Server 2012 時為 SMB Direct **v1**，每個 RDMA 網路介面卡效能可達 300K IOPS，至 Windows Server 2012 R2 時提升為 SMB Direct **v2**，同時提升約 50% 的效能每個 RDMA 網路介面卡效能可達 450K IOPS。

現在，新版 Windows Server 2016 雲端作業系統中，除了支援更多網路頻寬環境 10GbE、25GbE、40GbE、56GbE、100GbE 之外，在網路封包傳輸效能部分更已經達到最佳化設計。

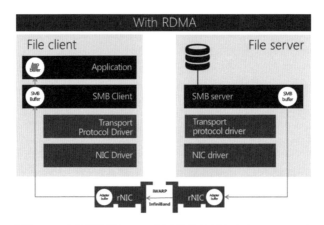

圖 3-33　伺服器採用 RDMA 網卡進行資料存取（With RDMA）

※ 圖片來源：Windows Server 2012 R2 Storage White Paper

在 Windows Server 2016 雲端作業系統中，支援 RDMA 標準的網路介面卡共有 3 種技術，分別是 **iWARP**、**InfiniBand**、**RoCE**（RoCE v1 / RoCE v2），這 3 種雖然都是為了達成低延遲網路環境技術，但是在底層運作架構及達成技術方面仍有些許不同。

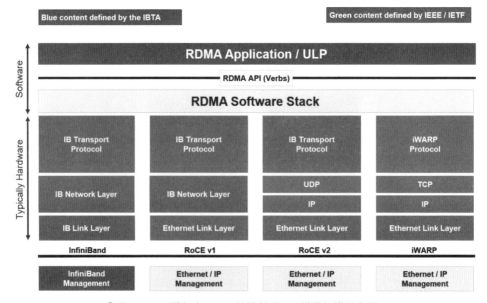

圖 3-34　3 種主流 RDMA 技術基礎 ISO 堆疊架構示意圖

※ 圖片來源：SNIA – How Ethernet RDMA Protocols iWARP and RoCE Support NVMe over Fabrics

目前市場上，支援 SMB Direct（RDMA）特色功能的網路介面卡並沒有 1GbE 傳輸頻寬的產品，同時微軟官方也建議針對 S2D 叢集節點主機，至少應配置 10GbE 網路頻寬的 RDMA 網路介面卡。值得注意的是，現在網路頻寬正處於 10GbE / 25GbE / 40GbE / 50GbE / 100GbE 交替的過渡時期。

> **說明**
>
> 10GbE 連接器採用 SFP+ 規格、40GbE 連接器採用 QSFP+ 規格、25GbE 連接器採用 SFP28 規格、50GbE / 100GbE 連接器採用 QSFP28 規格。

過去，採用 40GbE 網路頻寬設備的主要考量是可以合併 **4 個** 10GbE 網路頻寬，若是走向 100GbE 網路頻寬設備則是合併 **10 個** 10GbE 網路頻寬。現在，新興的方式則是建議直接採用 25GbE 網路頻寬，若需要大量網路頻寬的話可以合併 **2 個** 25GbE 形成 50GbE 網路頻寬，或是合併 **4 個** 25GbE 形成 100GbE 網路頻寬。

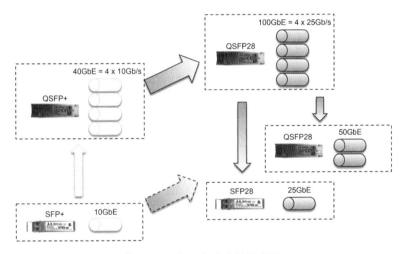

│ 圖 3-35 網路頻寬交替示意圖

※ 圖片來源：SNIA – 2017 Ethernet Roadmap for Networked Storage

同時，因應企業及組織走向數位商業化將會有巨大網路傳輸需求，所以根據統計結果預估於 2020 年時，25GbE / 40GbE / 50GbE / 100GbE 網路介面卡市場將高達 **57%** 的佔有率，大於 10GbE 的 43% 佔有率。

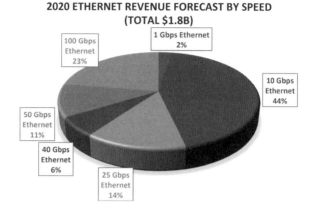

圖 3-36　2020 年不同傳輸頻寬網路介面卡佔有率

※ 圖片來源：SNIA – 2017 Ethernet Roadmap for Networked Storage

　　此外，根據分析師的預測在 2019 年時 25GbE 網路介面卡的價格，將會非常接近 10GbE 網路介面卡的價格，同時 NVMe 快閃儲存及 SSD 固態硬碟價格下滑讓企業及組織採用意願提升，也是加速推動 25GbE 網路介面卡的原因。

　　採用 25GbE 網路介面卡主要原因在於，倘若主機採用 **SATA SSD** 固態硬碟的話，使用 10GbE 網路介面卡便可以因應需求，然而若採用 **NVMe** 快閃儲存時使用 10GbE 網路介面卡便無法跟上 NVMe 快閃儲存效能，必須要 **合併** 多個 10GbE 傳輸頻寬才不會讓效能瓶頸卡在 10GbE 網路介面卡上，此時就很適合使用 25GbE 取代 10GbE 網路介面卡。

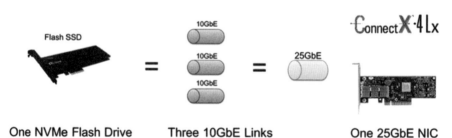

圖 3-37　使用 25GbE 取代 10GbE 網路介面卡

※ 圖片來源：Mellanox Technologies Blog – 2017 Prediction – Networking will take Clouds to New Levels of Efficiency

　　在傳輸線材方面主要可以區分為 2 大類，分別是 **DAC**（Direct Attach Copper）及 **AOC**（Active Optical Cables），其中 DAC 線材為雙芯銅線雖然線材長度距離較短只有 **3m～7m** 之間，但是具備低成本及低延遲的特點。至於 AOC 線材則是一般熟悉的光纖纜線，同時線材長度距離可長達 **100m～200m** 之間。

🖊 說明

　　10GbE / 40GbE 的 DAC 線材長度可達 3m ~ 7m，而 25GbE / 50GbE / 100GbE 的 DAC 線材長度則僅支援 3m ~ 5m。

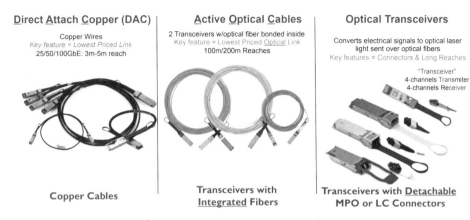

圖 3-38　DAC 及 AOC 傳輸線材示意圖

※ 圖片來源：SNIA – 2017 Ethernet Roadmap for Networked Storage

　　因此，**DAC** 傳輸線材通常在資料中心內用於**單**一機櫃，可以從機櫃最底部至機櫃最頂部都可以順利無誤的進行連線，或者頂多是跨越到隔壁機櫃的連線需求。

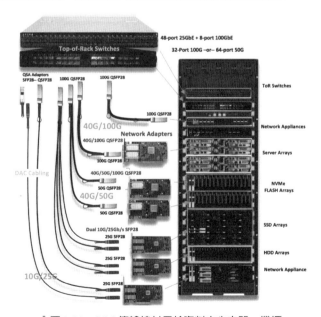

圖 3-39　DAC 傳輸線材用於資料中心內單一機櫃

※ 圖片來源：SNIA – 2017 Ethernet Roadmap for Networked Storage

至於，**AOC** 傳輸線材在資料中心內則用於**跨越**不同機櫃之間的連線需求。

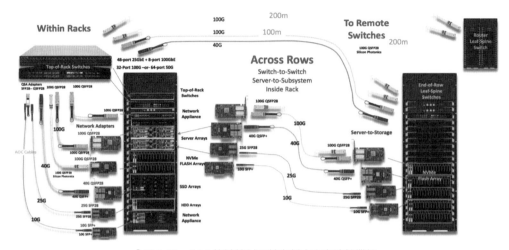

┃ 圖 3-40　AOC 傳輸線材用於資料中心內跨越機櫃

※ 圖片來源：SNIA – 2017 Ethernet Roadmap for Networked Storage

3.2.2 RoCE

RoCE（RDMA over Converged Ethernet）整合 IBTA RDMA 技術，允許配置 RDMA 網路介面卡兩端之間的主機，可以透過記憶體到記憶體方式進行資料傳輸，而無須透過主機的 CPU 處理器運算資源處理網路封包，所以可以輕鬆達到降低延遲時間、提升網路傳輸流量、更好的儲存效能表現。然而，RoCE 又可以區分為 **RoCE v1** 及 **RoCE v2**，那麼這兩者之間又有什麼樣的不同呢？

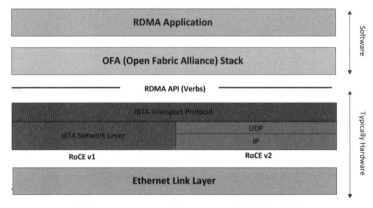

┃ 圖 3-41　RoCE v1 及 RoCE v2 運作架構示意圖

※ 圖片來源：Mellanox Interconnect Community – RoCE v2 Considerations

簡單來說，一開始的 **RoCE v1** 是整合 IBTA 協定在 **Ethernet Layer 2** 層級上，優點是容易整合及分層並保留應用程式等級的 API 介面，但缺點就是會有廣播網域的問題以及企業及組織需要進行路由的需求。因此，具備 **Ethernet Layer 3** 層級的 **RoCE v2** 版本便應運而生，現在透過 RoCE v2 便可以輕鬆把 L3 GRH（Global Routing Header），封裝在 IP Networking Header 當中，並且把 UDP Header 封裝到 Layer 4 層級進行轉發。

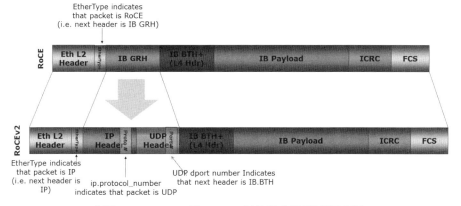

｜圖 3-42　RoCE v1 及 RoCE v2 封包格式差異比較示意圖

※ 圖片來源：Mellanox Interconnect Community – RoCE v2 Considerations

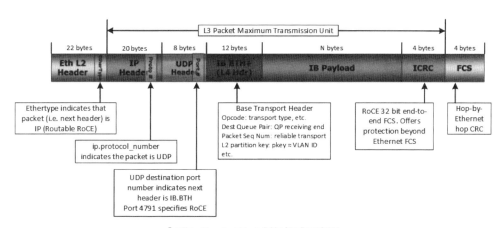

｜圖 3-43　RoCE v2 封包格式示意圖

※ 圖片來源：Mellanox Interconnect Community – RoCE v2 Considerations

此外，在一般的情況下除非是 2 台主機 End-to-End 直接對接，否則只要主機數量大於 2 台便需要連接至網路交換器，然而這樣的情況有可能被打破。以 Mellanox ConnectX-5 網路介面卡為例，此網路介面卡傳輸頻寬高達 100GbE，並且 End-to-End 之間的延遲時間為 600ns，同時在每片 ConnectX-5 網路介面卡上，將會內建 1 個 **eSwitch PCI-Express** 交換器。

因此，可以在 **4 台**主機的情況下，直接採用 End-to-End 的方式連接而**無須**額外的網路交換器。

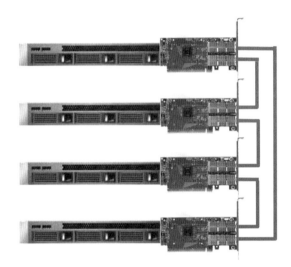

▌圖 3-44　4 台主機直接 End-to-End 連接無須額外的網路交換器

※ 圖片來源：The Next Platform – Next-Gen Network Adapters, More Oomph, Switchless Clusters

3.2.3　iWARP

RDMA 另 1 個主流技術為 iWARP（Internet Wide Area RDMA Protocol），與 RoCE 技術最大的不同在於，iWARP 技術原生設計便是直接運作在 **Ethernet Layer 3** 層級上。此外，搭配的網路交換器**無須**支援「資料中心橋接」（Data Center Bridging，DCB）特色功能，便可以順利建立 RDMA 高速傳輸網路環境。

 說明

RoCE 技術**必須**搭配支援 DCB 特色功能的網路交換器，才能順利建立 RDMA 高速傳輸網路環境。

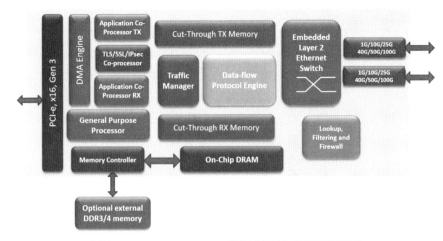

▌圖 3-45　Chelsio T6 iWARP 網路介面卡運作架構示意圖

※ 圖片來源：Chelsio Communications – Terminator 6 ASIC

　　那麼 iWARP 在運作效能表現方面是否也同樣優異呢？在 Microsoft Ignite 2016 大會中，於 Meet Windows Server 2016 and System Center2016（BRK2204）議程，微軟官方便實際展示在 16 台 S2D 叢集節點主機上，每台主機配置 Chelsio T580CR 40GbE 的 iWARP 網路介面卡，整個 S2D 叢集的儲存效能表現可以高達 **600 萬 IOPS**。

　　在 2017 年 3 月的 Server & Management Blogs – Storage Spaces Direct throughput with iWARP 文章中，微軟官方再次展示 S2D 搭配 iWARP 網路介面卡的運作效能，整個 S2D 叢集由 4 台 S2D 叢集節點主機組成，每台配置 Chelsio T6 100GbE 的 iWARP 網路介面卡，並且搭配 VMFleet 效能測試工具進行壓力測試，在測試結果數據中可以看到總頻寬輸送量高達 **83GB/s**，每台 VM 虛擬主機使用超過 1GB/s 的輸送量，同時資料讀取的延遲時間也 **小於 1.5ms**。

▌圖 3-46　4 台 S2D 叢集節點主機總頻寬輸送量高達 83GB / s

※ 圖片來源：Server & Management Blogs – Storage Spaces Direct throughput with iWARP

3.2.4 Infiniband

最後，則是一般企業及組織資料中心內比較少見的 Infiniband。事實上，Infiniband 常用於 HPC 高效能運算環境中，傳輸頻寬可支援 10GbE、20GbE、40GbE、50GbE、56GbE、100GbE、200GbE。

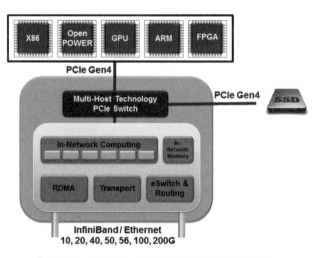

▌ 圖 3-47　InfiniBand 傳輸頻寬及運作架構示意圖

※ 圖片來源：Mellanox – Introducing 200G HDR InfiniBand Solutions

同樣的，在 S2D 運作環境中也支援採用 Infiniband 做為資料傳輸媒介，與 RoCE v2 及 iWARP 技術相同座落在 **Ethernet Layer 3** 層級上。值得注意的是，採用 Infiniband 做為資料傳輸媒介時，必須要使用 Infiniband 網路交換器而非一般的乙太網路交換器。

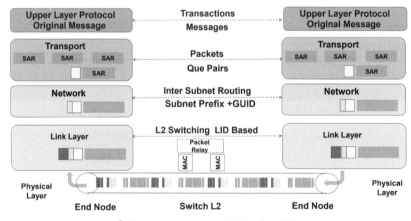

▌ 圖 3-48　InfiniBand 運作架構示意圖

※ 圖片來源：Mellanox – InfiniBand Essentials Every HPC Expert Must Know

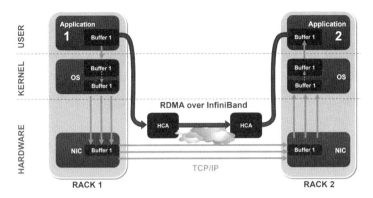

▌圖 3-49 RDMA over InfiniBand 運作架構示意圖

※ 圖片來源：Mellanox – InfiniBand Essentials Every HPC Expert Must Know

3.3 SMB 多重通道

現在，你已經了解 SMB 檔案伺服器，從 Windows Server 2012 / 2012 R2 版本開始，就已經可以擔任 SQL Server、Exchange、Hyper-V 虛擬化平台等應用程序「儲存資源」的重任，因此對於網路流量的負載平衡以及容錯移轉的需求當然也有所因應，也就是接下來所要介紹的**SMB 多重通道**（SMB MultiChannel）機制。

簡單來說，SMB 多重通道為 **Multiple connections per SMB session** 運作機制，也就是將**多片**網路卡的傳輸頻寬進行匯整，並且具備 End-to-End 容錯移轉機制。同時，不僅支援實體網路卡 RSS（Receive Side Scaling）功能特色，還能與內建的網路卡小組 NIC Teaming 機制協同運作。

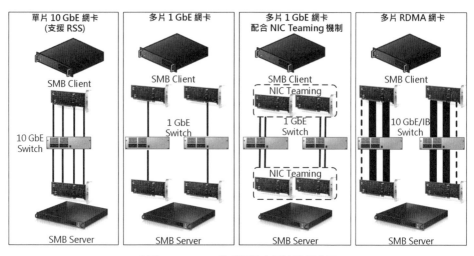

‖ 圖 3-50　SMB 多重通道應用情境示意圖

❖ SMB 多重通道應用情境 1：單一連接埠 10GbE 網路卡（支援 RSS）

在運作環境中倘若只有單埠 10GbE 網路卡的情況下並沒有容錯移轉機制，並且 SMB 多重通道機制未啟用運作時，僅會使用到「1 TCP/IP Connection」以及「1 CPU Core」而已。當啟用 SMB 多重通道機制後便自動採用 **Multiple TCP/IP Connection** 機制，同時有效整合實體網路卡的 RSS 功能特性，將工作負載平均分配給**多顆 CPU 核心**進行運算。

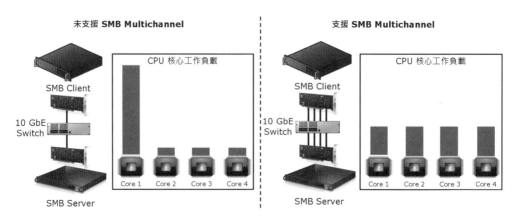

‖ 圖 3-51　SMB 多重通道應用情境 1：支援 RSS 功能的單一連接埠 10GbE 網卡

❖ SMB 多重通道應用情境 2：多片 10GbE 網路卡

在運作環境中擁有多片 10GbE 網路卡的情況下，倘若 SMB 多重通道機制「未啟用」運作時，除了沒有容錯移轉機制之外，同樣也僅能使用到「單一連接埠」以及「1 CPU 核心」而

已,當啟用 SMB 多重通道機制後便能具備容錯移轉機制,並且將會使用「Multiple TCP/IP Connection」及「多顆 CPU 核心」進行運算。

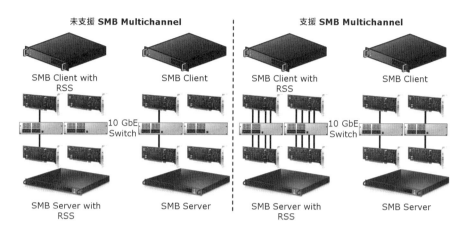

圖 3-52　SMB 多重通道應用情境 2:多片 10GbE 網路卡

❖ SMB 多重通道應用情境 3:多片網路卡整合 NIC Teaming

在運作環境中擁有多片網路卡(1GbE、10GbE)的情況下,雖然有分別建立網路卡小組 NIC Teaming 機制,然而在 SMB 多通道機制「未」運作情況下雖然具備網路卡容錯移轉機制,卻僅會使用到「1 片網路卡」以及「1 CPU 核心」而已,當啟用 SMB 多通道機制啟用後便能使用「Multiple TCP/IP Connection」及「多顆 CPU 核心」進行運算。

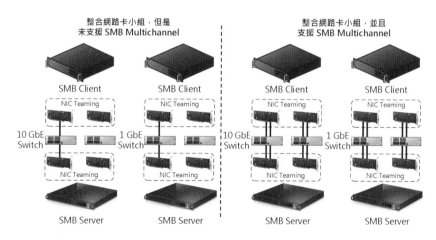

圖 3-53　SMB 多重通道應用情境 3:多片網路卡整合 NIC Teaming

❖ SMB 多重通道應用情境 4：多片 RDMA 網路卡

當主機採用支援 **SMB Direct**（RDMA）標準的網路介面卡（**iWARP**、**InfiniBand**、**RoCE**）時，在 SMB Client 與 SMB Server 主機之間，將會採用**記憶體到記憶體**（Memory to Memory）方式進行資料傳輸。結合 SMB Direct 功能最大程度降低伺服器 CPU 的工作負載和延遲時間，因此能夠達成存取遠端伺服器資料時「非常類似」像存取本機資料一樣快速。

然而，在 SMB 多通道機制「未」運作情況下雖然具備網路卡容錯移轉機制，卻僅會使用到「1 片網路卡且未使用 RDMA 功能」以及「1 CPU 核心」而已，當啟用 SMB 多重通道機制後便具備負載平衡及容錯移轉機制，並且啟用「RDMA 特色功能」、「Multiple TCP/IP Connection」、「多顆 CPU 核心」進行流量傳輸。

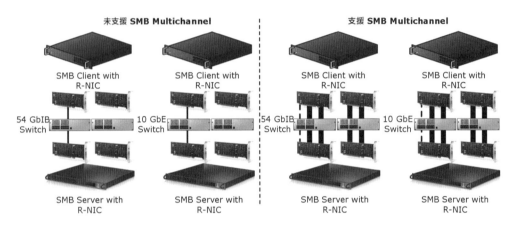

▌ 圖 3-54　SMB 多通道應用情境 4：多片 RDMA 網路卡

原則上，SMB 多重通道功能不用進行額外設定，只要運作環境符合條件後便會**自動**運作。值得注意的是，SMB 多重通道機制只會作用在「SMB Client 與 SMB Server」主機之間，同時在規劃實體網路卡時要注意某些使用限制，舉例來說，1GbE 網路卡與 10GbE 網路卡**請勿混用**。

不適用 **SMB Multichannel** 機制

| 圖 3-55　不適用 SMB 多重通道的應用情境

3.4 容錯及儲存效率

在 S2D 軟體定義儲存運作架構中支援多種磁碟區容錯機制，同時不同的磁碟區容錯機制將會有不同的儲存效率。因此，在本小節當中我們將深入討論不同磁碟區容錯機制的運作架構，以及採用不同的磁碟區容錯機制能夠得到的儲存效率為何。

基本上，在 S2D 軟體定義儲存運作架構中的「容錯」（Fault Tolerance）機制共有 2 大類，分別是**鏡像**（Mirror）以及**同位**（Parity），而同位容錯機制在業界又常被稱為**清除編碼**（Erasure Coding，EC）。此外，還有混合鏡像及同位容錯機制的**混合式復原**（Mixed Resiliency）技術。

不同的容錯機制擁有不同的儲存效率，同時不同的容錯機制對於容錯網域也有不同的基本要求，舉例來說，倘若要建立「三向鏡像」（3-Way Mirror）運作架構的話，那麼至少要擁有「3 個容錯網域」也就是至少需要「3 台」S2D 叢集節點主機所組成才行。

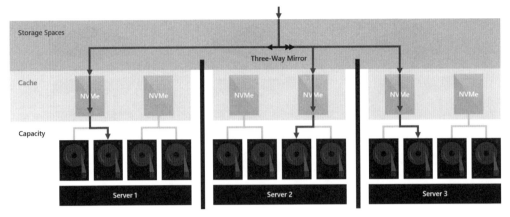

圖 3-56　三向鏡像容錯機制運作架構示意圖

※ 圖片來源：Microsoft Docs – Understanding the cache in Storage Spaces Direct

在表 3-3 當中，整理出在 S2D 軟體定義儲存運作環境中，採用不同磁碟區復原類型時在容錯元件、容錯網域及儲存效率上，分別有哪些差異。

表 3-3　不同磁碟區復原類型環境需求差異表

復原類型	容錯元件	容錯網域	儲存效率
雙向鏡像	1	2	50%
三向鏡像	2	3	33.3%
單同位	1	3	66.7% ~ 87.5%
雙同位	2	4	50% ~ 80%
混合式	2	4	33.3% ~ 80%

3.4.1　鏡像（Mirror）

在 S2D 軟體定義儲存運作架構中，鏡像容錯機制支援 2 種容錯方式及不同的儲存效率，分別是**雙向鏡像**（2-Way Mirror）及**三向鏡像**（3-Way Mirror）。

 說明

鏡像容錯機制與傳統 RAID-1 磁碟陣列的運作行為類似，然而資料的分割及放置行為則複雜許多，以便兼顧儲存效率及資料容錯機制。詳細資訊請參考《3.1.3、Storage Pool》小節內容。

❖ **雙向鏡像（2-Way Mirror）**

首先，當 IT 管理人員建立**雙向鏡像**磁碟區後，屆時 S2D 在進行資料寫入動作時將會寫入**2 份**資料複本，舉例來說，倘若需要寫入「1TB」的資料時底層便需要「2TB」的實體儲存

空間才行，因此經過換算後儲存效率為 **50%**。此外，要建立雙向鏡像磁碟區時至少需要「2個容錯網域」，也就是說至少需要由 **2 台** S2D 叢集節點主機所組成的 S2D 叢集才能運作。

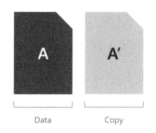

▍圖 3-57　雙向鏡像容錯機制運作架構示意圖

※ 圖片來源：Microsoft Docs – Fault Tolerance and storage efficiency in Storage Spaces Direct

 說明

考量資料高可用性，除非 S2D 叢集中只有「2 台」S2D 叢集節點主機，才建立雙向鏡像磁碟區。否則，微軟官方建議一律採用「三向鏡像」容錯機制比較適當。

❖ 三向鏡像（3-Way Mirror）

當 IT 管理人員建立**三向鏡像**的磁碟區後，屆時 S2D 在進行資料寫入的動作時將會寫入 **3份資料複本**，舉例來說，倘若需要寫入「1TB」的資料量時底層便需要「3TB」的實體儲存空間才行，因此經過換算後儲存效率為 **33.3%**。此外，要建立三向鏡像磁碟區時至少需要「3個容錯網域」，也就是說至少需要由 **3 台** S2D 叢集節點主機所組成的 S2D 叢集才能運作。

三向鏡像可以提供更安全及更高的資料可用性，舉例來說，三向鏡像可以同時容許 2 個硬體元件發生故障損壞事件（不管是硬碟或 S2D 叢集節點主機），當 S2D 叢集中某一台 S2D叢集節點主機重新啟動期間，另一台 S2D 叢集節點主機發生故障損壞事件，此時所有資料仍安全無虞可持續提供存取。

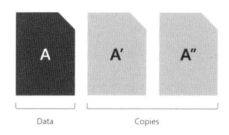

▍圖 3-58　三向鏡像容錯機制運作架構示意圖

※ 圖片來源：Microsoft Docs – Fault Tolerance and storage efficiency in Storage Spaces Direct

下列是鏡像容錯機制與儲存效率，相較於「同位」及「混合」綜合表現的小結：

❏ 優點是儲存效能為三者中**最佳**表現，缺點則是儲存效率為三者中**最差**。

❏ 採用鏡像容錯機制，對於 S2D 叢集節點主機的「CPU / Memory」的工作負載影響**較小**。

❏ 當應用程式或工作負載為頻繁的**隨機寫入**（Random Write）類型時，最適合使用鏡像容錯機制。

3.4.2 同位（Parity）

在 S2D 軟體定義儲存運作架構中，同位容錯機制支援 2 種容錯方式及不同的儲存效率，分別是**單同位**（Single Parity）及**雙同位**（Dual Parity）。

> **說明**
>
> 同位容錯機制與傳統 RAID-5 / RAID-6 磁碟陣列的運作行為類似，其中單同位與傳統的 RAID-5 磁碟陣列類似，而雙同位則是與傳統的 RAID-6 磁碟陣列類似。但是，在資料的分割及放置行為則複雜許多，以便兼顧儲存效率及資料容錯機制。詳細資訊請參考《3.1.3、Storage Pool》小節內容。

❖ 單同位（Single Parity）

首先，當 IT 管理人員建立**單同位**的磁碟區後，屆時 S2D 在進行資料寫入的動作時將會寫入 **1 份**同位元檢查，最少需要「3 個容錯網域」才能建立，也就是說至少需要由 **3 台** S2D 叢集節點主機所組成的 S2D 叢集才能運作。此外，儲存效率的部分將會隨著 S2D 叢集節點主機的數量而有所不同，儲存效率將會落在 **66.7%～87.5%** 之間。

> **說明**
>
> 考量資料高可用性，當 S2D 叢集中只有「3 台」S2D 叢集節點主機時，微軟官方建議採用「三向鏡像」容錯機制而非單同位，倘若 S2D 叢集中有「4 台」S2D 叢集節點主機時，建議採用「雙同位」或「三向鏡像」容錯機制比較適當。

❖ 雙同位（Dual Parity）

當 IT 管理人員建立**雙同位**的磁碟區後，屆時 S2D 在進行資料寫入的動作時將會結合「RS（Reed Solomon）」錯誤修正程式碼機制，寫入 **2 份**同位元檢查並最少需要「4 個容錯網域」才能建立，也就是說至少需要由 **4 台** S2D 叢集節點主機所組成的 S2D 叢集才能運作。此外，儲存效率的部分將會隨著 S2D 叢集節點主機的數量而有所不同，儲存效率將會落在 **50%～80%** 之間。

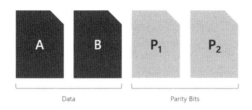

▎圖 3-59　雙同位容錯機制運作架構示意圖

※ 圖片來源：Microsoft Docs – Fault Tolerance and storage efficiency in Storage Spaces Direct

　　舉例來說，當 S2D 叢集中的 S2D 叢集節點主機數量在 **6 台**之內時儲存效率皆為 **50%**，所以若要儲存 2TB 的資料量時底層便需要 4TB 的實體儲存空間才行。當 S2D 叢集節點主機數量在 **7 ~ 11 台**時儲存效率將提升為 **66.7%**，所以要儲存 4TB 的資料量時底層只需要 6TB 的實體儲存空間即可。

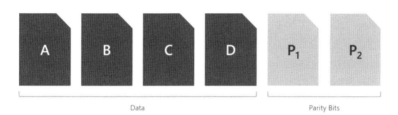

▎圖 3-60　7 台 S2D 叢集節點主機雙同位容錯機制運作架構示意圖

※ 圖片來源：Microsoft Docs – Fault Tolerance and storage efficiency in Storage Spaces Direct

　　此外，當 S2D 叢集節點主機數量在 **12 ~ 16 台**時儲存效率將提升為 **72.7%**，並且會轉而採用由 Microsoft Research 所開發的進階技術**本機重建程式碼**（Local Reconstruction Codes，LRC），將資料再進行「編碼」（Encoding）及「解編碼」（Decoding）的動作，以降低資料寫入及故障復原時的工作負載。

　　值得注意的是在 **Hybrid** 儲存架構下，針對 SSD 固態硬碟的部分每個資料群組的大小是 **6 Symbols**，而針對 HDD 機械式硬碟的部分每個資料群組的大小是 **4 Symbols**。如圖 3-60 所示，便是 S2D 叢集節點主機數量在 12 台或以上時，HDD 機械式硬碟每個資料群組的大小 4 個一組，並且儲存效率可以達到 72.7%。

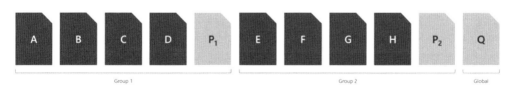

▎圖 3-61　12 台 S2D 叢集節點主機雙同位容錯機制運作架構示意圖

※ 圖片來源：Microsoft Docs – Fault Tolerance and storage efficiency in Storage Spaces Direct

說 明

在 **All-Flash** 儲存架構下，必須 S2D 叢集節點主機數量在「16 台」時才會採用 LRC 機制，同時儲存效率將會提升至 80%。

如表 3-4 所示，當 IT 管理人員建置不同的 S2D Hybrid 及 All-Flash 儲存架構配置搭配雙同位資料容錯機制時，不同數量的 S2D 叢集節點主機將會提升多少儲存效率。

▌ 表 3-4　S2D 叢集節點主機數量與儲存效率提升比較表

容錯網域	Hybrid		All-Flash	
	配置	儲存效率	配置	儲存效率
4	RS2 + 2	50%	RS2 + 2	50%
5	RS2 + 2	50%	RS2 + 2	50%
6	RS2 + 2	50%	RS2 + 2	50%
7	RS4 + 2	66.7%	RS4 + 2	66.7%
8	RS4 + 2	66.7%	RS4 + 2	66.7%
9	RS4 + 2	66.7%	RS6 + 2	75%
10	RS4 + 2	66.7%	RS6 + 2	75%
11	RS4 + 2	66.7%	RS6 + 2	75%
12	LRC（8，2，1）	72.7%	RS6 + 2	75%
13	LRC（8，2，1）	72.7%	RS6 + 2	75%
14	LRC（8，2，1）	72.7%	RS6 + 2	75%
15	LRC（8，2，1）	72.7%	RS6 + 2	75%
16	LRC（8，2，1）	72.7%	LRC（12，2，1）	80%

下列是同位容錯機制與儲存效率，相較於「鏡像」及「混合」綜合表現的小結：

❏ 優點是儲存效率為三者中**較佳**表現，缺點則是儲存效能為三者中**最差**。

❏ 採用同位容錯機制，對於 S2D 叢集節點主機的「CPU / Memory」的工作負載影響**較大**。

❏ 當應用程式或工作負載為**循序寫入**（Sequential Write）類型時，最適合使用同位容錯機制。

3.4.3　混合式復原（Mixed Resiliency）

在 S2D 軟體定義儲存運作架構中，除了鏡像及同位這 2 種資料容錯機制之外，還有 1 種混合鏡像及同位的資料容錯機制稱為**混合式復原**（Mixed Resiliency）。當 IT 管理人員建立**混合式復原**的磁碟區後，將會建立**三向鏡像**加**雙同位**容錯機制的磁碟區，並且最少需要「4 個

容錯網域」才能建立，也就是說至少需要由**4台**S2D 叢集節點主機所組成的 S2D 叢集才能運作。此外，儲存效率的部分將會隨著 S2D 叢集節點主機的數量而有所不同，比例將會落在**33.3% ～ 80%** 之間。

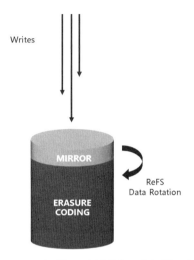

▌圖 3-62　混合式復原容錯機制運作架構示意圖

※ 圖片來源：Channel 9 – Discover Storage Spaces Direct, the ultimate software-defined storage for Hyper-V（BRK3088）

　　雖然，混合式復原的容錯機制整體來說也是適用於**循序寫入**（Sequential Write）類型的工作負載，然而混合式復原在快取裝置的部分採用三向鏡像，將**熱資料**（Hot Data）的部分交給儲存效能較好的三向鏡像機制處理，接著在**冷資料**（Cold Data）的部分則是交給儲存效率較好的雙向位元來處理，所以整體來說可以提供介於鏡像及同位之間的儲存效能表現。值得注意的是，這部分的運作機制並非採用排程而是**即時分層**（Real-Time Tiering）機制進行資料處理。

CHAPTER

## Chapter 04

S2D 規劃設計

4.1 S2D 運作規模大小及限制

在 S2D 軟體定義儲存運作環境的規模大小及限制有哪些呢？首先，在 S2D 叢集運作架構中，S2D 叢集節點的數量最少 **2** 台最多 **16** 台，並且 S2D 叢集支援的實體硬碟總數量為 **416** 個硬碟，以及每個儲存集區空間最大支援 **1PB** 儲存空間。

 說明

> 那麼達到 S2D 叢集運作架構最大 16 台的限制時該怎麼辦呢？此時，只要再建立**另一個** S2D 叢集即可，別忘了 S2D 儲存資源可以透過 SMB 3 協定分享儲存資源，因此即便後續建立不同的 S2D 叢集，對於各項工作負載或應用服務在存取儲存資源的行為來說，不過就是採用**不同的 UNC Path** 路徑而已。

隨著 HDD 機械式硬碟的儲存空間日益成長，目前主流的 HDD 機械式硬碟為 6TB 或 8TB，更甚者主流的硬碟供應商 WD 已經在 2016 年宣佈推出 12TB 硬碟，而 Seagate 也在 2017 年 3 月的 OCP Summit 大會上，宣佈推出 12TB 儲存空間的企業級氦氣硬碟，同時 Seagate CEO 也同步宣佈，將在未來 18 個月內推出 14TB 及 16TB 儲存空間硬碟，以及在 2020 年推出 20TB 儲存空間硬碟。

因此，倘若以 S2D 叢集最大運作規模 16 台來計算的話，平均每台 S2D 叢集節點主機配置 **26** 個硬碟為最適當。每台 S2D 叢集節點主機配置 26 個硬碟數量，是指「快取裝置」及「儲存裝置」的加總數量，同時微軟官方建議每台 S2D 叢集節點主機的儲存空間不要超過 **100TB** 為佳，主要原因在於每台 S2D 叢集節點主機的儲存空間越大，後續倘若發生 S2D 叢集節點離線或重新啟動後，將會造成 S2D 叢集節點主機之間資料同步時間過長。

 說明

> 倘若，每台 S2D 叢集節點主機，配置超過 26 個硬碟數量及 100TB 儲存空間是否能夠正常運作？答案當然是可以正常運作，只是如同剛才所述將可能造成後續 S2D 叢集維運管理上的困擾。

4.2 如何挑選實體伺服器硬體元件

在商業數位化、AI 人工智慧、ML 機器學習、VR 虛擬實境、AR 擴增實境、區塊鏈、IoT 物聯網……等，新興的現代化應用等議題的推波助瀾之下，企業或組織對於投資報酬率

（Return On Investment，ROI）、整體持有成本（Total Costof Ownership，TCO）等概念亦逐步提升。

　　因此，企業或組織從早期單純的部署伺服器虛擬化環境，演變至目前 Bimodal IT 的 2 種虛擬化基礎架構模式，從 Gartner 的市調分析結果可以知道，在企業及組織內部部署（On-Premises）環境中，工作負載轉換至 VM 虛擬主機上運作的比例逐年成長，從 2008 年的 12% 成長至 2013 年的 57%，至目前已經有**超過 80%** 的工作負載被虛擬化。

　　此外，企業及組織的服務或工作負載已經不僅僅只是內部部署私有雲或使用公有雲，根據知名市調機構 RightScale 的調查結果顯示，企業或組織單純使用私有雲的比例只有 5% 而單純使用公有雲的比例只有 22%，至於採用**混合雲**的比例已經達到 **67%**。

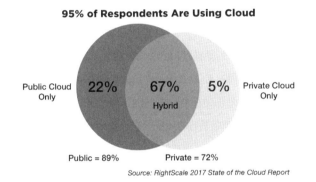

圖 4-1　企業或組織的應用趨勢，已非單純私有雲或公有雲而是混合雲

※ 圖片來源：RightScale 2017 – State of the Cloud Report

　　然而，當您準備選購建立 S2D 軟體定義儲存的 x86 實體伺服器時，應該要考慮及注意哪些硬體規格及項目，舉例來說，一般 IT 管理人員在選擇 x86 實體伺服器時，會選擇採用 RAID 磁碟陣列卡來連接所有硬碟，並且在建立 RAID 磁碟陣列之後再切分出作業系統磁區及資料用途磁區，但是這樣的規劃在 S2D 軟體定義儲存環境中，便是一項經典的錯誤硬體組態配置。

　　又或者，當 IT 管理人員預計建構 S2D 超融合基礎架構的部署模式時，因太過著重於 CPU 處理器的運算能力及快取大小，卻反而忽略了實體記憶體空間的部分，造成採購了擁有 4 顆 CPU 處理器但記憶體空間僅 64GB 的 x86 實體伺服器，可想而知在這樣錯誤的硬體配置情況下，屆時 S2D 超融合基礎架構能夠運作的工作負載或應用服務將非常的低。

　　因此，本節將從如何選擇適合 Windows Server 2016 的 x86 實體伺服器硬體規格開始談起，以幫助你建構出效能及彈性最佳化的 S2D 軟體定義儲存平台。

4.2.1　如何挑選 CPU 處理器

根據微軟官方建議，運作 S2D 軟體定義儲存的 S2D 叢集節點主機 CPU 處理器，至少應採用 **Intel Nehalem** 或之後世代的 CPU 處理器，便可以順利運作 S2D 軟體定義儲存環境。

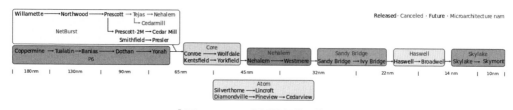

▌圖 4-2　Intel 處理器架構路線圖

※ 圖片來源：維基百科 – Nehalem 微架構

事實上，從 Windows Server 2008 R2 作業系統版本開始，便**僅**提供 64 位元的作業系統版本，當然 Windows Server 2012 R2 及最新的 Windows Server 2016 也不例外。因此，請選擇具備更多「定址空間」（Address Space）的 64 位元處理器，以及大容量的 **L2 / L3 / L4 快取**（Last Level Cache），並且應視屆時應用程式及工作負載的類型，選擇 CPU 處理器以**高時脈**（High Clock Rate）為主，或者是著重在 CPU 處理器的**核心**（Cores）數量方面。

說明

> 雖然不再有 32 位元 Windows Server 版本，但是運作 32 位元的應用程式並不會有任何問題。

舉例來說，倘若屆時運作的應用程式及工作負載皆為**單執行緒**（Single Thread）的話，那麼在 CPU 處理器的選擇上便應以**高時脈**為主，倘若應用程式及工作負載皆為**多執行緒**（Multi Thread）的話，那麼在 CPU 處理器的選擇上便應以**多核心**為主。

同時，為了因應虛擬化平台的工作負載，請至少選擇支援**第 1 代硬體輔助虛擬化技術**的 CPU 處理器，例如：Intel VT-x 或 AMD-V，當然採用支援**第 2 代**硬體輔助虛擬化技術，或者稱為第二層位址轉譯 SLAT（Second Level Address Translation）技術，例如：Intel EPT（Extended Page Tables）或 AMD NPT（Nested Page Tables）更好，以便有效降低因為虛擬化所造成的記憶體損耗。

說明

> 原則上，目前主流的 Intel 或 AMD CPU 處理器皆支援第 1 代及第 2 代硬體輔助虛擬化技術。

當然，你可以透過內建的 **SystemInfo.exe** 指令，或者下載無須安裝的 Windows Sysinternals 工具 **Coreinfo.exe**，確認 x86 實體伺服器 CPU 處理器所支援的虛擬化技術世代。

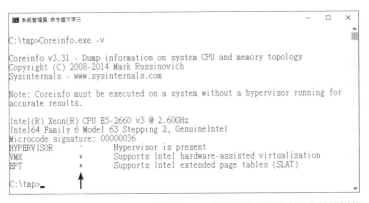

圖 4-3 透過 Coreinfo.exe 工具確認 CPU 處理器所支援的虛擬化技術世代

目前，企業及組織所採購主流的 x86 伺服器中，CPU 處理器通常為 Intel Xeon E5-2600 **v3 / v4** 系列處理器。日前，在 2017 年 7 月時，Intel 正式發佈最新一代 CPU 處理器 **Intel Xeon Scalable**（代號 Purley）。

當然，微軟 S2D 團隊便在第一時間，為 S2D 叢集節點主機配置 **Intel Xeon Platinum 8168** CPU 處理器，並搭配新式 3D XPoint NVMe 快閃儲存進行儲存效能測試。下列為此次測試環境的詳細硬體項目：

❏ **4 台 S2D 叢集節點主機**

　○**CPU 處理器**：Intel Xeon Platinum 8168 2.7GHz x 2（24 Cores per CPU）。

　○**RAM 記憶體**：128GB DDR4。

　○**RDMA 介面卡**：Intel Ethernet Connection X722 with 4 x 10GbE iWARP。

❏ **All-Flash 儲存架構（新式 3D XPoint）**

　○**NVMe 快閃儲存**：Intel Optane P4800X 375GB x 2。

　○**SATA SSD 固態硬碟**：Intel S3610 1.2TB x 4。

在 S2D 組態設定的部分，由於有 4 台 S2D 叢集節點主機所以建立 4 個三向鏡像的磁碟區，並且採用預設的 ReFS 檔案系統，同時在每台 S2D 叢集節點主機上運作 24 台 VM 虛擬主機，每台 VM 虛擬採用 4K 資料區塊大小以資料讀取 90%，以及資料寫入 10% 的工作負載進行儲存效能 IOPS 測試。

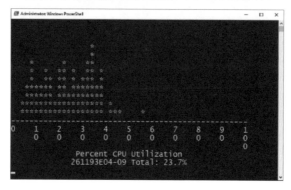

▌圖 4-4　採用新一代 Intel Xeon Platinum 8168 處理器進行 IOPS 儲存效能測試結果

※圖片來源：Storage at Microsoft – Storage Spaces Direct on Intel Xeon Scalable Processors

從 IOPS 儲存效能測試結果可以看到，在資料存取延遲時間方面資料讀取的延遲時間為 **80μs**，而資料寫入的延遲時間為 **300μs**，CPU 運算資源的工作負載則是**低於 25%**，所以相較於前幾代的 Intel 處理器可以運作更多的 VM 虛擬主機及工作負載。

4.2.2 如何挑選 RAM 規格

在規劃 S2D 叢集節點主機的實體記憶體方面，因為在 S2D 軟體定義儲存的運作環境中，將會使用 S2D 叢集節點主機的實體記憶體空間，來儲存每台 S2D 叢集節點主機在快取裝置內的**中繼資料**（Metadata），所以在規劃上必須特別注意。

根據微軟的官方建議，每台 S2D 叢集節點主機採用 **1TB** 的快取裝置儲存空間時，便應該規劃 **4GB** 的實體記憶體空間來存放中繼資料，舉例來說，倘若每台 S2D 叢集節點主機配置 4 個 800GB 的 SSD 固態硬碟，此時快取裝置儲存空間為 **3.2TB**，因此應該要為每台 S2D 叢集節點主機規劃 **12.8GB**（4 x 3.2 = 12.8）的實體記憶體空間，以供應 S2D 軟體定義儲存技術進行存放中繼資料的動作，剩下的實體記憶體空間，才是給 Windows Server、VM 虛擬主機、應用程式或其它工作負載……等使用。

說明

在 Windows Server 2016 技術預覽版本時，每 **1TB** 的快取裝置儲存空間需要耗用 S2D 節點主機 **10GB** 的實體記憶體空間，用來存放快取裝置的中繼資料。在 Windows Server 2016 最初的 RTM 版本中，每 1TB 的快取裝置儲存空間需要耗用 S2D 節點主機 **5GB** 的實體記憶體空間，用來存放快取裝置的中繼資料。

　　因此，考慮上述 S2D 叢集節點主機將會使用的實體記憶體空間之外，每台 S2D 叢集節點主機應規劃多少實體記憶體空間呢？答案，當然是愈多愈好 !! 因為當 x86 實體記憶體空間不足時，便會迫使 Windows Server 作業系統，採用硬碟空間產生「分頁檔案」（Paging Files）以便填補不足的實體記憶體空間，此舉將會直接影響並降低 x86 實體伺服器的運作效能。倘若，因為預算因素在短期內無法採購足夠的實體記憶體時，建議依照下列準則來優化分頁檔案的運作效率：

❑ 產生分頁檔案的硬碟環境，應該與 Windows Server 作業系統及應用程式互相隔離。

❑ 請將分頁檔案產生在具備容錯機制的硬碟空間內，否則存放分頁檔案的硬碟一旦發生故障損壞事件時，將可能會導致 Windows Server 發生「系統崩潰」（System Crash）的情況。

❑ 保持分頁檔案隔離原則，不要將「多個」分頁檔案產生在同一個硬碟空間當中。

　　同時，應該要選擇支援 **NUMA**（Non-Uniform Memory Access）架構的實體伺服器，以避免 CPU 處理器與記憶體之間的資料存取行為，因為 x86 實體伺服器匯流排頻寬不足的問題而產生資料傳輸瓶頸。值得注意的是，採用支援 NUMA 架構的 x86 實體伺服器時，要注意實體記憶體必須**平均分配**給不同的 CPU 處理器，以避免 CPU 處理器仍然需要跨越 NUMA 節點進行記憶體空間的存取，保持良好的資料傳輸存取效率。

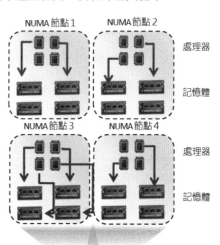

NUMA 節點 1　　　NUMA 節點 2　　處理器

　　　　　　　　　　　　　　　　　記憶體

NUMA 節點 3　　　NUMA 節點 4　　處理器

　　　　　　　　　　　　　　　　　記憶體

Host NUMA

▍圖 4-5　NUMA Node 架構記憶體配置最佳化

※ 圖片來源：TechDays Taiwan 2013 – 現代化資料中心（MDC304）

4.2.3　如何挑選 SSD 固態硬碟

在 S2D 軟體定義儲存環境中，SSD 固態硬碟通常擔任快取裝置的角色，也就是負責資料讀取及寫入快取的部分，因此 SSD 固態硬碟的 IOPS 效能表現，也將直接影響每台 S2D 叢集節點主機的運作效能。此外，在 S2D 運作架構中倘若 SSD 固態硬碟發生硬體損壞，或採用的 SSD 固態硬碟耐用度不高的情況下因為讀寫壽命的關係導致下線，雖然會由其它存活的 SSD 固態硬碟接手資料讀取及寫入快取的工作負載，並且不會有任何資料遺失的問題，然而失去部分的 SSD 固態硬碟將會導致 S2D 叢集節點主機的儲存效能下降。

那麼該如何為 S2D 軟體定義儲存環境挑選適當的 SSD 固態硬碟呢？應該選擇**消費者等級**（Consumer Grade）的 SSD 固態硬碟就好，還是應該選擇**企業等級**（Enterprise Grade）的 SSD 固態硬碟才對？在本小節當中，我們將會為你深入剖析如何正確挑選適當的 SSD 固態硬碟。

眾所周知 SSD 固態硬碟具有**資料讀寫壽命**的問題，隨著企業及組織線上營運的時間推移，各式各樣的資料不斷大量湧入，一般對於影響 SSD 固態硬碟壽命的認知通常在於**資料寫入**的部分，然而事實是即便只有簡單的**資料讀取**都會影響 SSD 固態硬碟的壽命，在 SSD 固態硬碟運作環境中這個現象稱之為**讀取干擾**（Read Disturb）。下列，我們列舉常見的 4 種 SSD 固態硬碟類型：

❏ **SLC**：1 bit per Cell（100,000 或更高）。

❏ **MLC**：2 bit per Cell（10,000 ～ 20,000）。

❏ **TLC**：3 bit per Cell（>1,000）。

❏ **QLC**：4 bit per Cell（>100）。

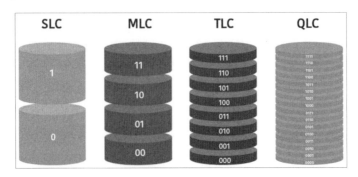

▌圖 4-6　SSD 固態硬碟類型（SLC、MLC、TCL、QLC）示意圖

※ 圖片來源：Tech Porn – TLC is Becoming the Mainstream for SSD in the Consumer Market

那麼，我們來看看 SSD 固態硬碟的存取行為。一般情況下，在 SSD 固態硬碟中會透過**快閃記憶體轉換層**（Flash Translation Layer，FTL），連接到 NAND Flash 快閃記憶體的內部控制器，並且 FTL 快閃記憶體轉換層具備下列 2 項重要的運作機制：

❑ 幫助 SSD 固態硬碟，在儲存資料時一併儲存**錯誤更正碼**（Error Correcting Codes，ECC）。因此，當需要恢復資料時就可以直接透過 ECC 錯誤更正碼機制進行資料復原的動作。

❑ 具備**超額佈建**（Over-Provisioning）機制以便提供更多的儲存空間。事實上，NAND 是無法直接寫入資料的，必須經過「P/E Cycle」（Program / Erase Cycle）的處理流程後才能進行資料寫入的動作，每個「Page」的空間最小可達「16KB」。同時，NAND 不會將資料重複寫入同一個 Page 當中，然後 FTL 快閃記憶體轉換層會持續追蹤及更新 Erased Pages 資訊，並且合併重新寫入的資料區塊以及所對應的 Re-Written Logical Blocks，以便達成超額佈建的目的提供更多的儲存空間。

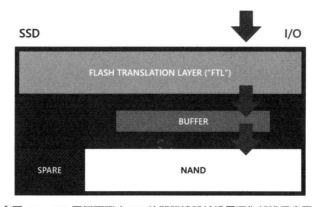

┃ 圖 4-7　SSD 固態硬碟中 FTL 快閃記憶體轉換層運作架構示意圖

※ 圖片來源：Server Storage at Microsoft – Don`t do it, consumer-grade solid-state drives（SSD）　in Storage Spaces Direct

簡單來說，SSD 固態硬碟內的 NAND Flash 是個複雜且動態的運作環境，必須要整合多項機制才能確保儲存資料的可用性。同時，隨著儲存密度不斷增加的情況下維持資料可用性的難度更相形提高，目前主流的技術是透過**緩衝區**（Buffers）運作機制來處理資料可用性。值得注意的是，採用消費者等級與伺服器等級的 SSD 固態硬碟時，在資料可用性的保護機制上也有所不同：

❑ 在**消費者等級**的 SSD 固態硬碟中，將會透過**暫時性快取**（Volatile Cache）及**電池**（Battery）等 2 項機制，以便確保 SSD 固態硬碟內所儲存的資料，不會因為意外失去電源而導致資料發生遺失的情況。

❑ 在**企業等級**的 SSD 固態硬碟中,將會透過**電容**(Capacitor)的方式提供電源保護機制,以便確保 SSD 固態硬碟內所儲存的資料,不會因為意外失去電源而導致資料發生遺失的情況。

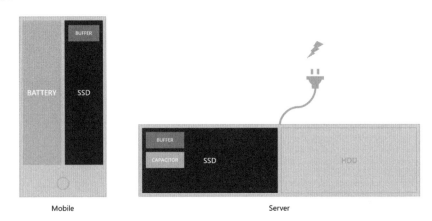

▌圖 4-8　消費者等級與伺服器等級 SSD 固態硬碟因應斷電機制示意圖

※ 圖片來源:Server Storage at Microsoft – Don`t do it, consumer-grade solid-state drives(SSD) in Storage Spaces Direct

接下來,我們直接將 SSD 固態硬碟進行拆卸後,便可以直接看到不同等級的 SSD 固態硬碟硬體元件,如何在資料不斷存取的情況下發生斷電時的因應機制。在**消費者等級**與舊式企業等級的 SSD 固態硬碟當中,經過拆卸後可以看到通常會採用**內建電池**的方式,來提供 SSD 固態硬碟的斷電保護機制。

▌圖 4-9　消費者等級與舊式企業等級的 SSD 固態硬碟透過電池達成斷電保護機制

※ 圖片來源:Server Storage at Microsoft – Don`t do it, consumer-grade solid-state drives(SSD) in Storage Spaces Direct

　　至於目前主流及新式**企業等級**的 SSD 固態硬碟當中，可以看到一律採用**電容**的方式（箭頭指向處），來提供企業等級 SSD 固態硬碟的斷電保護機制。

▌圖 4-10　主流與新式企業等級的 SSD 固態硬碟透過電容達成斷電保護機制

※ 圖片來源：Server Storage at Microsoft – Don`t do it, consumer-grade solid-state drives（SSD） in Storage Spaces Direct

　　透過上述說明後，相信你已經了解在 S2D 運作環境中，應採用耐用度及斷電保護機制較佳的企業等級 SSD 固態硬碟才對。事實上，除了耐用度及斷電保護機制之外，企業等級的 IOPS 效能表現也遠遠超越使用者等級 SSD 固態硬碟。

　　那麼，我們來看看倘若在 S2D 運作環境中，採用**消費者等級**的 SSD 固態硬碟時將會發生什麼情況？我們採用市面上主流、高效能、耐用度佳的消費者等級 SSD 固態硬碟進行 IOPS 效能測試，看看在 S2D 運作環境中將會發生什麼情況，下列為此次進行測試的消費者等級 SSD 固態硬碟硬體資訊：

❏ **儲存空間**：1TB（SATA 介面）。

❏ **資料讀取效能表現**：95,000 IOPS（QD32，4K）。

❏ **資料寫入效能表現**：90,000 IOPS（QD32，4K）。

❏ **資料儲存耐用度**：185TB（5 年保固）。

　　事實上，在選擇 SSD 固態硬碟除了資料讀取寫入效能表現以及耐用度之外，還有個最重要的數值便是**每日磁碟寫入量**（Device Writes Per Day，DWPD）。那麼，我們根據上述消

費者等級的 SSD 固態硬碟資訊中，有關資料讀取及寫入效能資訊和資料儲存耐用度，來估算這個消費者等級 SSD 固態硬碟的 **DWPD** 數值。

```
185TB /(365 days x 5 years = 1825 days)= ~ 100GB writable per day
            100GB / 1TB total capacity = 0.10 DWPD
```

經過上述簡單的公式進行計算後，可以得出此次環境中測試的消費者等級 SSD 固態硬碟 DWPD 數值為 **0.1**。接著，透過 Diskspd 儲存效能測試工具，採用 **QD8**、**4K**、**資料讀取 70%**、**資料寫入 30%**（diskspd.exe -t8 -b4k -r4k -o1 -w30 -Su -D -L -d1800 -Rxml Z:\load.bin）的工作負載進行儲存效能測試。

從測試結果中可以看到本次的儲存效能測試時間為 30 分鐘，然而當資料讀取及寫入工作負載壓力測試約 **3 分鐘**的時候，消費者等級 SSD 固態硬碟的 IOPS 效能表現突然**下降 10,000 IOPS**（**從 60,000 IOPS 下降至 50,000 IOPS**）？事實上，這對於消費者等級的 SSD 固態硬碟來說是非常正常的現象，主要原因在於消費者等級 SSD 固態硬碟內的 FTL 快閃記憶體轉換層，已經用完預先準備給 NAND 的資料寫入緩衝區空間所導致，因為整個資料存取的動作已經中斷必須要重新準備，所以整個資料存取速度就會變慢導致 IOPS 儲存效能下降。

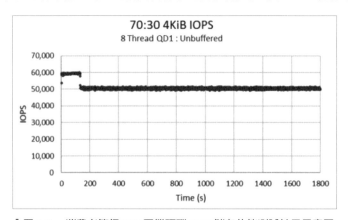

▎圖 4-11　消費者等級 SSD 固態硬碟 IOPS 儲存效能測試結果示意圖

※ 圖片來源：Server Storage at Microsoft – Don`t do it, consumer-grade solid-state drives（SSD） in Storage Spaces Direct

然後再次透過 Diskspd 儲存效能測試工具，以相同的資料讀取及寫入工作負載進行測試，**QD8**、**4K**、**資料讀取 70%**、**資料寫入 30%**（diskspd.exe -t8 -b4k -r4k -o1 -w30 -Suw -D -L -d1800 -Rxml Z:\load.bin）。然而，與上一個資料讀取及寫入工作負載測試唯一不同的地方在於，這次的儲存效能工作負載測試加上**立即寫入**（Write Through）的動作（採用參數

–Suw），也就是將資料直接寫入至 SSD 固態硬碟，而非先寫入快取緩衝區再寫入 SSD 固態硬碟。

　　因此，從測試結果中可以看到本次的儲存效能測試時間為 30 分鐘，因為採用立即寫入的方式讓整個使用者等級 SSD 固態硬碟的 NAND 延遲時間，以及 FTL 快閃記憶體轉換層及緩衝區的缺點完全顯露出來，所以整體的 IOPS 儲存效能表現非常的差，甚至在資料讀取及寫入工作負載壓力測試不到 3 分鐘，整體的 IOPS 儲存效能便已經下降至**低於 500 IOPS** 的表現。

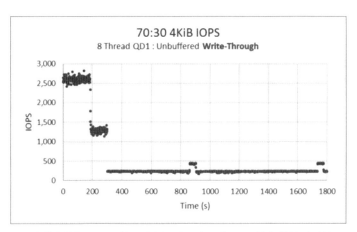

▍圖 4-12　消費者等級 SSD 固態硬碟採用立即寫入的 IOPS 儲存效能測試結果示意圖

※ 圖片來源：Server Storage at Microsoft – Don`t do it, consumer-grade solid-state drives（SSD） in Storage
　　　　　　Spaces Direct

　　因此，在選擇建構 S2D 軟體定義儲存的 SSD 固態硬碟時，除了資料讀取及寫入的 IOPS 儲存效能表現及耐用度之外，重點是選擇**企業等級**的 SSD 固態硬碟以及**高 DWPD 數值**，才能夠確保建構的 S2D 軟體定義儲存環境效能表現良好且保持資料的高可用性。

說明

　　根據微軟官方建議，選擇 S2D 軟體定義儲存的企業等級 SSD 固態硬碟其 DWPD 數值，至少應達到數值 **5** 或以上的耐用度表現。從 2017 年 5 月之後，微軟官方手冊則建議企業等級 SSD 固態硬碟其 DWPD 數值，至少應達到數值 **3** 或以上的耐用度表現即可。

　　那麼在選擇企業等級 SSD 固態硬碟時，該如何確認所選擇的企業等級 SSD 固態硬碟，採用**非暫時性寫入快取**（Non-Volatile Write Cache）機制來因應斷電的情況呢？舉例來說，你可以在下列知名的 SSD 固態硬碟供應商型號中找到相關資訊：

❑ 在資料工作表項目中看到支援**電源中斷防護**（Power Loss Protection，PLP）機制，例如：
Samsung SM863、Toshiba HK4E⋯⋯等。

❑ 在資料工作表項目中看到支援**增強型電力中斷資料防護**（Enhanced Power Loss Data
Protection，EPLDP）機制，例如：Intel S3510、S3610、S3710、P3700⋯⋯等。

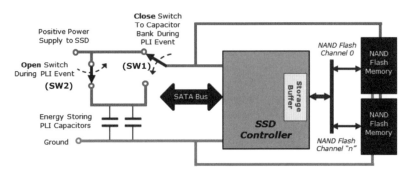

┃ 圖 4-13　EPLDP 增強型電力中斷資料防護運作示意圖

※ 圖片來源：Intel 官網 – Power Loss Imminent（PLI）Technology

此外，在 S2D 軟體定義儲存運作環境中，也支援最新規格的 **3D XPoint** 快閃儲存，舉例
來說，最新發佈的 **Intel Optane NVMe SSD DC P4800X** 快閃儲存，也可以順利在 S2D 軟體
定義儲存環境中運作。

在 Intel 官方所進行的儲存效能數據結果顯示，將最新 **Intel Optane DC P4800X** 與目前主
流的 NVMe 快閃儲存 **P3700** 進行儲存效能比較，並且採用 4K 資料讀取 70% 資料寫入 30%
的 IOPS 工作負載進行測試，在儲存效能測試結果中 P4800X 的 IOPS 儲存效能高於 P3700 達
8 倍之多，在隨機讀取的部分高達 **10 倍**隨機寫入的部分高達 **3 倍**。

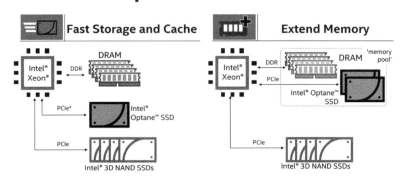

┃ 圖 4-14　新式 3D XPoint 技術 Intel Optane SSD 使用情境示意圖

※ 圖片來源：Intel 官網 – Intel Optane Technology Workshop

那麼我們來看看企業等級，並且 DWPD 數值高達 **30** 的 **Intel Optane NVMe P4800X** 快閃儲存，與目前主流 Intel NVMe P3700 快閃儲存裝置，在 S2D 軟體定義儲存環境中儲存效能表現上有何差異。在此次的測試環境中採用相同的硬體配置，並採用 S2D 當中的 All-Flash 儲存架構，唯一不同的部分是 NVMe 分別採用 P4800X 及 P3700 進行效能測試，詳細的測試環境硬體項目如下：

❏ **4 台 S2D 叢集節點主機**

　　○**CPU 處理器**：Intel Xeon E5-2699 v4 2.20GHz x 2。

　　○**RAM 記憶體**：128GB。

　　○**RDMA 介面卡**：Mellanox ConnectX-3 Pro 40Gbps。

❏ **All-Flash 儲存架構（主流 NVMe）**

　　○**NVMe 快閃儲存**：Intel P3700 800GB x 4。

　　○**SATA SSD 固態硬碟**：Intel S3610 1.2TB x 20。

❏ **All-Flash 儲存架構（新式 3D XPoint）**

　　○**NVMe 快閃儲存**：Intel P4800X 375GB x 2。

　　○**SATA SSD 固態硬碟**：Intel S3610 1.2TB x 20。

在 S2D 組態設定的部分，由於有 4 台 S2D 叢集節點主機，所以建立 4 個 2TB 容量的三向鏡像磁碟區並採用預設的 ReFS 檔案系統，同時在每台 S2D 叢集節點主機上運作 44 台 VM 虛擬主機，每台 VM 虛擬主機配置 1 vCPU 及 1.75GB 的虛擬記憶體空間。此外，在 IOPS 儲存工作負載測試方式，採用 4K 資料區塊大小及 10GB 的測試檔案，然後以資料讀取 90% 及資料寫入 10% 的工作負載進行儲存效能 IOPS 測試。

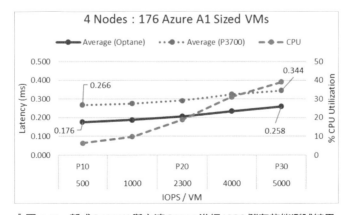

┃ 圖 4-15 新式 P4800X 與主流 P3700 進行 IOPS 儲存效能測試結果

※ 圖片來源：Server Storage at Microsoft – Storage Spaces Direct with Intel Optane SSD DC P4800X

從 IOPS 儲存效能測試結果可以看到，在延遲時間方面新式 P4800X 與主流 P3700 之間，在相同 IOPS 儲存效能表現下，新式 P4800X 的延遲時間為 **258μs** 而主流 P3700 則是 **344μs**，兩者之間相同的 IOPS 但延遲時間相差 **90μs**。這表示，當 S2D 採用新式 Intel Optane NVMe SSD DC P4800X 快閃儲存時，可以跟目前主流 P3700 達到相同的 IOPS 儲存效能，但是對於 CPU 運算資源的工作負載更低，所以可以運作更多的 VM 虛擬主機及工作負載。

4.2.4 SSD 與 HDD 如何搭配及比例原則

在先前的章節中，我們已經討論過每台 S2D 叢集節點主機，最少應配置 **2 個快取裝置**（例如：NVMe 快閃儲存或 SSD 固態硬碟），以及 **4 個儲存裝置**（例如：HDD 機械式硬碟），同時你也已經了解在微軟的官方建議中，每台 S2D 叢集節點主機最多應配置 **26 個硬碟**即可。那麼，快取裝置及儲存裝置之間，應該如何搭配以及兩者之間的比例原則該如何取捨，這便是本小節所要談論的重點。

首先，倘若我們以每台 S2D 叢集節點主機，最少配置 2 個快取裝置及 4 個儲存裝置的情況來看，這樣的硬碟組態配置便是 **1：2** 的比例，也就是每個快取裝置負責 2 個儲存裝置。在 S2D 軟體定義儲存的運作架構中，快取裝置與儲存裝置的比例可以從 **1：1～1：12**，所以倘若是 1：12 的情況下便是每台 S2D 叢集節點主機，配置 2 個快取裝置及 24 個儲存裝置（總數剛好 26 個硬碟），達到最大化儲存空間的目的。

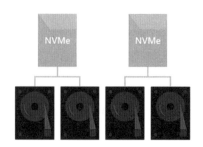

1:2

▌圖 4-16　SSD 快取裝置與 HDD 儲存裝置數量比例示意圖

※ 圖片來源：Microsoft Ignite Australia 2017 – A deep dive into Storage Spaces Direct（INF346）

值得注意的是，快取裝置與儲存裝置之間應該保持正確的比例，才能夠讓快取裝置的儲存空間更適當的分配給資料讀取及寫入使用，舉例來說，管理人員希望採用 **1：4** 的數量比例，所以當 S2D 叢集節點主機配置 **4 個** SSD 固態硬碟時，便應該配置 **16 個** HDD 機械式硬碟才是正確比例，而非配置 **15 個**或 **17 個** HDD 機械式硬碟。

　　除了快取裝置與儲存裝置之間數量的比例之外，另一個值得注意的就是快取裝置與儲存裝置之間**儲存空間比例**。原則上，快取裝置的儲存空間佔比當然越高越好，可以讓整體 S2D 軟體定義儲存的 IOPS 效能表現提高，然而快取裝置畢竟價格較為昂貴所以如何取捨便顯得重要，那麼該如何衡量儲存空間比例的大小呢？根據微軟官方的建議數值，快取裝置與儲存裝置之間的儲存空間比例至少應為 **10%** 或以上。

　　舉例來說，倘若管理人員希望採用 1：4 的數量比例，在快取裝置的部分配置 4 個 800GB 的 SSD 固態硬碟（共 3.2TB），那麼儲存裝置的部分便應該選擇 16 個 **2TB** 的 HDD 機械式硬碟（共 32TB），才能維持 **10%**（3.2 / 32 = 10%）的儲存空間比例，倘若採用 16 個 **4TB** 的 HDD 機械式硬碟（共 64TB），那麼儲存空間比例便下降至 **5%**（3.2 / 64 = 5%）的儲存空間比例，倘若採用 16 個 **6TB** 的 HDD 機械式硬碟（共 96TB），那麼儲存空間比例便下降至 **3.33%**（3.2 / 96 = 3.33%）的儲存空間比例。

> **說明**
>
> 　　還記得嗎？每台 S2D 叢集節點主機的硬碟總數量建議不超過 26 個，並且儲存裝置的總儲存空間建議不超過 100TB。

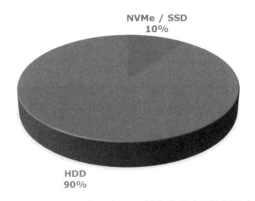

│圖 4-17　SSD 快取裝置與 HDD 儲存裝置空間比例示意圖

　　在 S2D 軟體定義儲存技術所支援的儲存裝置種類中，你已經知道分別支援 NVMe 快閃儲存、SSD 固態硬碟、HDD 機械式硬碟，並且經過上述的討論後你也明白快取裝置與儲存裝置之間，數量的比例原則及儲存空間的比例原則該如何取捨。

　　接下來，我們將討論不同的應用情境應該如何進行搭配，以便 S2D 軟體定義儲存技術能夠發揮**最大 IOPS 儲存效能**表現，或者是**兼顧 IOPS 儲存效能及儲存空間**，甚至是建構出**超大容量儲存空間**的應用方式。

❖ 應用情境 1：最大化 IOPS 儲存效能

當企業及組織，希望建構的 S2D 軟體定義儲存環境具備最大 IOPS 儲存效能時，那麼可以採用 **All-Flash** 的儲存架構組態配置。根據微軟官方的 IOPS 儲存效能測試結果，可達到 **600 萬 IOPS** 及 **1Tb/s IO 輸送量**。

> 📷 **說明**
>
> 有關 S2D 達到 600 萬 IOPS 儲存效能展示的部分，請參考 Microsoft Ignite 2016 BRK2204 議程（展示時間點 28：00）。有關 S2D 達到 1Tb/s IO 輸送量儲存效能展示的部分，請參考 Microsoft Ignite 2016 BRK3088 議程（展示時間點 16：50）。

在 S2D 運作環境的 All-Flash 儲存架構配置中支援 2 種模式，分別是**同一種**型號的 NVMe 快閃儲存或 SSD 固態硬碟，或是**混合**不同耐用程度的 NVMe 快閃儲存搭配 SSD 固態硬碟。

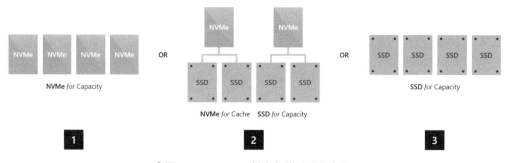

圖 4-18　All-Flash 儲存架構配置示意圖

※ 圖片來源：Microsoft Docs – Choosing drives for Storage Spaces Direct

值得注意的是，採用 **All NVMe** 或 **All SSD** 的儲存架構，並且配置**相同**的型號及耐用程度時，那麼 S2D 軟體定義儲存技術將會採用**無快取**（No Cache）的運作模式。在這樣的 S2D 運作架構情況下，除非 S2D 叢集中只有 2 台 S2D 叢集節點主機才採用雙向鏡像，否則一律採用三向鏡像建立磁碟區，以便最大化儲存效能及資料可用性。

倘若，採用 All NVMe 或 All SSD 的儲存架構配置，但是卻採用**不同**型號及耐用度時，那麼建議 IT 管理人員應該手動指定較高耐用程度的 NVMe 為快取。舉例來說，採用耐用度高的 Intel P3710 NVMe，搭配儲存效能及耐用度相對較低的 Intel P3510 NVMe，組成 S2D 的 All NVMe 儲存架構時，那麼建議 IT 管理人員應該介入手動指定較高耐用度的 NVMe 為快取才對，請參考下列範例指令進行手動指定的動作：

```
PS C:\> Get-PhysicalDisk | Group Model -NoElement

Count    Name
-------  ------
    8    FABRIKAM NVME-1710
   16    CONTOSO NVME-1520

PS C:\> Enable-ClusterS2D -CacheDeviceModel "FABRIKAM NVME-1710"
```

❖ 應用情境 2：IOPS 儲存效能與儲存空間兼顧

當企業及組織希望建構的 S2D 軟體定義儲存環境，能夠兼顧 IOPS 儲存效能及儲存空間時，那麼可以考慮採用 **Hybrid** 的儲存架構組態配置。在 S2D 運作環境的 Hybrid 儲存架構配置中支援 3 種模式：

❑ **NVMe + HDD**：由 NVMe 快閃儲存負責「資料讀寫快取」的部分，而 HDD 機械式硬碟提供真正寫入資料的儲存空間。

❑ **SSD + HDD**：由 SSD 固態硬碟負責「資料讀寫快取」的部分，而 HDD 機械式硬碟提供真正寫入資料的儲存空間。

❑ **NVMe + SSD + HDD**：類似「All-Flash + Hybrid」的運作架構，由 NVMe 快閃儲存負責「資料讀寫快取」，然後 SSD + HDD 負責真正寫入的儲存空間，但是在執行資料寫入動作時因為有 SSD 固態硬碟，所以會加快整體的資料寫入速度。

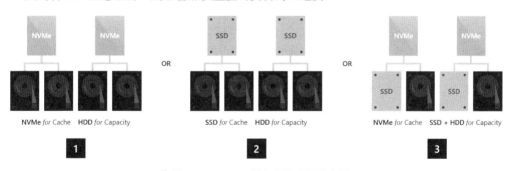

│ 圖 4-19　Hybrid 儲存架構配置示意圖

※ 圖片來源：Microsoft Docs – Choosing drives for Storage Spaces Direct

在這樣的運作架構下，不建議屆時建立的磁碟區混用鏡像及同位的應用方式，以避免影響工作負載的運作效能，同時除非 S2D 叢集中只有 2 台 S2D 叢集節點主機才採用雙向鏡像，否則請一律採用三向鏡像建立磁碟區，以便最大化儲存效能及資料可用性。

❖ 應用情境 3：最大化儲存空間

當企業及組織希望建構的 S2D 軟體定義儲存環境，能夠最大化儲存空間時可以考慮採用最大比例 **Hybrid** 的儲存架構組態配置。簡單來說，便是採用**少量**的 SSD 固態硬碟搭配**大量**的 HDD 機械式硬碟，以達到最大化儲存空間的目的。

> **說明**
>
> 舉例來說，每台 S2D 叢集節點主機，配置 2 個 SSD 固態硬碟搭配 24 個 HDD 機械式硬碟（採用 1：12 的比例配置），以達到最大化儲存空間的目的。

值得注意的是，這樣的 S2D 軟體定義儲存環境**不適用**於需要**頻繁寫入資料**的工作負載，僅適合應用於資料封存、備援、冷資料儲存……等工作負載。同時，為了最大化儲存空間建議採用**混合式復原**類型以便發揮 EC 清除編碼技術的特性，並且在規劃儲存空間大小時假設每天的資料寫入量為 100GB 時，那麼在混合式復原中鏡像層級的部分應規劃 150GB ～ 200GB 為比較適當的比例。

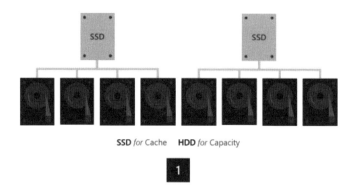

SSD *for Cache*　　**HDD** *for Capacity*

█ 圖 4-20　Hybrid 儲存架構最大化儲存空間配置示意圖
※ 圖片來源：Microsoft Docs – Choosing drives for Storage Spaces Direct

4.2.5 如何挑選 HBA 硬碟控制器

現在，你應該知道要建構 S2D 軟體定義儲存環境時，為 S2D 叢集節點主機挑選建立儲存資料的部分應該採用 HBA 介面卡，而非傳統的 RAID 磁碟陣列卡才是正確的選擇。那麼，該如何挑選適當的 HBA 介面卡？是否一般市面上隨便的 HBA 介面卡便可以使用？這就是本小節所要討論的重點。

在選擇 HBA 介面卡時，需要注意該 HBA 介面卡的**佇列深度**（Queue Depth）數值，為何 HBA 介面卡佇列深度數值非常重要？簡單來說，你可以看到從底層 x86 硬體伺服器、HBA

介面卡、儲存裝置（SSD／HDD）、儲存集區、儲存空間……等，最後運作 VM 虛擬主機類型的工作負載。

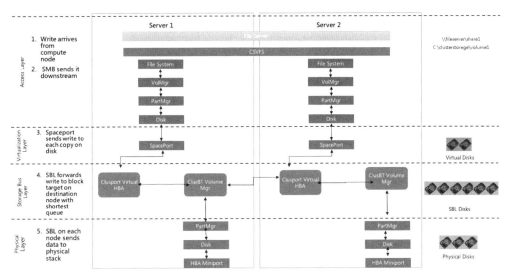

▌圖 4-21　S2D 儲存堆疊運作架構示意圖

※ 圖片來源：Channel 9 – Deploying Private Cloud Storage with Dell Servers and Windows Server vNext（BRK3496）

舉例來說，在一般情況下 SATA 介面的 HDD 機械式硬碟佇列深度數值為 **32**，倘若 x86 硬體伺服器上的 HBA 介面卡佇列深度為 **128** 的話，那麼此台 x86 硬體伺服器若僅連接 4 個 SATA 介面 HDD 機械式硬碟則迎刃有餘。但是，若此台 x86 硬體伺服器連接 12 個 SATA 介面 HDD 機械式硬碟時（12 x 32 = 384），則每次所有硬碟送出的佇列深度將遠遠超過 HBA 介面卡所能消化的量，那麼屆時整體資料讀寫的傳輸瓶頸便會落在 HBA 介面卡上。

因此，在為 S2D 叢集節點主機選擇 HBA 介面卡時，應該注意 HBA 介面卡佇列深度數值。舉例來說，在本書實作環境中採用的 HBA 介面卡為 **Avago Adapter SAS 3008** 其佇列深度數值為 **600**，便能夠同時連接多個儲存裝置並且迎刃有餘。

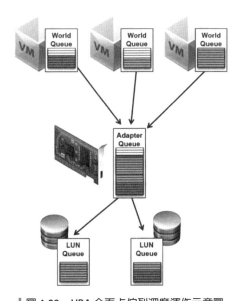

▌圖 4-22　HBA 介面卡佇列深度運作示意圖

※ 圖片來源：VMware vSphere Blog – Troubleshooting Storage Performance in vSphere

　　有關 HBA 介面卡的佇列深度數值，可以參考每家 HBA 介面卡製造商的相關資料，或是透過 VMware Compatibility Guide 網站查詢，為何會需要至 VMware 網站查詢相關資料？主要原因是，VMware 也有自家的 SDS 軟體定義儲存技術稱為 vSAN，並且早期許多企業及組織在嘗試導入 vSAN 軟體定義儲存技術時，便因為配置佇列深度不足的 HBA 介面卡導致許多問題，所以 VMware 便在官方網站提供查詢機制，所以讀者也可以多加利用查詢相關資訊。

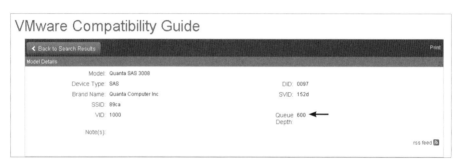

▌圖 4-23　查詢 HBA 介面卡佇列深度數值

※ 圖片來源：VMware Compatibility Guide 網站查詢資料

4.2.6 如何挑選 RDMA 網路卡

　　我們在第 2 章節中，已經討論過採用一般 TCP/IP 網路卡及 RDMA 網路卡，在建構 S2D 軟體定義儲存運作環境後效能表現差異，並且在第 3 章當中也詳細介紹 RDMA 網路卡的功能特性，以及 RoCE 與 iWARP 傳輸技術之間的差異。

　　那麼在為 S2D 叢集節點主機配置 RDMA 網路卡時，下列為整體的規劃配置原則建議：

❏ 最少採用 10Gbps 網路頻寬用於 Intra-Cluster 通訊使用。

❏ 建議至少 2 個 10GbE 連接埠，以達到負載平衡及容錯移轉的目的。

❏ 建議採用支援 RDMA 特色功能的網路卡，以便建構「零複製」（Zero Copy）、「核心旁路」（Kernel Bypass）、「通訊協定卸載」（Protocol Offload）運作環境。

　　雖然，SMB Direct（RDMA）技術支援 RoCE、iWARP、Infiniband 這 3 種傳輸技術。然而，對於企業及組織來說，使用 RoCE 或 iWARP 網路介面卡是比較常見的應用。在 **RoCE** 網路介面卡挑選的部分，業界主流硬體供應商為 Mellanox、QLogic、Emulex……等。

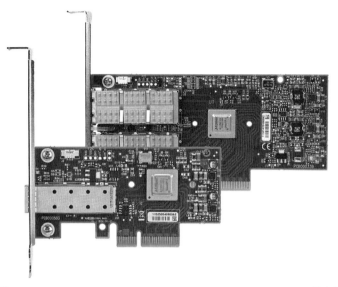

▌圖 4-24　Mellanox ConnectX-3 Single / Dual-Port 10GbE Adapters 示意圖

※ 圖片來源：Mellanox Products – ConnectX-3 EN Single / Dual-Port 10 / 40 / 56GbE Adapters

　　值得注意的是，在挑選採用 RoCE 傳輸技術的 RDMA 網路介面卡時，應確認支援最新 **RoCE v2** 確保獲得最佳運作效能。舉例來說，本書實作環境採用 Mellanox ConnectX-3 Pro 10GbE Dual-Port Ethernet Adapter，在安裝完 Mellanox 驅動程式之後，可以透過 PowerShell 的 Get-MlnxDriverCoreSettings 指令，確認目前運作的 RoCE 版本。

```
系統管理員: Windows PowerShell                                            —  □
PS C:\> Get-NetAdapterRdma

Name                   InterfaceDescription                     Enabled
----                   --------------------                     -------
vEthernet (MGMT)       Hyper-V Virtual Ethernet Adapter #4      False
vEthernet (SMB02)      Hyper-V Virtual Ethernet Adapter #3      True
vEthernet (SMB01)      Hyper-V Virtual Ethernet Adapter #2      True
vEthernet (VMs)        Hyper-V Virtual Ethernet Adapter         False
RDMA02                 Mellanox ConnectX-3 Pro Ethernet Adap... True
RDMA01                 Mellanox ConnectX-3 Pro Ethernet Adapter True


PS C:\> Get-MlnxDriverCoreSetting | ft RoceMode

RoceMode
--------
2.0 ←
```

▌圖 4-25　確認 RDMA 網路介面卡運作的 RoCE 版本

至於 **iWARP** 網路介面卡挑選的部分，業界主流硬體供應商為 Chelsio、Intel……等。

▍圖 4-26　Chelsio T520-CR Adapter 示意圖

※ 圖片來源：Chelsio Communications – T520-CR

4.2.7　如何挑選網路交換器

簡單來說，在挑選 S2D 軟體定義儲存技術的網路交換器時，最重要的原則便是 RDMA 網路卡採用的是 RoCE 或 iWARP 傳輸技術而定？倘若，採用的是 **RoCE** 傳輸技術的話，那麼網路交換器**必須**選擇支援**資料中心橋接**（Data Center Bridging，DCB）技術的網路交換器。倘若採用的是 **iWARP** 傳輸技術的話，則**無須**在意網路交換器是否支援 DCB 技術。

簡單來說，在 DCB 網路環境中將會透過 **CoS**（Class of Service）中 0 ～ 7 個標記來區分流量，CoS 也可以稱為「Priority」或「Tag」。透過 DCB 機制可以支援網路封包進行「無損傳輸」（Lossless Transmission）。事實上，在乙太網路環境中網路封包遺失並非大問題，因為 TCP/IP 機制將會重新傳輸遺失的封包。但是，在無損失網路的環境中遺失封包造成的影響就是 **IOPS 效能下降**，所以 DCB 透過 Cos 機制來指派哪些流量一定不能遺失封包。

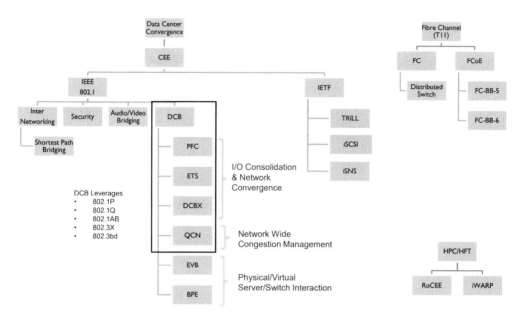

▌圖 4-27　DCB 通訊協定樹狀階層示意圖

※ 圖片來源：SNIA – Technical Overview of Data Center Networks

在 DCB 技術的規範中包含下列 4 項主要的通訊協定，同時在微軟的 S2D 軟體定義儲存運作環境中，當採用的 RDMA 網路卡傳輸技術為 **RoCE** 時，將會使用到 **PFC 及 ETS** 這 2 項通訊協定：

❑ 優先順序流量控制（Priority-based Flow Control，PFC）。

❑ 加強式傳輸選擇（Enhanced Transmission Selection，ETS）。

❑ 資料中心橋接交換協議（Data Center Bridginge Xchange Protocol，DCBX）。

❑ 量化堵塞通知（Quantized Congestion Notification，QCN）。

❖ PFC 優先順序流量控制

為 **IEEE 802.1 Qbb** 通訊協定，將流量定義為 8 個不同的虛擬連結類型，當某個定義的流量類型突然爆增流量塞滿緩衝區時，便會透過 Cos 機制觸發**暫停流量**（Pause Frames）機制，但是並不會影響到其它流量類型的傳輸作業。

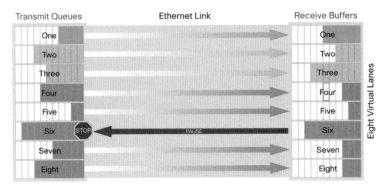

┃ 圖 4-28　PFC 優先順序流量控制運作示意圖

※ 圖片來源：Cisco – Unified Fabric Cisco`s Innovation for Data Center Networks

❖ ETS 加強式傳輸選擇

為 **IEEE 802.1 Qaz** 通訊協定，針對 PFC 所定義的 8 個流量類型分別提供**虛擬介面佇列**（Virtual Interface Queue）機制，以便達到**動態管理流量**的靈活性。舉例來說，雖然所有流量類型共用整個傳輸頻寬，但流量類型 3 為高優先順序傳輸百分比，所以在同時傳輸的情況下可以使用較多的傳輸頻寬。

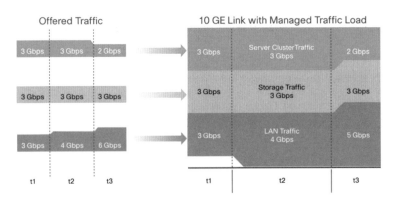

┃ 圖 4-29　ETS 加強式傳輸選擇運作示意圖

※ 圖片來源：Cisco – Unified Fabric Cisco`s Innovation for Data Center Networks

❖ DCBX 資料中心橋接交換協議

由 Cisco、Nuova、Intel 所共同開發的 **IEEE 802.1 Qaz** 通訊協定，並加入至 IEEE 資料中心橋接架構當中，用於探索節點及交換組態設定等用途。

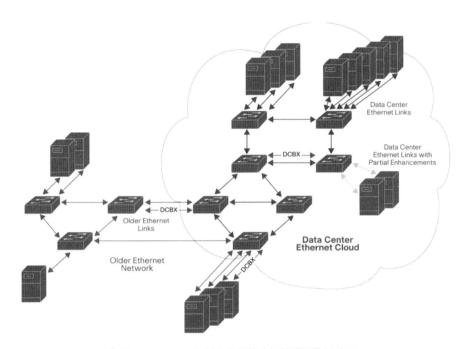

▎圖 4-30　DCBX 資料中心橋接交換協議運作示意圖

※ 圖片來源：Cisco – Unified Fabric Cisco`s Innovation for Data Center Networks

❖ QCN 量化堵塞通知

為 **IEEE 802.1 Qau** 通訊協定，採用主動式流量管理的運作架構以避免流量堵塞，當遭遇到流量堵塞的情況時，將會傳送給來源端設備要求減少傳輸流量。

QCN – Before and After

- **Lossless** without QCN
  - Congestion spread

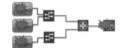

- **Lossy** without QCN
  - Congestion causes loss
  - TCP Congestion management

- Using QCN with **Lossless**
  - Reduces congestion spread

- Using QCN with **Lossy**
  - Reduces packet loss

▎圖 4-31　QCN 量化堵塞通知運作示意圖

※ 圖片來源：SNIA on Ethernet Storage – Resolving the Confusiona round DCB（I Hope）

4.3 實體伺服器環境及數量建議

了解上述挑選 S2D 叢集節點主機的各項硬體元件後，接著便是如何規劃營運環境當中的伺服器數量及規格。事實上，要給出適當的建議是非常困難的，因為必須了解所要運作的應用服務容易耗用哪些資源，進而規劃出相對應的硬體規格才是最合適的解決方案。

舉例來說，當屆時運作在 S2D 叢集中的 VM 虛擬主機，將會運作企業及組織大部分的營運服務如 SQL Server 資料庫服務時，那麼應該要確保 S2D 叢集節點主機的硬體配置，不管是在 CPU 處理器或記憶體及 IOPS 儲存資源都應該規劃中上等級才對，例如：CPU 處理器便不該使用 E5-2620 v4，而應該採用 E5-2680 v4 這種運算核心較多的 CPU 處理器。

倘若，屆時的 S2D 叢集只是運作企業及組織的次要服務，例如：檔案伺服器、備份伺服器、測試 / 研發伺服器……等，那麼在規劃 S2D 叢集節點主機的硬體配置時，便可以考慮採用儲存空間最大化的高 C/P 值硬體配置。

4.3.1 小型運作規模

一般來說，建置小型的 S2D 運作環境通常為微型、新創及測試 / 研發的初始規模，建議 S2D 叢集的規模為 **2 ~ 4 台** S2D 叢集節點主機，並且採用 S2D 的**超融合**（Hyper-Converged）運作架構，即可建構出整合「運算 / 網路 / 儲存」硬體資源的運作環境，除了可以運作 VM 虛擬主機及容器之外，同時也具備高可用性機制。

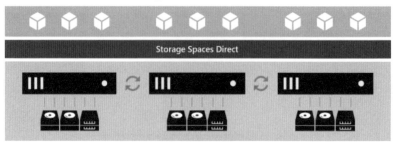

┃圖 4-32　S2D 超融合運作架構示意圖

※ 圖片來源：Microsoft Docs – Storage Spaces Direct in Windows Server 2016

倘若，因為預算限制在 S2D 叢集中僅能建置 **2 台** S2D 叢集節點主機時，可以考慮採用 2 Nodes Direct Connect 的運作架構，也就是 2 台 S2D 叢集節點主機的 RDMA 網路卡採用 End-to-End 的方式對接，如此一來甚至可以節省 10GbE 網路交換器的費用。

 說明

當然，後續要擴充 S2D 叢集第 3 台 S2D 叢集節點主機時，就必須要採購 10GbE 網路交換器。

在 S2D 快取磁碟 SATA SSD 固態硬碟的部分，可以採用企業級**混合式**（Mixed Use，MU）等級即可，當然在 DWPD 的部分仍應選擇數值 **3** 或以上的耐用度。

❖ 實體伺服器規格及網路環境建議

❏ **S2D 叢集節點主機數量**：2 ~ 4 台。

❏ **S2D 部署模式**：超融合（Hyper-Converged）。

❏ **CPU 處理器規格及數量**：Intel E5-2620 v4（1 ~ 2 顆）。

❏ **Memory 記憶體空間**：96 ~ 128GB。

❏ **作業系統磁碟**：SATADOM 或 SD Card 或 USB。

❏ **S2D 快取磁碟**：SATA SSD 固態硬碟（2 ~ 4 個，MU 等級）。

❏ **S2D 儲存磁碟**：SATA HDD 機械式硬碟（8 ~ 12 個）。

❏ **1Gbps 網路連接埠**：2 ~ 4 埠。

❏ **10Gbps RDMA 網路連接埠**：2 埠（RoCE 或 iWARP）。

❏ **10GbE 網路交換器**：1 ~ 2 台。

4.3.2　中型運作規模

一般來說，建置中型 S2D 運作規模通常是中小型公司的營運環境，或者是中大型公司建置第 2 線服務兼測試 / 研發環境。此時，建議採用的 S2D 叢集規模為 **6 ~ 8 台** S2D 叢集節點主機，並且採用 S2D 的**超融合**（Hyper-Converged）運作架構，即可建構出整合「運算 / 網路 / 儲存」硬體資源的運作環境，除了可以運作 VM 虛擬主機及容器之外，同時也具備高可用性機制。

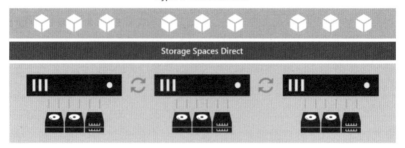

圖 4-33　S2D 超融合運作架構示意圖

※ 圖片來源：Microsoft Docs – Storage Spaces Direct in Windows Server 2016

在 S2D 快取裝置及儲存裝置的部分，可以考慮採用 SAS SSD 固態硬碟搭配 NL-SAS 機械式硬碟，或者是採用 SATA SSD 固態硬碟搭配 SATA 機械式硬碟，建構 Hybrid 儲存架構。然而，不管採用 SAS SSD 固態硬碟或 SATA SSD 固態硬碟，請採用企業級**寫入密集型**（Write Intensive，WI）等級，並且建議 DWPD 數值應為 **5** 或以上的耐用度。

❖ 實體伺服器規格及網路環境建議

❑ **S2D 叢集節點主機數量**：6 ~ 8 台。

❑ **S2D 部署模式**：超融合（Hyper-Converged）。

❑ **CPU 處理器規格及數量**：Intel E5-2660 v4（2 顆）。

❑ **Memory 記憶體空間**：192 ~ 256GB。

❑ **作業系統磁碟**：SATA MU SSD 固態硬碟（2 個，RAID-1）。

❑ **S2D 快取磁碟**：SAS / SATA SSD 固態硬碟（4 個，WI 等級）。

❑ **S2D 儲存磁碟**：NL-SAS / SATA HDD 機械式硬碟（12 個）。

❑ **1Gbps 網路連接埠**：4 埠。

❑ **10Gbps RDMA 網路連接埠**：4 埠（RoCE 或 iWARP）。

❑ **10GbE 網路交換器**：2 台。

4.3.3　大型運作規模

一般來說，建置大型 S2D 運作環境通常為大型公司營運服務，或者電信公司提供雲端服務租用的企業營運規模。此時，建議採用的 S2D 叢集規模為 **12 ~ 16 台** S2D 叢集節點主機，

並且採用 S2D 的**融合式**（Converged）運作架構，也就是 S2D 叢集節點主機只負責提供**儲存資源**，並且另外建立額外的 Hyper-V 叢集負責處理**運算資源**的需求。

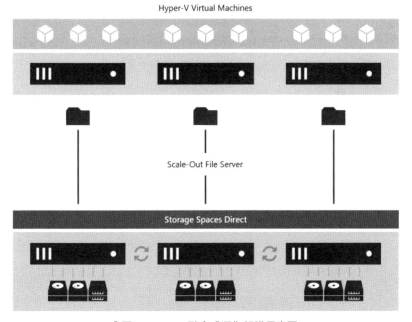

┃圖 4-34　S2D 融合式運作架構示意圖

※ 圖片來源：Microsoft Docs – Storage Spaces Direct in Windows Server 2016

在 S2D 快取裝置及儲存裝置的部分，可以考慮採用全部都是 NVMe 快閃儲存，或者是 NVMe 快閃儲存搭配 SATA SSD 固態硬碟，建構 All-Flash 儲存架構。當然，請一律採用企業級**寫入密集型**（Write Intensive，WI）等級，並且建議 DWPD 數值應為 **10** 或以上的耐用度。

此外，由於採用 S2D 的 All-Flash 儲存架構，建議採用的網路環境傳輸速度應提升至 **25GbE** 或更高，以避免 S2D 叢集的儲存效能瓶頸發生在 10GbE 傳輸環境上，所以每台 S2D 叢集節點主機的 RDMA 網路卡應採用 **25GbE** 或更高，網路交換器的部分也應採用 **25GbE** 或更高。

❖ 實體伺服器規格及網路環境建議

❏ **S2D 叢集節點主機數量**：12 ~ 16 台。

❏ **S2D 部署模式**：融合式（Converged）。

❏ **CPU 處理器規格及數量**：Intel E5-2699 v4（2 顆）。

❏ **Memory 記憶體空間**：256 ~ 512GB。

❑ **作業系統磁碟**：SATA MU SSD 固態硬碟（2 個，RAID-1）。

❑ **S2D 快取磁碟**：NVMe 快閃儲存（4 個，WI 等級）。

❑ **S2D 儲存磁碟**：NVMe 快閃儲存或 SATA SSD 固態硬碟（12 ~ 20 個，WI 等級）。

❑ **1Gbps 網路連接埠**：4 埠。

❑ **25Gbps RDMA 網路連接埠**：2 ~ 4 埠（RoCE 或 iWARP）。

❑ **25GbE 網路交換器**：2 台。

說明

Hyper-V 叢集節點主機的部分，只要著重於 CPU 處理器及記憶體等運算資源方面的規劃即可。在硬碟方面僅需要規劃作業系統磁碟即可，因為屆時儲存資源的部分將透過 RDMA 網路卡存取 S2D 儲存資源。

CHAPTER

S2D 安裝及設定

安裝 Windows Server 2016 作業系統

❖ Windows Server 2016 最低硬體資源需求

在安裝 Windows Server 2016 作業系統以前，我們先了解一下安裝的「最低硬體資源需求」以及需要注意的事項，以避免在安裝過程中發生不可預期的錯誤情況。原則上，只要符合下列最低硬體資源需求即可順利安裝 Windows Server 2016 作業系統，不管安裝類型是採用桌面體驗、Server Core、Nano Server，或者是採用標準版與資料中心版本皆適用。

❏ **中央處理器（CPU）**：1.4GHz（64 位元處理器），支援 NX、DEP、CMPXCHG16b、LAHF / SAHF、PrefetchW，以及硬體輔助虛擬化技術 Intel EPT 或 AMD NPT。

❏ **記憶體（Memory）**：512MB，並且支援「錯誤修正碼」（Error Correcting Code，ECC）功能，但是在安裝過程中可能會遭遇失敗的情況，您必須要先把 VM 虛擬主機的記憶體配置提升為 800MB，待安裝完畢後再把記憶體配置減少為 512MB，或是在安裝程序執行期間按下 Shift + F10 組合鍵，執行 `Wpeutil CreatePageFile /path=C:\pf.sys` 指令建立分頁檔，以便渡過安裝程序執行時較大的記憶體空間需求。此外，倘若安裝類型採用「桌面體驗」（Desktop Experience）時，必須具備 2GB 記憶體空間才足夠。

❏ **硬碟空間（HDD Space）**：最少應具備 32GB，並且這樣的硬碟空間僅足夠運作 Server Core 搭配 IIS 伺服器角色，倘若安裝模式採用桌面體驗至少需要 4GB 以上額外的硬碟空間。此外，若是透過網路安裝作業系統或主機超過 16GB 記憶體將需要更多磁碟空間，以提供給分頁檔案（Page File）、休眠檔案（Hiberfil File）、傾印檔案（Dump File）……等使用。

❏ **儲存控制器（Storage Controller）**：必須採用符合 PCI Express 規範的儲存控制器，並且 Windows Server 2016 不支援啟動、Page、資料磁碟採用 ATA、PATA、IDE、EIDE……等舊式儲存介面。

❏ **網路介面卡（Network Adapter）**：至少採用 Gigabit 網路頻寬的網路介面卡，並且應符合 PCI Express 規範及支援「預先啟動執行環境」（Pre-boot eXecution Environment，PXE）等特色功能。倘若，能夠額外支援「網路核心除錯」（Kernel Debugging over Network，KDNET）特色功能則更佳，但 KDNET 並非最低硬體資源需求項目。

❏ **其它**：具備 Super VGA 1024x768 或更高解析度的監視器、支援 UEFI 2.3.1c-based、支援「安全啟動」（Secure Boot）、支援「可信賴平台模式」（Trusted Platform Module，TPM）特色功能。

說 明

請注意，採用硬體式 TPM 時必須採用 **TPM 2.0** 版本，同時搭配 SHA-256 PCR 雜湊演算法機制。

❖ 開始安裝 Windows Server 2016 作業系統

確認採用的 x86 硬體伺服器，符合 Windows Server 2016 最低硬體資源安裝需求之後，我們便可以進行作業系統的安裝程序。請將開機媒體（例如：DVD 光碟片、ISO 映像檔、USB 隨身碟……等）載入 x86 硬體伺服器，開機後經過硬體偵測程序便能順利看到 Windows Server 2016 作業系統的安裝程序畫面。

在 Windows 安裝程式頁面中，您可以選擇所要採用的語言、時間、貨幣格式、鍵盤及輸入法等資訊，建議將鍵盤或輸入法的選項由預設值的「微軟注音」調整為 **United States- 國際**後，按「下一步」鈕繼續安裝程序。

▌圖 5-1　Windows Server 2016 安裝程序

說 明

因為在實務應用上，管理 Windows Server 2016 時通常不會使用到中文輸入法，然而預設值「微軟注音」將會造成開啟搜尋、命令提示字元、PowerShell 指令視窗時，採用預設的「中文」輸入法造成操作上的困擾。因此，建議調整輸入法為「United States- 國際」以便預設採用「英文」輸入便於管理。

接著出現立即安裝視窗，如果您要執行修復作業的話可以點選左下角「修復您的電腦」項目，但本小節為初始化安裝 Windows Server 2016 作業系統，因此請按下「立即安裝」鈕繼續安裝程序。

│ 圖 5-2　點選立即安裝

在輸入產品金鑰以啟用 Windows 頁面中，請鍵入所購買的 Windows Server 2016 資料中心版軟體授權金鑰，在選取您要安裝的作業系統頁面中請選擇採用的安裝類型，在本書實作環境中請選擇 **Windows Server 2016 Datacenter（桌面體驗）** 項目後，按「下一步」鈕繼續安裝程序。

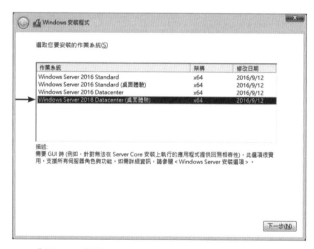

│ 圖 5-3　選擇 Windows Server 2016 資料中心版本

說明

　　請注意，在 Windows Server 2016 作業系統運作架構中，啟用 S2D 軟體定義儲存機制僅支援**資料中心版本**，倘若採用「標準版」在後續嘗試啟用 S2D 軟體定義儲存特色功能時將會失敗。

　　在 Microsoft 軟體授權條款頁面中，請勾選「我接受授權條款」項目（才能按下一步鈕）
後，按「下一步」鈕繼續安裝程序。

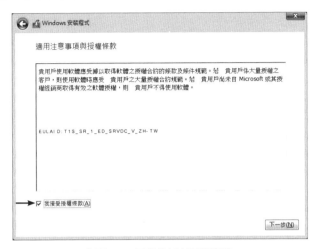

▐ 圖 5-4　同意使用者授權條款

　　在您要哪一種安裝類型頁面中，由於我們是初始安裝而非版本升級，因此請選擇「自訂：
只安裝 Windows（進階）」項目即可繼續安裝程序。

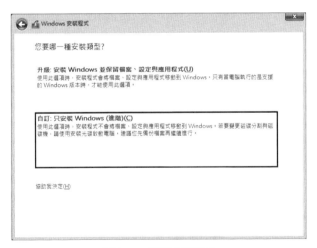

▐ 圖 5-5　選擇安裝類型

　　在您要在哪裏安裝 Windows 頁面中，本次 S2D 實作環境每台 x86 硬體伺服器，配置 1 個
128GB SATADOM、4 個 1.6TB SSD 固態硬碟、12 個 8TB HDD 機械式硬碟，其中 **128GB
SATADOM** 用於安裝 Windows Server 2016 作業系統。

| 圖 5-6　選擇 128GB SATADOM 安裝 Windows Server 2016 作業系統

值得注意的是，倘若 x86 硬體伺服器為「全新安裝」，也就是所有硬碟皆尚未進行過初始化、格式化、建立分割區……等程序，便可以直接進行安裝 Windows Server 2016 作業系統的動作。

倘若，此台 x86 硬體伺服器先前進行過相關測試作業，那麼配置的硬碟應該已經初始化過建議應該進行清除的動作。請按下 Shift + F10 的組合鍵呼叫命令提示字元視窗，接著使用 **diskpart** → **list disk** 查詢 x86 硬體伺服器中所有硬碟的配置狀態。如圖 5-7 所示，便是 SATADOM 及所有硬碟皆已經過初始化、格式化、建立分割區……等的磁碟狀態。

| 圖 5-7　查詢所有硬碟的配置狀態

　　此時，建議依序使用指令 **select disk <磁碟 ID>** 選擇磁碟，然後執行 **clean** 指令清空磁碟組態配置確保所有磁碟皆已**清空**組態配置，避免後續建置 S2D 軟體定義儲存環境時，因為磁碟已經有組態配置而影響 S2D 軟體定義儲存環境的建置程序。

　　清空所有磁碟的組態配置之後，再次使用「list disk」指令後確認所有的磁碟**可用空間**應該與大小空間相同，並且 **Gpt** 欄位應該沒有任何記號且狀態為「連線」（Online）才對。之後，就可以放心選擇 128GB SATADOM 安裝 Windows Server 2016 作業系統，然後按「下一步」鈕繼續安裝程序。

▋圖 5-8　清空所有磁碟的組態配置

▋圖 5-9　確認所有磁碟組態配置皆已清空

　　此時，你已經在輕鬆的互動式介面中完成相關的組態設定，並且開始安裝 Windows Server 2016 作業系統。

▌圖 5-10　開始安裝 Windows Server 2016 作業系統

　　經過一段時間完成安裝程序並重新啟動，在登入 Windows Server 2016 作業系統以前必須先設定管理員密碼（預設管理員帳號為 Administrator），請輸入 2 次管理員密碼後按下**完成**鈕即可。

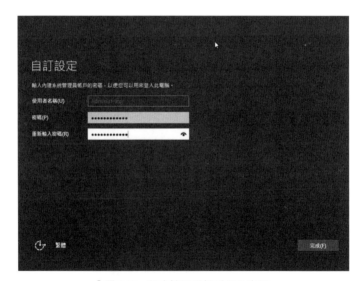

▌圖 5-11　設定管理員帳戶登入密碼

　　設定好管理員密碼之後便會看到登入畫面，請按下 Ctrl + Alt + Delete 組合鍵傳送給 Windows Server 2016 主機，看到準備登入畫面後，請鍵入剛才所設定的「管理員密碼」後按下 Enter 鍵即可登入，順利登入 Windows Server 2016 作業系統後，預設情況下會自動開啟「伺服器管理員」（Server Manager）。

圖 5-12　順利登入 Windows Server 2016 作業系統

5.1.1　系統基礎設定

❖ 運作環境說明

在開始建置 S2D 軟體定義儲存的**超融合架構**前,讓我們先來了解一下運作環境的相關資訊,例如:實作環境架構圖、伺服器角色、IP 位址、網路交換器……等資訊。

表 5-1　S2D 軟體定義儲存實作環境表

角色名稱	主機名稱	VLAN ID	IP 位址及網路卡配置
網域控制站 / DNS	DC	1620	10.106.20.10
S2D 叢集	WSFC	1620	10.106.20.20
S2D 叢集節點主機 1	Node01	1617	VMs:10.106.17.21
		1618	SMB01:10.106.18.21
		1619	SMB02:10.106.19.21
		1620	MGMT:10.106.20.21
S2D 叢集節點主機 2	Node02	1617	VMs:10.106.17.22
		1618	SMB01:10.106.18.22
		1619	SMB02:10.106.19.22
		1620	MGMT:10.106.20.22

角色名稱	主機名稱	VLAN ID	IP 位址及網路卡配置
S2D 叢集節點主機 3	Node03	1617	VMs：10.106.17.23
		1618	SMB01：10.106.18.23
		1619	SMB02：10.106.19.23
		1620	MGMT：10.106.20.23
S2D 叢集節點主機 4	Node04	1617	VMs：10.106.17.24
		1618	SMB01：10.106.18.24
		1619	SMB02：10.106.19.24
		1620	MGMT：10.106.20.24
10GbE 網路交換器	LY8-SW01 LY8-SW02		10.106.20.241 10.106.20.242

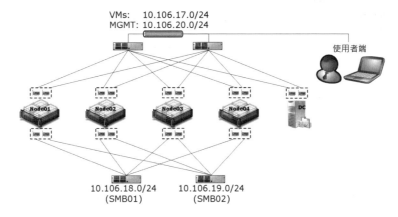

┃ 圖 5-13　S2D 軟體定義儲存超融合架構實作環境示意圖

❖ 伺服器管理員

伺服器管理員（Server Manager）管理介面，在 Windows Server 2008 中首度亮相。預設情況下，登入 Windows Server 2016 作業系統之後，便會自動開啟伺服器管理員操作介面並每隔 **10 分鐘**，將會收集主機本身的資料以及被管理主機的相關資訊。

倘若，您希望修改預設組態設定值的話，請於伺服器管理員視窗中依序點選「管理→伺服器管理員屬性」項目，在彈出的視窗中便可以修改預設組態設定值，例如：登入時不要自動啟動伺服器管理員，或者是把重新整理間隔時間拉長。

🛰 說明

　　微軟官方建議在 50 台實體伺服器的運作規模情況下，使用伺服器管理員仍能迎刃有餘。但是，當營運環境超過 50 台實體伺服器規模時，應該考慮採用 SCVMM 2016 以協助您輕鬆管理大量主機。

┃ 圖 5-14　修改伺服器管理員屬性組態設定值

❖ 調整網路卡名稱以利識別

在 Windows Server 2016 中文版運作環境中，網路卡的預設名稱為「乙太網路＋＜序號＞」，例如：乙太網路 2、乙太網路 3……等。但是，這樣的網路卡預設名稱將會造成後續使用 PowerShell 指令時管理的困擾，所以建議依照網路卡功能或用途進行重新命名。

在本書實作環境中，每台 S2D 叢集節點主機配置 2 個 RDMA 網路介面卡，所以重新命名為 **RDMA01**、**RDMA02** 以便於識別及管理。

┃ 圖 5-15　重新命名網路卡名稱以利識別

❖ 調整電源選項

預設情況下，Windows Server 2016 作業系統的電源計畫組態設定值為「平衡」（Balanced），也就是自動在運作效能及電力損耗之間取得一個平衡點。倘若，您希望屆時其上運作的 VM 虛擬主機擁有高效能表現，那麼應該要將電源計畫調整為**高效能**（High Performance），此時便會觸發實體伺服器的硬體功能，例如：Intel Turbo Boost 或 AMD Turbo CORE 技術，讓實體伺服器工作負載即使處於滿載情況時，運作效能的表現仍然會維持最佳甚至更好，然而缺點就是會消耗較多的電力。反觀若是電源計畫設定為「省電」（Power Saver），便會自動停用實體伺服器所有的 Turbo 加速技術。

▌圖 5-16　調整電源計畫為高效能

▌表 5-2　Windows Server 2016 電源計畫組態設定值說明表

電源計畫	效能及電力	說明及適合情境
平衡（Balanced）	運作效能：中等 電力損耗：中等	預設值，一般 P-State Base 的 CPU 運作模式，將 CPU 處理器的運算頻率降低以便執行輕量工作負載時，能夠有效減少主機所需電力。
高效能（High Performance）	運作效能：最佳 電力損耗：最高	CPU 處理器的運算頻率總是處於高效能狀態（啟用 Turbo……等功能），並且停用所有 CPU 節能機制（CPU Unparked……等功能），除了電力損耗較高之外，主機產生的熱能也相對較多。
省電（Power Saver）	運作效能：最低 電力損耗：最低	啟用所有 CPU 處理器的節能機制，以降低主機電力損耗為主要目的。

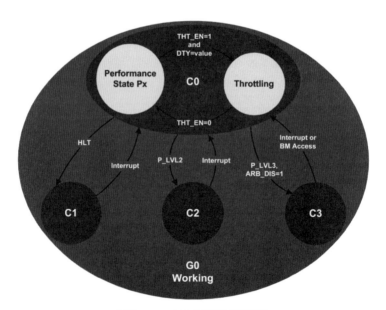

▌圖 5-17　CPU 處理器電源狀態

※ 圖片來源：ACPI 官網 – Advanced Configuration and Power Interface Specification

❖ 更改電腦名稱

切換回伺服器管理員視窗中點選「本機伺服器」項目後，在內容區塊內點選「電腦名稱」，準備變更電腦名稱以利後續操作上便於識別。

▎圖 5-18　準備變更主機的電腦名稱

在彈出的系統內容視窗中，請點選「電腦名稱」頁籤內的「變更」鈕，接著在電腦名稱欄位中輸入電腦名稱 **Node01 ~ Node04** 後按下「確定」鈕即可，此時系統將會提醒您必須要重新啟動電腦，才能套用生效的訊息。

▎圖 5-19　變更主機電腦名稱

❖ 安裝 HBA / RDMA 介面卡驅動程式

完成變更電腦名稱的動作並重新啟動後，接著依照採用的 x86 硬體伺服器官方建議，安裝最適合的 HBA 及 RDMA 介面卡驅動程式。在本書實作環境中，x86 硬體伺服器所採用的 HBA 介面卡為 **Avago SAS3 3008**，更新後的驅動程式版本為 **2.51.15.0**。

┃ 圖 5-20   採用的 HBA 介面卡驅動程式版本

在 RDMA 網路介面卡的部分，本書實作環境中 x86 硬體伺服器所採用的 RDMA 網路介面卡，硬體型號為 **Mellanox ConnectX–3 Pro EN OCP Dual-Port Adapter**，更新後的驅動程式版本為 **5.35.12978.0**。

┃ 圖 5-21   RDMA 網路介面卡驅動程式版本資訊

此外，配置的 Mellanox CX3 Pro RDMA 網路介面卡是採用 RoCE 通訊協定進行溝通，在安裝驅動程式並重新啟動主機後，可以開啟 PowerShell 指令視窗鍵入 Get-MlnxDriverCoreSetting | ft RoceMode 指令，確認 RDMA 網路介面卡採用最新的 **RoCE v2** 版本。

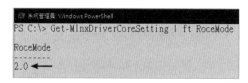

┃ 圖 5-22   確認 Mellanox RDMA 網路介面卡採用最新 RoCE v2 通訊協定

5.1.2　安裝相關角色及功能

針對 S2D 叢集節點主機的基礎設定完成後，接著請安裝相關的伺服器角色及功能，舉例來說，本書實作環境中的 S2D 叢集運作架構為**超融合式基礎架構**（Hyper-Converged Infrastructure，HCI），所以每台 S2D 叢集成員主機都必須安裝 **Hyper-V** 伺服器角色。

為了精簡整個操作步驟說明，我們直接以 PowerShell 指令一次為 S2D 叢集成員主機，安裝相關的伺服器角色及功能，請在**每台** S2D 叢集成員主機上開啟 PowerShell 指令視窗，然後執行 Install-WindowsFeature –Name Hyper-V,File-Services,Data-Center-Bridging,Failover-Clustering –IncludeManagementTools –Restart 指令進行安裝作業，並且在安裝作業完成後將自動重新啟動 S2D 叢集節點主機。

▌圖 5-23　為 S2D 叢集節點主機安裝相關的伺服器角色及功能

當 S2D 叢集節點主機重新啟動完成後，請再次開啟 PowerShell 視窗執行 Get-WindowsFeature –Name Hyper-V*,File*,Data*,Failover* 指令，確認相關的伺服器角色及功能是否已經安裝完畢。

```
PS C:\> Get-WindowsFeature -Name Hyper-V*,File*,Data*,Failover*

Display Name                               Name                        Install State
------------                               ----                        -------------
[X] Hyper-V                                Hyper-V                     Installed
[X] 檔案和存放服務                          FileAndStorage-Services     Installed
    [X] 檔案和 iSCSI 服務                    File-Services               Installed
[X] 容錯移轉叢集                            Failover-Clustering         Installed
[X] 資料中心橋接                            Data-Center-Bridging        Installed
        [X] Hyper-V GUI 管理工具             Hyper-V-Tools               Installed
        [X] 適用於 Windows PowerShell 的 Hyper-V... Hyper-V-PowerShell   Installed
```

▌圖 5-24　確認 S2D 叢集節點主機相關的伺服器角色及功能已經安裝完畢

5.2 設定 10GbE 網路交換器

在本書實作環境中，採用的 10GbE 網路交換器型號為「Quanta Mesh T3048-LY8」，為一款具備 48Port 1/10GbE SFP+ 及 6 Port 40GbE QSFP+ 的網路交換器。原則上，當 S2D 叢集節點主機配置的 RDMA 網路介面卡，採用的傳輸協定為 RoCE 而非 iWARP 時，那麼管理人員在選擇 10GbE 網路交換器上，必須要注意網路交換器是否支援**資料中心橋接**（Data Center Bridge，DCB）特色功能，舉例來說，本書實作環境中採用的 T3048-LY8 網路交換器，便支援 DCBX for ETS 及 DCBX for PFC 特色功能。

┃ 圖 5-25　Quanta Mesh T3048-LY8 網路交換器

※ 圖片來源：QCT 官方網站 – Quanta Mesh T3048-LY8

❖ 基礎設定

在本書實作環境中配置 2 台 T3048-LY8 網路交換器，接下來我們將針對網路交換器基礎設定的部分，例如：網路交換器的主機名稱、管理 IP 位址、預設閘道、DNS 名稱解析伺服器、NTP 時間校對伺服器……等。下列便是這 2 台 T3048-LY8 網路交換器組態設定：

❑ **主機名稱**：LY8-SW01、LY8-SW02。

❑ **管理 IP 位址**：10.106.20.241、10.106.20.242。

❑ **預設閘道**：10.106.20.1。

❑ **DNS 名稱解析伺服器**：168.95.1.1。

❑ **NTP 時間校對伺服器**：clock.stdtime.gov.tw。

由於組態設定 T3048-LY8 網路交換器的操作步驟相同，因此下列的操作步驟將以第 1 台 T3048-LY8 網路交換器，也就是屆時擔任 **LY8-SW01** 為例，整個組態設定的操作流程為「主機名稱→管理 IP 位址 / 預設閘道→ DNS 名稱解析伺服器→ NTP 時間校對伺服器」，然後執行組態設定儲存的動作以便 T3048-LY8 網路交換器重新啟動後，所有的組態設定仍能持續有效。

```
(Quanta) # configure
(Quanta) (Config) #
(Quanta) (Config) # hostname LY8-SW01
(LY8-SW01) (Config) # serviceport protocol none
(LY8-SW01) (Config) # serviceport ip 10.106.20.241 255.255.255.0 10.106.20.1
(LY8-SW01) (Config) # ip name-server 168.95.1.1
(LY8-SW01) (Config) # sntp client mode unicast
(LY8-SW01) (Config) # sntp unicast client poll-interval 8
(LY8-SW01) (Config) # sntp unicast client poll-timeout 8
(LY8-SW01) (Config) # sntp unicast client poll-retry 3
(LY8-SW01) (Config) # sntp server "clock.stdtime.gov.tw" dns
(LY8-SW01) (Config) # exit
(LY8-SW01) # copy run startup-config
```

5.2.1　啟用 DCB / PFC 功能

在《3.2.1、SMB Direct（RDMA）》章節中，我們已經詳細討論過 SMB Direct（RDMA）傳輸技術的部分，在 S2D 軟體定義儲存環境中，倘若 S2D 叢集節點主機配置的 RDMA 網路介面卡採用 **iWARP** 通訊協定時，那麼 10GbE 網路交換器便**無須**進行 DCB / PFC 等組態設定作業。

在本書實作環境中，每台 S2D 叢集節點主機配置的 RDMA 網路介面卡採用 **RoCE** 通訊協定，所以 10GbE 網路交換器**必須**啟用 DCB / PFC 等特色功能，以便 SMB Direct（RDMA）機制屆時能夠順利運作。

在本書實作環境中，採用的 T3048-LY8 網路交換器支援 DCBX for ETS 及 DCBX for PFC 特色功能，我們將針對 DCB / PFC 特色功能進行啟用的動作。此外，在本書實作環境中，採用**融合式網路**的概念讓所有網路流量都在 10GbE 上進行傳輸，但是針對不同類型的網路流量以 **VLAN** 的方式進行隔離。下列便是這 2 台 T3048-LY8 網路交換器組態設定：

❏ **VLAN ID**：1617 ~ 1620。

❏ **Native VLAN**：2。

❏ **啟用 DCB / PFC 特色功能的連接埠**：Port 0/1 ~ 0/52。

由於組態設定 T3048-LY8 網路交換器的操作方式相同，因此下列的操作步驟將以第 1 台「LY8-SW01」網路交換器為例，整個組態設定的操作流程為「VLAN ID → Native VLAN →

啟用 DCB / PFC 特色功能」，最後執行組態設定儲存的動作以便 T3048-LY8 網路交換器重新啟動後，所有的組態設定仍能持續有效。

```
(LY8-SW01) # configure
(LY8-SW01) (Config) # int range 0/1 - 0/52
(LY8-SW01) (if-range) # switchport allowed vlan add 2,1617-1620
(LY8-SW01) (if-range) # switchport native vlan 2
(LY8-SW01) (if-range) # switchport tagging 1617-1620
(LY8-SW01) (if-range) # data-center-bridging
(LY8-SW01) (DCBif-range) # priority-flow-control mode on
(LY8-SW01) (DCBif-range) # priority-flow-control priority 3 no-drop
(LY8-SW01) (DCBif-range) # exit
(LY8-SW01) (if-range) # exit
(LY8-SW01) (Config) # exit
(LY8-SW01) # copy run startup-config
```

此外，建議上述組態設定完成後檢查 DCB / PFC 特色功能是否已經正確啟用，只要登入 T3048-LY8 網路交換器後，執行 show dcb priority-flow-control 指令，查看 T3048-LY8 網路交換器中每個連接埠的 DCB / PFC 特色功能啟用情況。

```
(LY8-SW01)# show dcb priority-flow-control
Port    Drop        No-Drop     Operational
        Priorities  Priorities  Status
____    _____  _____  _____
0/1     0-2,4-7     3           Active
0/2     0-2,4-7     3           Active
0/3     0-2,4-7     3           Active
0/4     0-2,4-7     3           Active
0/5     0-2,4-7     3           Active
... 略 ...
```

 說明

倘若，未順利啟用 DCB / PFC 特色功能的話，則 Operational Status 欄位狀態值將為「Inactive」。

5.3　啟用 SMB Direct（RDMA）功能

確認 10GbE 網路交換器順利啟用 DCB / ETS / PFC 等特色功能後，接著便可以著手進行 S2D 叢集節點主機 SMB Direct（RDMA）的組態設定作業。

5.3.1　啟用 SMB 網路 QoS 原則

在本書實作環境中，我們所建構的 S2D 運作架構為超融合式並採用融合式網路環境，所以必須針對 SMB 用途的網路流量建立 QoS 原則，以便確保 S2D 軟體定義儲存運作架構能夠享有足夠的網路頻寬。

請登入 S2D 叢集節點主機開啟 PowerShell 指令視窗，執行 New-NetQosPolicy "SMB" -NetDirectPortMatchCondition 445 -PriorityValue8021Action 3 指令，以便為 S2D 叢集節點主機建立 SMB 用途的**網路 QoS 原則**（Network QoS Policy），接著執行 Get-NetQoSPolicy 指令確認網路 QoS 原則是否建立完成。

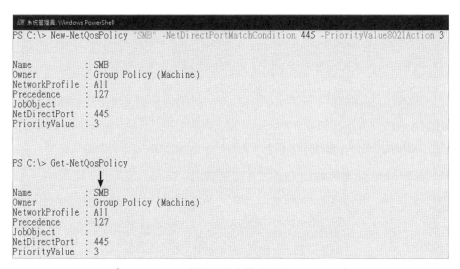

圖 5-26　S2D 叢集節點主機建立網路 QoS 原則

由於本書實作環境，S2D 叢集節點主機配置的 RDMA 網路介面卡採用 **RoCE v2** 通訊協定，並且我們已經為 10GbE 網路交換器啟用 DCB / PFC 的特色功能。同時，在剛才為 S2D 叢集節點主機安裝伺服器角色及功能章節中，我們也已經安裝好 **DCB 資料中心橋接**伺服

器功能，接著我們將為 S2D 叢集節點主機執行針對 SMB 用途的網路流量，啟用**流量控制**（Flow Control）運作機制以便 SMB Direct（RDMA）特色功能可以順利運作。

請登入 S2D 叢集節點主機開啟 PowerShell 指令視窗，執行 Enable-NetQosFlowControl –Priority 3 指令啟用流量控制機制，接著執行 Disable-NetQosFlowControl –Priority 0,1,2,4,5,6,7 指令停用其它流量類型的管控機制，然後執行 Get-NetQosFlowControl 指令確認是否設定完成。

```
PS C:\> Enable-NetQosFlowControl   -Priority 3
PS C:\> Disable-NetQosFlowControl  -Priority 0,1,2,4,5,6,7
PS C:\> Get-NetQosFlowControl

Priority   Enabled    PolicySet        IfIndex IfAlias
--------   -------    ---------        ------- -------
0          False      Global
1          False      Global
2          False      Global
3      →   True       Global
4          False      Global
5          False      Global
6          False      Global
7          False      Global
```

▍圖 5-27　為 S2D 叢集節點主機啟用流量控制機制

說明

請注意，這裡的 **Priority 3** 必須與 10GbE 網路交換器組態設定對應才行。舉例來說，倘若 10GbE 網路交換器的 PFC 組態設定為 Priority 4，那麼此處也必須要設定 Priority 4 才行。

接著，指定 S2D 叢集節點主機將剛才所建立的網路 QoS 原則及流量控制機制，套用至**指定的 RDMA** 網路介面卡。請在 PowerShell 指令視窗中執行 Enable-NetAdapterQos –Name "RDMA01","RDMA02" 指令，套用至名稱為「RDMA01 及 RDMA02」的網路介面卡。

最後，針對 SMB 用途的網路流量建立**流量類別**（Traffic Class），請在 PowerShell 指令視窗中執行 New-NetQosTrafficClass "SMB" –Priority 3 –BandwidthPercentage 50 –Algorithm ETS 指令，那麼屆時 RDMA 網路介面卡中，將會有 **50%** 的網路流量頻寬會優先給 SMB Direct 使用，接著執行 Get-NetAdapterQos 指令確認組態設定是否完成並套用生效。

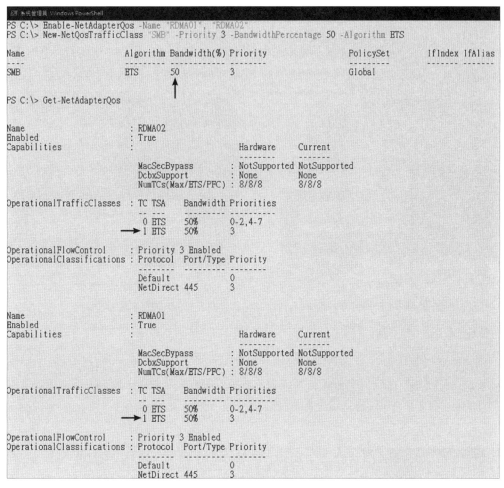

▍圖 5-28　將網路 QoS 原則及流量控制機制套用至指定的 RDMA 網路介面卡

5.3.2　建立 SET 網路卡小組

　　事實上，在舊版 Windows Server 2012 / 2012 R2 作業系統版本時，便已經支援配置及使用 RDMA 網路介面卡。然而，在 Windows Server 2012 / 2012 R2 版本時期使用 RDMA 網路介面卡時，將會有如下相關限制：

❏ RDMA 網路介面卡**不支援** NIC Teaming 機制。

❏ RDMA 網路介面卡**無法整合** Hyper-V vSwitch 虛擬交換器機制。

現在，新版 Windows Server 2016 雲端作業系統運作環境，已經完全打破過去舊版的使用限制。當 S2D 叢集節點主機配置 RDMA 網路介面卡，只要搭配使用 **SET**（Switch Embedded Teaming）機制，即可支援 NIC Teaming 及整合 Hyper-V vSwitch 虛擬交換器機制。

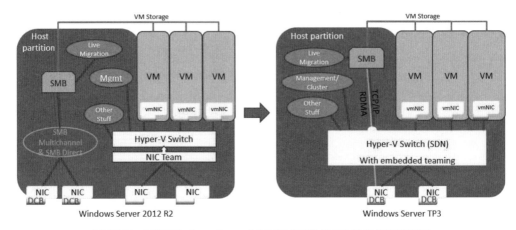

▐ 圖 5-29　新版 Windows Server 2016 打破過去 RDMA 網路卡使用限制

※ 圖片來源：Microsoft Docs – Remote Direct Memory Access（RDMA）and Switch Embedded Teaming（SET）

簡單來說，當採用一般 TCP/IP 網路介面卡時，直接使用 NIC Teaming 及整合 Hyper-V vSwitch 虛擬交換器機制並不會有任何問題。然而，若是採用 **RDMA** 網路介面卡需要使用 NIC Teaming 及整合 Hyper-V vSwitch 虛擬交換器機制時，請採用 **SET**（Switch Embedded Teaming）機制。

但是，一般 TCP/IP 網路介面卡與 RDMA 整合 SET 機制，所建立的 NIC Teaming 及 Hyper-V vSwitch 虛擬交換器，在進階功能支援度方面稍有不同，舉例來說，一般的 LBFO 並不支援 SDN-QoS 機制，而 RDMA 整合 SET 則有支援……等。

LBFO/SET Feature comparison

Feature	LBFO	SET	Feature interactions: works with	LBFO	SET
Switch independent teaming			Checksum offloads		
Switch dependent teaming: Static			DCB		
Switch dependent teaming: LACP			HNV v1		
Dynamic load distribution			HNV v2		
HyperVPort mode load distribution			IEEE 802.1X		
Address hash load distribution			IPsecTO		
Active/Standby operation			LSO		
Teams of up to ___ members	32	8	RDMA		
VMM managed		RTM	RSC		
Inbox UI managed			RSS		
PowerShell managed			SDN-QoS		
Works in Native stack			SR-IOV		
Works in a VM			TCP Chimney		
Teams different speed NICs			VMMQ		
Teams different NICs			VMQ (filter)		
vNICs/vmNICs affinitized to team members			VMQ (NIC Switch)		
			vmQoS		
			vRSS		

▐ 圖 5-30　一般 LBFO 與 SET 支援特色功能比較表

※ 資料來源：TechNet 文件庫 – Windows Server 2016 NIC and Switch Embedded Teaming User Guide

請登入 S2D 叢集節點主機開啟 PowerShell 指令視窗，執行 New-VMSwitch -Name S2D-vSwitch -NetAdapterName "RDMA01", "RDMA02" -EnableEmbeddedTeaming $true -AllowManagementOS $false 指令，為 2 個 RDMA 網路介面卡建立 SET 並整合 Hyper-V 虛擬交換器（名稱為 **S2D-vSwitch**），並且這台 Hyper-V 虛擬交換器並未建立管理作業系統的 vEthernet，因為稍後將會建立專用於**管理**用途的虛擬網路介面卡。

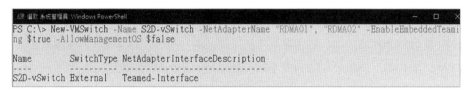

▌圖 5-31　建立 Hyper-V 虛擬交換器並且整合 SET 機制

接著，在這台 Hyper-V 虛擬交換器中組態設定產生「虛擬網路卡」（Virtual NIC，vNIC），在本書環境中分別建立 4 個 vNIC 名稱為 **VMs**、**SMB01**、**SMB02**、**MGMT**，這幾個 vNIC 的用途顧名思義便是網路流量類型，其中「VMs」將用於 VM 虛擬主機網路流量、「SMB01 / SMB02」用途為 SMB Direct 網路流量、「MGMT」則是管理流量。

請在 S2D 叢集節點主機開啟 PowerShell 指令視窗，並依序執行下列指令建立不同用途的 vNIC 虛擬網路卡，並在 vNIC 建立完成後指派 vNIC 所要使用的 VLANID，最後執行 Get-VMNetworkAdapterVlan -ManagementOS 指令進行確認的動作。

```
# 建立相關用途的 vNIC
Add-VMNetworkAdapter -SwitchName S2D-vSwitch -Name VMs -ManagementOS
Add-VMNetworkAdapter -SwitchName S2D-vSwitch -Name SMB01 -ManagementOS
Add-VMNetworkAdapter -SwitchName S2D-vSwitch -Name SMB02 -ManagementOS
Add-VMNetworkAdapter -SwitchName S2D-vSwitch -Name MGMT -ManagementOS
# 為 vNIC 指定 VLAN ID
Set-VMNetworkAdapterVlan -VMNetworkAdapterName VMs -VlanId 1617 -Access -ManagementOS
Set-VMNetworkAdapterVlan -VMNetworkAdapterName SMB01 -VlanId 1618 -Access -ManagementOS
Set-VMNetworkAdapterVlan -VMNetworkAdapterName SMB02 -VlanId 1619 -Access -ManagementOS
Set-VMNetworkAdapterVlan -VMNetworkAdapterName MGMT -VlanId 1620 -Access -ManagementOS
# 查詢組態設定是否套用生效
Get-VMNetworkAdapterVlan -ManagementOS
```

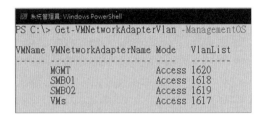

圖 5-32　確認 vNIC 及指派 VLAN ID 的組態設定情況

此時，開啟網路和共用中心將會發現多出 4 個 vNIC，都以 **vEthernet 為開頭**搭配剛才指定的 VMs、SMB01、SMB02、MGMT 名稱，請為這 4 個 vNIC 分別組態設定所屬的 IP 位址，舉例來說，下列為 **Node01** 的 S2D 叢集節點主機組態設定項目。

❑ **vEthernet（VMs）**：10.106.17.21 / 255.255.255.0。

❑ **vEthernet（SMB01）**：10.106.18.21 / 255.255.255.0。

❑ **vEthernet（SMB02）**：10.106.19.21 / 255.255.255.0。

❑ **vEthernet（MGMT）**：10.106.20.21 / 255.255.255.0。

　○**Gateway**：10.106.20.1

　○**DNS**：10.106.20.10

圖 5-33　為 4 個 vNIC 組態設定所屬的 IP 位址

接著，請依序執行下列 PowerShell 指令，以便完成 SMB Direct（RDMA）的組態設定作業。首先，將重新啟動 RDMA 用途的 vNIC 確保 VLAN ID 能夠套用生效，接著針對 RDMA 用途的 vNIC 執行啟用 RDMA 的特色功能，最後指定 RDMA 用途的 vNIC 實體的 RDMA 網路介面卡名稱。

```
# 重新啟動 RDMA 用途的 vNIC
Restart-NetAdapter "vEthernet（SMB01）"
Restart-NetAdapter "vEthernet（SMB02）"
# 針對指定的 vNIC 啟用 RDMA 特色功能
Enable-NetAdapterRDMA "vEthernet（SMB01）", "vEthernet（SMB02）"
# 指定 vNIC 使用的實體 RDMA 網路卡
Set-VMNetworkAdapterTeamMapping -VMNetworkAdapterName "SMB01" -ManagementOS
 -PhysicalNetAdapterName "RDMA01"
Set-VMNetworkAdapterTeamMapping -VMNetworkAdapterName "SMB02" -ManagementOS
 -PhysicalNetAdapterName "RDMA02"
```

完成指定的 vNIC 啟用 RDMA 特色功能後，請執行 Get-NetAdapterRdma 指令進行確認，在指令輸出結果中可以看到，只有指定的 SMB01、SMB02 這 2 個 vNIC 才有啟用 RDMA 特色功能。

```
系統管理員: Windows PowerShell
PS C:\> Restart-NetAdapter "vEthernet (SMB01)"
PS C:\> Restart-NetAdapter "vEthernet (SMB02)"
PS C:\> Enable-NetAdapterRDMA "vEthernet (SMB01)", "vEthernet (SMB02)"
PS C:\> Set-VMNetworkAdapterTeamMapping -VMNetworkAdapterName "SMB01" -ManagementOS -PhysicalNetAdapterName "RDMA01"
PS C:\> Set-VMNetworkAdapterTeamMapping -VMNetworkAdapterName "SMB02" -ManagementOS -PhysicalNetAdapterName "RDMA02"
PS C:\> Get-NetAdapterRdma

Name                  InterfaceDescription                 Enabled
----                  --------------------                 -------
vEthernet (MGMT)      Hyper-V Virtual Ethernet Adapter #4  False
vEthernet (SMB02)     Hyper-V Virtual Ethernet Adapter #3  True
vEthernet (SMB01)     Hyper-V Virtual Ethernet Adapter #2  True
vEthernet (VMs)       Hyper-V Virtual Ethernet Adapter     False
RDMA02                Mellanox ConnectX-3 Pro Ethernet Adap... True
RDMA01                Mellanox ConnectX-3 Pro Ethernet Adapter True
```

圖 5-34 確認 SMB01、SMB02 這 2 個 vNIC 已啓用 RDMA 特色功能

5.3.3 檢查 RDMA 運作狀態

至此，我們已經完成 S2D 叢集節點主機基礎設定，以及 RDMA 網路介面卡和 SMB Direct 特色功能的組態設定作業。當然，在進行啟用 S2D 軟體定義儲存技術之前，我們應該再次確認每台 S2D 叢集節點主機的 SMB Direct（RDMA）功能是否順利啟用。

簡單來說，我們必須確保剛才所新增的 SMB01、SMB02 這 2 個 vNIC 正確啟用 RDMA 功能，在上一個小節中我們已經使用 Get-NetAdapterRdma 指令進行確認。事實上，管理人員也可以使用 Get-SMBClientNetworkInterface 或 Get-SMBServerNetworkInterface 指令進行確認的動作。

在本書實作環境中，S2D 叢集運作模式為 HCI 超融合式架構，所以在這樣的運作架構下每台 S2D 叢集節點主機，有可能同時擔任 SMB Server 及 SMB Client 的角色。因此，我們可以執行 Get-SMBServerNetworkInterface 指令進行確認，從指令的輸出結果可以看到 SMB01、SMB02 的 vNIC 所屬 IP 位址，在 RDMA Capable 欄位值為 **True** 表示 RDMA 功能運作中。

▌圖 5-35　確認 SMB01、SMB02 是否順利啟用 RDMA 特色功能

接著，執行 Get-SMBClientNetworkInterface 指令進行確認，從指令的輸出結果可以看到 vEthernet（SMB01）、vEthernet（SMB02）這 2 個 vNIC，在 RDMA Capable 欄位值為 **True** 表示 RDMA 功能順利運作中。

▌圖 5-36　確認 vEthernet（SMB01）、vEthernet（SMB02）是否順利啟用 RDMA 特色功能

5.4　建構 S2D 軟體定義儲存環境

　　順利完成 S2D 叢集節點主機系統基礎設定，以及 RDMA 網路介面卡和 SMB Direct 特色功能的組態設定作業後，便可以將 4 台 S2D 叢集節點主機加入網域，並且建立 S2D 叢集及建構 HCI 超融合式基礎架構。

　　為避免不必要的操作篇幅，如何建立 Windows Server 2016 網域控制站的操作步驟便不再說明，下列為本書實作環境中網域的相關資訊：

❏ **網域名稱**：s2d.weithenn.org。

❏ **DC 網域控制站 / DNS 伺服器**：dc.s2d.weithenn.org（10.106.20.10）。

5.4.1　加入網域

　　將 S2D 叢集節點主機執行加入 **s2d.weithenn.org** 網域的動作之前，請先執行 ping 以及 nslookup 指令，確認 4 台 S2D 叢集節點主機與 DC 網域控制站之間能夠順利溝通，並且 DNS 名稱解析無誤確保後續加入網域的動作能夠順利執行。

　　請開啟命令提示字元後，輸入 ping 10.106.20.10 指令確認可以 ping 到 DC 網域控制站，接著鍵入 nslookup s2d.weithenn.org 指令確認 S2D 叢集節點主機，可以正確解析到 s2d. weithenn.org 網域名稱。

　　請注意，倘若 DC 網域控制站未設定 DNS 反向解析，或 DC 主機尚未建立 PTR 反向解析記錄的話，則 S2D 叢集節點主機執行 nslookup 指令後，將會發現 DNS 名稱解析伺服器的欄位為 **UnKnown**。

▌圖 5-37　確認 S2D 叢集節點主機與 DC 網域控制站之間溝通無誤且 DNS 名稱解析正確

　　確認 S2D 叢集節點主機與 DC 網域控制站之間溝通無誤後，接著請依序點選「伺服器管理員→本機伺服器→工作群組→ WORKGROUP」便能呼叫出系統內容視窗，於系統內容視窗中點選到「電腦名稱」頁籤後，按下「變更」鈕準備執行加入網域的動作。在成員隸屬的區塊中請點選至「網域」項目，並且鍵入要加入的網域名稱 **s2d.weithenn.org** 後按下「確定」鈕。

▌圖 5-38　鍵入要加入的網域名稱 **s2d.weithenn.org**

　　此時，系統將會彈出 Windows 安全性視窗，請鍵入 s2d.weithenn.org 網域管理者帳號及密碼後按下「確定」鈕，當順利驗證所輸入的網域管理者帳號及密碼無誤後，便會彈出歡迎加入 s2d.weithenn.org 網域訊息，接著提示您必須要重新啟動主機以套用生效。

┃ 圖 5-39 S2D 叢集節點主機成功加入 s2d.weithenn.org 網域

現在，我們已經順利將 4 台 S2D 叢集節點主機成功加入 s2d.weithenn.org 網域，建議管理人員切換到 DC 主機中開啟伺服器管理員，點選「工具」後開啟 **Active Directory 使用者和電腦**以及 **DNS**，分別查看在 Computers 容器當中是否有 4 台 S2D 叢集節點主機（電腦帳戶），而 DNS 管理員視窗中「正向 / 反向」解析記錄內，是否也有 4 台 S2D 叢集節點主機的 DNS 記錄存在。

說明

倘若未看到相關記錄出現，請按下工作列中的**重新整理**圖示即可。

┃ 圖 5-40 Active Directory 使用者和電腦 Computers 容器內，已有 4 台 S2D 叢集節點主機電腦帳戶

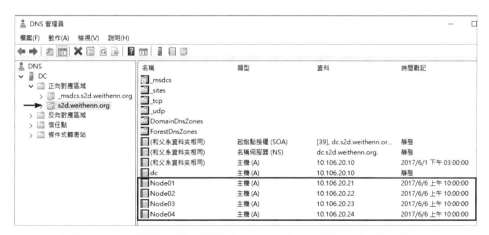

┃ 圖 5-41 DNS 管理員正向解析記錄中，已有 4 台 S2D 叢集節點主機解析記錄

┃ 圖 5-42　DNS 管理員反向解析記錄中，已有 4 台 S2D 叢集節點主機解析記錄

5.4.2　確保已安裝最新安全性更新

在本書實作環境中，S2D 叢集節點主機共 4 台分別為 Node01 ~ Node04，強烈建議每台 S2D 成員主機都應下載並安裝所有安全性更新，然後才執行建立 S2D 叢集的動作。在預設情況下，安裝好的 Windows Server 2016 作業系統版本為「1607」而 OS 組建號碼為 **14393.0**，在本書撰寫期間 2017 年 6 月時，安裝好所有最新安全性更新後 OS 組建號碼為 **14393.1198**。

┃ 圖 5-43　每台 S2D 成員主機下載並安裝所有安全性更新

5.4.3　檢查 SMB Direct 及 SMB MultiChannel 運作狀態

❖ 測試 SMB MultiChannel 機制

在建立 S2D 叢集環境之前，我們再次測試 SMB 3 進階特色功能是否正確運作。首先，我們測試 S2D 叢集節點主機之間，SMB MultiChannel 機制是否能夠順利運作，請於 Node02 主機建立分享資料夾名稱為「rdma-test」，然後從 Node01 透過 SMB 存取「\\node02」之後，使用 PowerShell 指令 Get-SmbConnection 及 Get-SMBMultiChannelConnection，確認 SMB MultiChannel 機制是否正確運作。

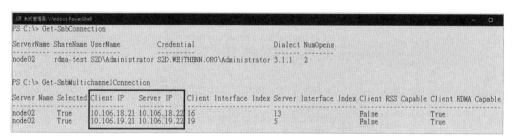

│ 圖 5-44　確認 SMB MultiChannel 機制是否正確運作

> 🔔 **說明**
>
> 請注意，必須使用「主機名稱」進行 SMB 資源的存取動作，才能夠正確觸發 SMB MultiChannel 機制，倘若使用 IP 位址進行 SMB 存取動作的話，將無法順利觸發 SMB MultiChannel 機制。

然後，在 Node01 主機端開啟「事件檢視器」，依序點選「應用程式及服務記錄檔 → Microsoft → Windows → SMB Client → Connectivity」項目，此時應該要沒有任何警告或錯誤訊息才對，倘若發生任何警告或錯誤訊息應進行排除，以避免後續 SMB Direct 及 SMB MultiChannel 機制無法正確運作。

> 🔔 **說明**
>
> 為何是查看 SMB Client 而非 SMB Server 項目？因為，此次的 SMB 存取動作是由 Node01 向 Node02 送出存取 SMB 資源的動作。此時，Node01 主機便是擔任 SMB Client 角色，所以查看 SMB Client 事件項目。

│ 圖 5-45　確認 SMB Client 內沒有任何警告或錯誤訊息

❖ 測試 SMB Direct 機制

接著，請在 Node01 主機使用 fsutil.exe file createnew C:\tmp\testfile.dat 20480000000 指令，在 C:\tmp 資料夾內建立 1 個空白的測試檔案大小為 **20GB**。

│ 圖 5-46　在 Node01 建立測試檔案

請在 Node01 主機開啟「效能監視器」，加入 **Mellanox Adapter QoS Counters** 中的「Total」及「Priority 3」的子項目，以及 **RDMA Activity** 和 **SMB 直接傳輸連線**項目。測試環境準備

完畢後，便在 Node01 主機複製 20GB 的 testfile.dat 測試檔案，然後透過 SMB 存取貼上測試檔案至 **\\node02\rdma-test** 路徑。

此時，從效能監控器中可以看到 Mellanox Adapter QoS Counters 內，計數器項目數值不斷變動。同時，RDMA Activeity 內的 RDMA Inbound / Outbound 等計數器項目數值不斷變動，SMB 直接傳輸連線等計數器項目數值不斷變動，表示順利採用 SMB Direct（RDMA）低延遲技術傳輸測試檔案。

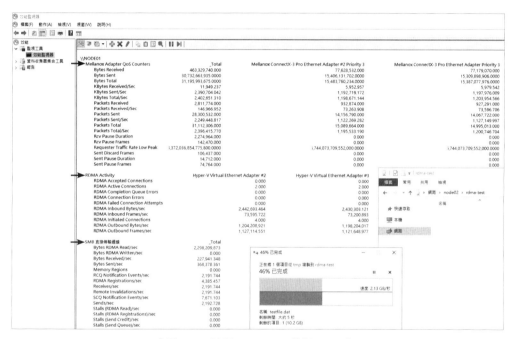

▌圖 5-47　確認 SMB Direct 機制是否運作

5.4.4　執行容錯移轉叢集檢查工具

在開始建立 S2D 叢集之前，建議再次確認 S2D 叢集節點主機中的**所有硬碟**是否為完全清空的狀態，同時每個硬碟的 **CanPool** 欄位值應該為 **True**，表示這些硬碟屆時可以順利加入 S2D Storage Pool 當中，否則將會影響後續建立 Storage Pool 及 Virtual Disk 的建立作業。

請在 S2D 叢集主機 PowerShell 指令視窗中，鍵入 Get-PhysicalDisk | sort –Property Size 指令，從指令執行結果可以確認本書實作環境中，**每台** S2D 叢集節點主機配置 1 個 128GB SATADOM 安裝 Windows Server 2016 作業系統，以及 4 個 1.6TB SSD 固態硬碟和 12 個 8TB HDD 機械式硬碟，屆時將加入 S2D Storage Pool 當中。

| 圖 5-48　確認 S2D 叢集節點主機硬碟狀態

同時，也可以使用 Get-Disk | sort -Property Size 指令進行確認，從指令執行結果可以看到屆時要加入 S2D Storage Pool 的硬碟當中，OperationalStatus 狀態為 **Offline** 以及 PartitionStyle 狀態為 **RAW**。

| 圖 5-49　確認 S2D 叢集節點主機硬碟狀態

❖ 使用 PowerShell 執行容錯移轉叢集測試作業

確認 S2D 叢集節點主機硬碟狀態無誤後，便可以執行 **Test-Cluster** 指令預先檢查 S2D 叢集節點主機，確認稍後建立 S2D 叢集作業程序是否能夠順利無誤。請在 S2D 叢集節點主機 PowerShell 指令視窗中，鍵入 Test-Cluster -Node Node01,Node02,Node03,Node04 -Include "Storage Spaces Direct","inventory"," 網路 "," 系統設定 " 指令進行檢查作業。

說明

　　請注意，倘若採用 Windows Server 2016「英文」版本時，請將「網路」改為「Network」將「系統設定」改為「System Configuration」。

```
PS C:\> Test-Cluster -Node Node01,Node02,Node03,Node04 -Include "Storage Spaces Direct","inventory","網路","系統設定"
警告: 清查 - 列出軟體更新: 測試報告了失敗。。
警告: 系統設定 - 驗證 Active Directory 設定: 測試報告了失敗。。
警告: 系統設定 - 驗證軟體更新等級: 測試報告了一些警告。。
警告:
測試結果:
HadUnselectedTests, HadFailures, ClusterConditionallyApproved
您選取的測試已經完成測試。一或多個測試指出設定並不適合進行叢集。只有當您已執行所有叢集驗證測試，且所有測試都成功
(包含或不含警告)，Microsoft 才支援您的叢集解決方案。
測試報告檔案路徑: C:\Users\administrator.S2D\AppData\Local\Temp\驗證報告 2017.06.08 於 11.20.17.htm

Mode                LastWriteTime         Length Name
----                -------------         ------ ----
-a----        2017/6/8  上午 11:26        1586000 驗證報告 2017.06.08 於 11.20.17.htm
```

▍圖 5-50　S2D 叢集建立前測試作業

　　檢查完畢後，請查看並確認沒有任何警告或錯誤訊息，舉例來說，有可能某台 S2D 叢集節點主機未安裝最新安全性更新，導致進行 S2D 叢集建立前測試作業便突顯出此問題。因此，請確保 S2D 叢集節點主機組態設定一致，並且都已經安裝最新安全性更新。

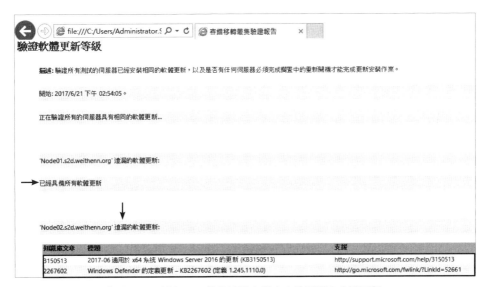

▍圖 5-51　某台 S2D 叢集節點主機未安裝最新安全性更新

❖ 使用容錯移轉叢集驗證設定精靈

　　剛才直接使用 PowerShell 指令進行 S2D 叢集的驗證測試作業，其實也可以開啟容錯移轉叢集管理員後，透過驗證設定精靈進行容錯移轉叢集的驗證測試作業。請在開啟「容錯移轉

叢集管理員」視窗中,點選管理區塊中的**驗證設定**項目,在彈出的選取伺服器或叢集視窗中,將 S2D 叢集節點主機 **Node01 ~ Node04** 依序加入後按下一步鈕。

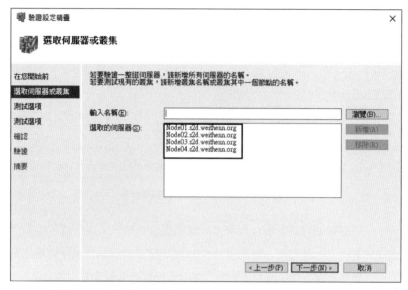

▌圖 5-52   透過驗證設定精靈進行容錯移轉叢集的驗證測試作業

在測試選項頁面中,請選擇**僅執行我選取的測試**項目後按下一步鈕,繼續透過驗證設定精靈進行容錯移轉叢集的驗證測試作業。

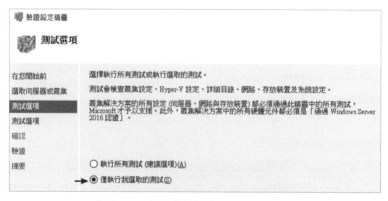

▌圖 5-53   選擇僅執行我選取的測試項目

在測試選項頁面中,請將預設已經勾選的**存放裝置**項目**取消勾選**,因為此項目為適用於傳統共享儲存設備的容錯移轉叢集檢查項目。然後,請勾選**儲存空間直接存取**項目,此項目便是針對 S2D 運作環境的容錯移轉叢集檢查項目。

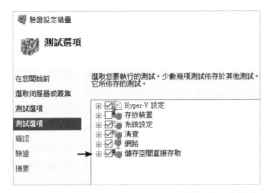

圖 5-54　取消勾選存放裝置項目，並勾選儲存空間直接存取項目

在確認頁面中，確認相關資訊無誤後請按下一步鈕，執行容錯移轉叢集的驗證測試作業。

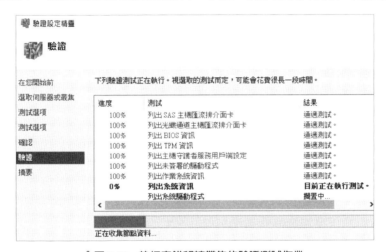

圖 5-55　執行容錯移轉叢集的驗證測試作業

　請確認容錯移轉叢集的驗證測試作業結果中，所有的驗證測試項目結果都為**成功**，以便稍後能夠順利建立 S2D 叢集運作環境。

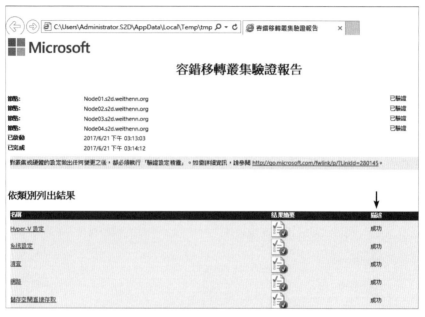

| 圖 5-56　確認所有驗證測試項目結果為成功

5.4.5　建立容錯移轉叢集

　　事實上，在《5.1.2、安裝相關角色及功能》小節中，當我們為 S2D 叢集節點主機安裝好容錯移轉叢集伺服器功能後，S2D 叢集節點主機將會產生一片隱藏的**容錯移轉叢集虛擬介面卡**（Microsoft Failover Cluster Virtual Adapter）網路裝置，並且從 Windows Server 2008 版本開始，便採用 Microsoft Failover Cluster Virtual Adapter（**netft.sys**）網路裝置，來取代舊版 Windows Server 2003 的 Legacy Cluster Network Driver（clusnet.sys）。

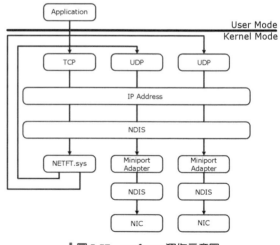

| 圖 5-57　netft.sys 運作示意圖

值得注意的是，在容錯移轉叢集當中的叢集節點主機，彼此之間都會依靠 Microsoft Failover Cluster Virtual Adapter 互相通訊，請**不**要停用此隱藏裝置也不要對它進行任何的調整或修改，以避免叢集驗證失敗或無法建立容錯移轉叢集。

你可以分別切換至 **Node01 ~ Node04** 主機開啟裝置管理員後，點選「檢視→顯示隱藏裝置」準備查看 Microsoft Failover Cluster Virtual Adapter。

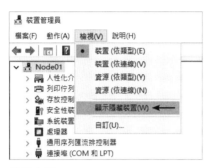

▎圖 5-58　準備查看 Microsoft Failover Cluster Virtual Adapter

順利顯示隱藏裝置之後，在網路介面卡子項目中便會顯示「Microsoft Failover Cluster Virtual Adapter」，查看內容後您可以看到此介面卡確實使用 netft.sys。

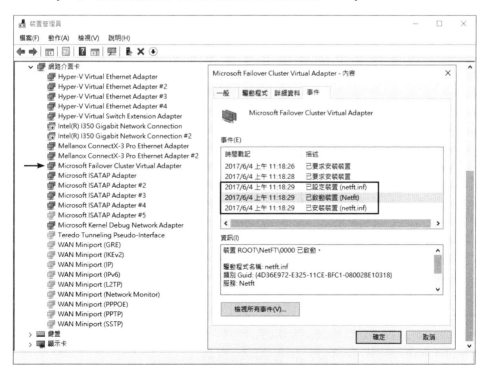

▎圖 5-59　查看 Microsoft Failover Cluster Virtual Adapter 內容

至此，我們已經確認所有的 S2D 叢集節點主機，已經都通過容錯移轉叢集驗證測試作業，並且也都順利產生 Microsoft Failover Cluster Virtual Adapter 網路裝置。現在，請在 PowerShell 指令視窗中，執行 New-Cluster –Name wsfc Node01, Node02, Node03, Node04 –NoStorage –StaticAddress 10.106.20.20 指令建立 S2D 用途的容錯移轉叢集。

上述 PowerShell 指令執行後，將會建立 **wsfc.s2d.weithenn.org** 的 S2D 叢集名稱，以及採用 **10.106.20.20** 為 S2D 叢集 IP 位址，並且在建立容錯移轉叢集程序執行完畢後，顯示建立資訊以及容錯移轉叢集報告的檔案路徑。

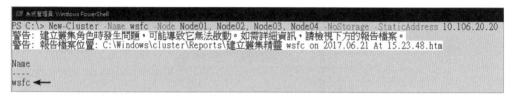

▌圖 5-60　建立 S2D 用途的容錯移轉叢集

你應該已經注意到，在建立容錯移轉叢集程序結果中有警告訊息「建立叢集角色時發生問題，可能導致它無法啟動」，請開啟容錯移轉叢集報告詳細查看內容以便了解警告訊息發生的原因。首先，我們可以看到容錯移轉叢集報告內容，在前半部叢集報告內容中一切正常。

▌圖 5-61　查看容錯移轉叢集報告內容

　　接著，我們在詳細查看容錯移轉叢集報告內容下半部的部分，可以看到在**磁碟見證**的項目發生警告訊息，原因為目前的 S2D 叢集並未組態設定磁碟見證部分而產生警告訊息。稍後，我們便會進行磁碟見證的組態設定，所以這個建立S2D叢集的警告訊息可以暫時忽略。

▌圖 5-62　確認容錯移轉叢集報告的警告內容

　　此時，請開啟容錯移轉叢集管理員工具，在管理視窗中可以看到容錯移轉叢集的運作資訊，例如：目前主要伺服器為**Node01（隨機決定）**、擁有4個叢集網路、尚未組態設定見證、S2D 尚未啟用……等。

▌圖 5-63　順利建立 S2D 用途容錯移轉叢集

❖ 檢查容錯移轉叢集電腦帳戶及 DNS 記錄

在剛才建立容錯移轉叢集時，我們指定 S2D 叢集名稱為 **wsfc.s2d.weithenn.org**，並且指定 **10.106.20.20** 為 S2D 叢集 IP 位址。事實上，當建立好容錯移轉叢集之後，系統便會自動向 DC 網域控制站註冊 DNS 記錄並建立容錯移轉叢集電腦帳戶。

登入 DC 網域控制站之後，依序點選「伺服器管理員→工具→ Active Directory 使用者和電腦」，在開啟的視窗中點選 **Computers** 容器，便會看到容錯移轉叢集電腦帳戶 **wsfc**。

▎圖 5-64　確認容錯移轉叢集電腦帳戶是否建立

接著，在 DC 網域控制站中依序點選「伺服器管理員→工具→ DNS」，並在開啟的視窗中依序點選「DNS → DC →正向對應區域→ s2d.weithenn.org」，您便會看到容錯移轉叢集 DNS 正向解析記錄 **wsfc 10.106.20.20**。

▎圖 5-65　確認容錯移轉叢集 DNS 正向解析記錄是否建立

在 DNS 管理員視窗中，點選「反向對應區域→ 20.106.10.in-addr.arpa」，便可以看到容錯移轉叢集的反向解析記錄 **10.106.20.20 wsfc.s2d.weithenn.org.**。如果沒看到反向解析記錄，請到正向解析記錄中點選 wsfc 記錄內容，重新勾選「更新關聯的指標（PTR）記錄」選項並重新套用即可。

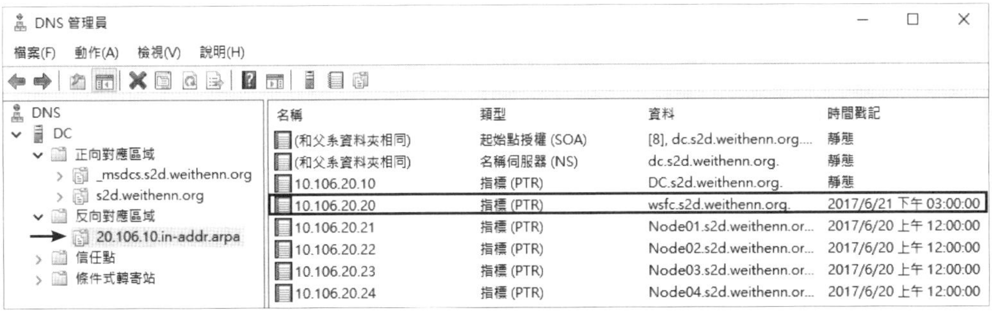

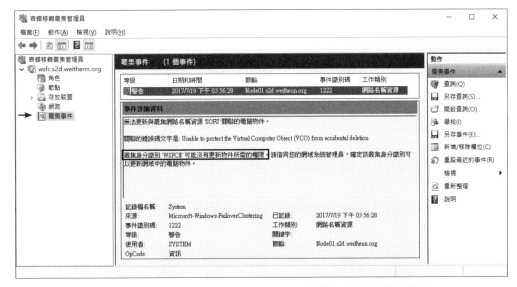

圖 5-66　確認容錯移轉叢集 DNS 反向解析記錄是否建立

此外，在預設情況下容錯移轉叢集電腦帳戶並沒有在 **Computers** 容器中，具備**建立電腦物件**（Create Computer Objects）的權限，所以請給予 **wsfc** 容錯移轉叢集電腦帳戶此權限，否則後續在相關操作上將會出現警告訊息，例如：建立 SOFS 檔案共享服務時，便會因為容錯移轉叢集電腦帳戶未擁有足夠的權限導致叢集產生警告訊息。

圖 5-67　容錯移轉叢集電腦帳戶未擁有足夠的權限導致產生警告訊息

請在DC網域控制站「Active Directory使用者和電腦」管理視窗中，依序點選「檢視→進階功能→Computers容器→內容→安全性→進階→ wsfc$→編輯」項目，勾選**建立電腦物件**項目後按下確定鈕即可。

▌圖 5-68　給予容錯移轉叢集電腦帳戶建立電腦物件的權限

❖ 變更容錯移轉叢集網路名稱

在本書實作環境中，我們規劃「VMs」為10.106.17.0/24網段用途是VM虛擬主機網路流量、「SMB01 / SMB02」為10.106.18.0/24、10.106.19.0/24網段用途是SMB Direct網路流量、「MGMT」為10.106.20.0/24網段用途是管理流量。

然而，預設情況下叢集網路名稱為**叢集網路 <數字>**的命名規則，無法讓IT管理人員快速了解叢集網路的用途。因此，建議依照網路流量功能用途重新命名叢集網路。

▌圖 5-69　預設叢集網路名稱難以識別網路流量功能用途

只要點選「叢集網路」後，在下方「摘要」頁籤便可以看到此叢集網路的IP網段，接著在右鍵選單中選擇**屬性**查看及調整組態內容。在彈出的叢集網路視窗中，請將名稱欄位改為網路流量功能用途，例如：VMs、SMB01、SMB02、MGMT等名稱，並且分別針對**SMB01、SMB02、MGMT**這3個叢集網路，選擇**此網路上允許叢集網路通訊**項目，及勾選**允許用戶端透過此網路連線**項目後，按下「確定」鈕即可。

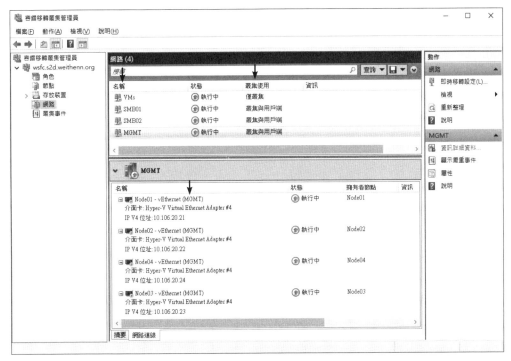

圖 5-70 調整後的叢集網路

事實上，當該叢集網路選擇**此網路上允許叢集網路通訊**項目後，則 S2D 叢集節點主機該
叢集網路便會啟用心跳偵測機制（Listen UDP Port 3343）。

說明

在容錯移轉叢集運作環境當中，用於叢集節點心跳偵測的機制是透過 **UDP Unicast Port 3343** 進
行互相偵測作業。

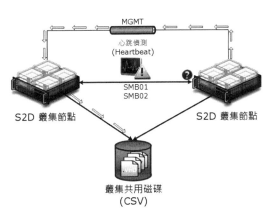

圖 5-71 叢集網路心跳偵測機制運作示意圖

當叢集網路組態設定調整完畢後，可以在任何 1 台 S2D 叢集節點主機上，透過 PowerShell 指令 Get-NetUDPEndpoint –LocalPort 3343 確認 S2D 叢集節點主機，是否順利啟用心跳偵測機制（Listen UDP Port 3343）。

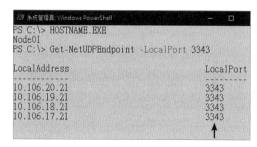

┃ 圖 5-72　確認 S2D 叢集節點主機是否順利啟用心跳偵測機制

❖ 調整即時移轉設定

在本書實作環境中，我們採用 S2D 當中的超融合部署模式，所以 S2D 叢集節點主機也會同時擔任 Hyper-V 虛擬化平台的角色。預設情況下，Hyper-V 即時移轉的效能選項為**壓縮**，然而我們已經為 S2D 叢集建立好 SMB Direct（RDMA）的運作環境，所以應該將 Hyper-V 即時移轉指向至 RDMA 網路卡，同時調整 Hyper-V 即時移轉的效能選項，以便屆時得到最佳化的即時移轉效能。

首先，在容錯移轉叢集管理員視窗中，請點選**網路**後於右鍵選單中選擇**即時移轉設定**項目，在彈出的即時移轉設定視窗中僅勾選 **SMB01**、**SMB02** 項目並將順序往上移動，此組態設定的用意在於讓具備 RDMA 高速傳輸的 SMB01、SMB02 虛擬網路介面卡，同時擔任 Hyper-V 即時移轉的傳輸介面。

說明

此叢集網路即時移轉組態設定，將會套用到 S2D 叢集中所有的 S2D 叢集節點主機。

▌圖 5-73 調整 S2D 叢集節點主機即時移轉網路介面卡順序

　　接著，請分別切換到每台 S2D 叢集節點主機，開啟 Hyper-V 管理員點選「Hyper-V 設定」項目後，點選「即時移轉」項目可以看到即時移轉的網路已經自動調整為剛才指定的 SMB01、SMB02 叢集網路，接著請展開後點選**進階功能**項目把效能選項由預設的「壓縮」調整為 **SMB** 項目。

說明

根據微軟官方的即時移轉效能測試結果，壓縮與 SMB 這 2 個效能選項相較之下，SMB 即時移轉的效能將提升 5 ~ 10 倍。舉例來說，倘若**壓縮**效能選項在遷移 VM 虛擬主機時花費 60 秒，那麼採用 **SMB** 效能選項將僅花費 6 ~ 12 秒即可完成。

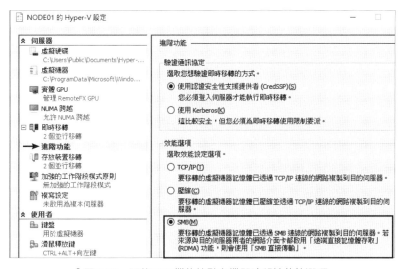

▌圖 5-74 調整 S2D 叢集節點主機即時移轉效能選項

5.4.6 設定容錯移轉叢集仲裁機制

倘若在「傳統共享儲存資源」的運作架構下，當建立容錯移轉叢集後將會採用**節點與磁碟多數**的仲裁方式。在 Windows Server 2016 容錯移轉叢集運作架構中，主要支援 3 種不同的仲裁見證方式，分別是**磁碟見證、檔案共用見證、雲端見證**。

> **說明**
>
> 　　有關容錯移轉叢集仲裁的詳細資訊，請參考 TechNet Library – Understanding Quorum Configurations in a Failover Cluster、TechNet Library – Configure and Manage the Quorum in a Windows Server 2012 Failover Cluster 文章。

在開始組態設定仲裁見證方式之前，我們先簡要了解各種仲裁見證方式運作機制：

❖ 磁碟見證（節點多數）

建議此仲裁機制用於**奇數**叢集節點主機運作環境，可承受叢集節點一半以上減 1 的失敗情況，舉例來說，容錯移轉叢集中有 7 台叢集節點主機，將可承受 3 台叢集節點主機故障損壞的情況下，容錯移轉叢集仍然能夠正常運作。

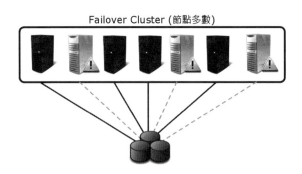

Failover Cluster（節點多數）

▎圖 5-75　節點多數仲裁方式運作示意圖

❖ 磁碟見證（節點與磁碟多數）

建議此仲裁機制用於**雙數**叢集節點主機運作環境，當仲裁磁碟狀態為**線上**（Online）時，可以承受叢集節點主機有一半發生故障損壞，例如：容錯移轉叢集中有 6 台叢集節點主機，將可承受 3 台叢集節點主機故障損壞的情況下，容錯移轉叢集仍然能夠正常運作。

倘若，仲裁磁碟狀態為**離線或失敗**（Offline or Failed）時，只能承受叢集節點主機有一半減 1 發生故障損壞，例如：容錯移轉叢集中有 6 台叢集節點主機，只能承受 2 台叢集節點主機故障損壞的情況下，容錯移轉叢集仍然能夠正常運作。

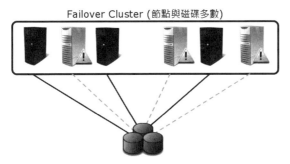

‖ 圖 5-76　節點與磁碟多數仲裁方式運作示意圖

❖ 檔案共用見證

建議此仲裁機制用於 **SMB Scale-Out 檔案伺服器**叢集環境中，值得注意的是並不會儲存叢集資料庫的複本，而是將叢集維護資訊時存於 witness.log 檔案中。

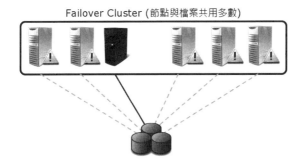

‖ 圖 5-77　檔案共用見證仲裁方式運作示意圖

❖ 雲端見證

這是 Windows Server 2016 雲端作業系統中，容錯移轉叢集的新增特色功能。簡單來說，可以將 Microsoft Azure 公有雲當中的 **Blob Storage** 當成「仲裁」資源，同時在套用雲端見證機制後，跟以往的仲裁機制一樣具備 **1 票**見證票數，並參加叢集資源的仲裁計算及具備下列優點：

❏ 透過 Microsoft Azure 擔任叢集的仲裁資源，可以為企業及組織省去建立第 3 座資料中心。

❏ Microsoft Azure 公有雲將會採用 Blob Storage 來存放仲裁資訊，而非使用 VM 虛擬主機。

❏ 同 1 個 Microsoft Azure 儲存體帳戶，可以支援**多個**容錯移轉叢集建立仲裁資源。

❏ Blob Storage 檔案內容只有當叢集節點狀態產生變化時，才會更新檔案內容。因此，使用 Microsoft Azure 儲存體帳戶存放仲裁資訊所花費的成本將非常低。

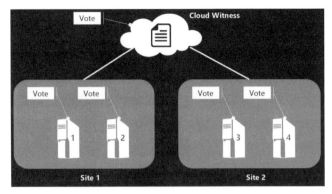

▌圖 5-78　雲端見證仲裁方式運作示意圖

※ *圖片來源：* MSDN Blogs – Introducing Cloud Witness in Windows Server 2016 Clustering and High-Availability

❖ 動態仲裁

同時，在 Windows Server **2012** 作業系統版本時，容錯移轉叢集運作架構中新增**動態仲裁**（Dynamic Quorum）投票機制特色功能，它可以避免因為叢集節點主機離線導致叢集發生癱瘓的問題（詳細資訊請參考 Windows Server 2012 R2 Evaluation Guide），動態仲裁具備下列功能特色：

❏ 當叢集節點主機離線時，叢集中的仲裁票數將會動態進行改變。

❏ 允許叢集中超過 50% 的叢集節點主機離線，也不會導致容錯移轉叢集發生癱瘓的情況。

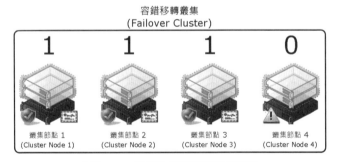

▌圖 5-79　動態仲裁運作架構示意圖

在 Windows Server **2012 R2** 作業系統版本中，更將本來動態仲裁的功能增強後更名為**動態見證**（Dynamic Witness），避免叢集節點主機離線、見證資源離線或失數……等叢集資源故障損壞，而導致容錯移轉叢集發生癱瘓的問題（詳細資訊請參考 Windows Server 2012 R2 Technical Overview），動態見證具備下列功能特色：

❏ 動態見證的叢集節點投票數，將會自動化進行動態調整以便簡化整體配置。

❏ 在以往的容錯移轉叢集當中，當叢集節點為**偶數**時必須要建置「仲裁（Quorum）或稱見證（Witness）」，而叢集節點為**奇數**時則無須建置。現在，不管叢集節點數量為何都**應該**要建置見證，當叢集節點為「偶數」時見證會得到 1 票，當叢集節點為**奇數**時見證則沒有投票權（也就是 0 票）。同時，管理人員可以隨時使用 PowerShell 指令（Get-Cluster）. WitnessDynamicWeight 指令，查看見證的投票數情況（0 沒有票、1 有票）。

❏ 當見證資源發生「離線」（Offline）或「失敗」（Failed）的故障情況時，將會喪失投票權（也就是 0 票）。此運作機制設計的原因在於，降低以往容錯移轉叢集對於見證資源的過度依賴，避免因為見證資源發生失敗進而影響到容錯移轉叢集的穩定性。

❏ 改善以往容錯移轉叢集環境中，主要及備用站台發生重大災難事件時，雖然其中一邊的站台可能擁有 50% 的票數，但卻導致容錯移轉叢集環境發生「腦裂」（Split-Brain）情況的困擾。

│ 圖 5-80　查看叢集節點主機投票數資訊

本書實作至此，目前運作中的 S2D 叢集運作架構仍尚未組態設定仲裁方式，我們可以依照不同的環境需求手動調整採用上述不同的仲裁方式。值得注意的是，在 S2D 叢集運作架構中僅支援**檔案共用見證、雲端見證**這 2 種仲裁見證方式，那麼接下來將實作這 2 種仲裁見證的組態設定，IT 管理人員只要依照運作環境需求擇一即可。

❖ 選項 1：採用檔案共用見證

檔案共用見證與磁碟見證最大的不同點在於，檔案共用見證並不會儲存叢集資料庫的複本，只會把叢集維護資訊儲存在 witness.log 檔案當中（詳細資訊請參考 Failover Clustering and Network Load Balancing Team Blog – Configuring a File Share Witness on a Scale-Out File Server）。同時，在規劃檔案共用見證時應注意下列事項：

❏ 每個叢集維護資訊至少要有 **5MB** 的可用儲存空間。

❏ 檔案共用資源應僅限於儲存叢集資訊，而不該儲存其它使用者或應用程式資料。

❏ 必須允許叢集電腦帳戶具備寫入該檔案共用資源的權限。

❏ 單一檔案伺服器允許儲存**多個**容錯移轉叢集的檔案共用見證。

❏ 擔任檔案共用見證叢集資源的檔案伺服器，應該與正式運作的叢集節點主機在不同的站台。並且只要不與正式運作在同一叢集上，那麼檔案伺服器可以在 VM 虛擬主機中運作。

❏ 考量檔案共用見證的高可用性，可以在獨立的容錯移轉叢集上組態設定檔案伺服器提供檔案共用見證資源。

❏ 當檔案共用見證儲存於 SOFS 高可用性架構時，請**取消勾選**啟用持續可用性（Enable continuous availability）功能項目。

為快速實作檔案共用見證，在本書實作環境未額外建立檔案伺服器，直接在 DC 網域控制站主機開啟檔案共用資源。當然，在實務環境上建議一定要建立獨立且專用的檔案伺服器，來專門存放容錯移轉叢集資源的見證資訊。

切換到 DC 網域控制站主機伺服器管理員視窗中，依序點選「檔案和存放服務→共用→工作→新增共用→ SMB 共用 - 應用程式」，本書實作環境建立的共用名稱為 **\\DC\Witness**。

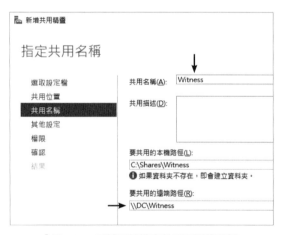

▎**圖 5-81　屆時用於檔案共用見證的路徑**

在資料夾權限的部分，請給予容錯移轉叢集電腦帳戶（本書實作環境叢集電腦帳戶名稱為 **wsfc**），至少具備**修改**的權限。

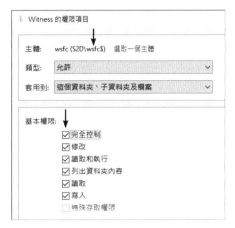

▌圖 5-82　組態設定叢集電腦帳戶權限

　　檔案共用權限組態設定完成後，便可以切換回 S2D 容錯移轉叢集管理員視窗中，依序點選「wsfc.s2d.weithenn.org→其他動作→設定叢集仲裁設定→選取仲裁見證→設定檔案共用見證」，在設定檔案共用見證視窗中於檔案共用路徑，鍵入剛才所建立的 **\\dc\witness** 檔案共用路徑，即可建立檔案共用見證。

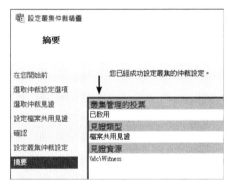

▌圖 5-83　組態設定檔案共用見證

　　也可以按下**檢視報告**鈕，確認組態設定檔案共用見證是否順利完成。確認檔案共用見證順利建立後，按下完成鈕結束檔案共用見證組態設定作業。

圖 5-84　確認組態設定檔案共用見證是否順利完成

完成檔案共用見證組態設定的動作後，可以看到在容錯移轉叢集管理員視窗中叢集摘要中的見證欄位，由先前的「無」變更為**檔案共用見證**，並且在叢集核心資源多出「檔案共用見證」項目。

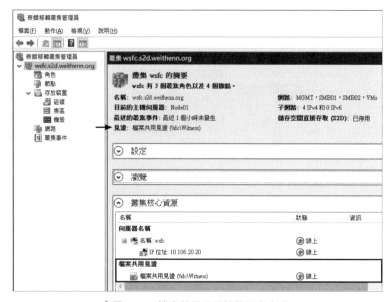

圖 5-85　檔案共用見證組態設定完成

接著，切換到「節點」項目可以看到先前叢集透過動態仲裁運作機制，有 1 台 S2D 叢集節點主機的票數為 **0**。現在，檔案共用見證機制建立完成後，所有的 S2D 叢集節點主機票數皆為 **1**。

┃ 圖 5-86　所有的 S2D 叢集節點主機票數皆為 1

最後，切換到存放檔案共用見證機制的資料夾中，可以看到系統自動建立資料夾以及 Witness.log 檔案。

┃ 圖 5-87　檔案共用見證機制自動建立資料夾及 Witness.log 檔案

❖ 選項 2：採用雲端見證

當 S2D 叢集中所有的叢集節點主機倘若都能夠存取網際網路時，則可以使用「雲端見證」（Cloud Witness）機制。當然，倘若運作環境中 S2D 叢集節點主機「無法」存取網際網路時，則請採用剛才實作的檔案共用見證即可（詳細資訊請參考 Microsoft Docs – Deploy a Cloud Witness for a Failover Cluster）。下列為規劃雲端見證時的注意事項：

❑ 容錯移轉叢集並不會儲存產生的存取金鑰，而是產生安全的 SAS（Shared Access Security）權杖。

❑ 雲端見證採用 HTTPs REST 方式，在 S2D 叢集節點主機及 Azure 儲存體帳戶之間進行溝通。因此，請確保 S2D 叢集節點主機防火牆規則允許 **HTTPs（Port 443）**網路流量通過，

企業及組織的硬體防火牆或 Proxy 代理伺服器也必須確保 HTTPs（Port 443）網路流量通過。

在開始使用 Microsoft Azure 公有雲資源之前，可以透過 Microsoft Azure Speed Test 網站（ **URL** http://azurespeedtest.azurewebsites.net），確認企業及組織內 S2D 叢集節點主機存取網際網路的連線頻寬，與 Microsoft Azure 全球資料中心之間哪個區域的資料中心距離最近，以便屆時能夠獲得最低的網路延遲時間。

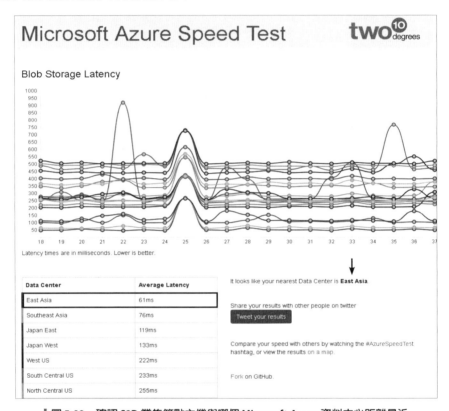

圖 5-88　確認 S2D 叢集節點主機與哪個 Microsoft Azure 資料中心距離最近

建立雲端見證機制必須要先建立 **Microsoft Azure 儲存體帳戶**，請登入 Microsoft Azure Portal 後，依序點選「新增 → Storage → Storage account」項目，在建立儲存體帳戶視窗中依序填入或選擇相關項目：

❏ **名稱**：s2dwsfcwitness。

❏ **部署模型**：Resource manager。

❏ **帳戶種類**：一般用途。

❑ **效能**：標準。

❑ **複寫**：本地備援儲存體（LRS）。

❑ **資源群組**：Asia-East-RG。

❑ **位置**：東亞。

▌圖 5-89　建立雲端見證用途的 Microsoft Azure 儲存體帳戶

　　順利建立 Microsoft Azure 儲存體帳戶之後，系統便會自動產生 **2 把金鑰**分別是「主要及次要」（Key1、Key2）存取金鑰。因為我們是首次設定雲端見證，所以稍後在設定雲端見證

時將會採用**主要存取金鑰**（Primary Access Key）。請按下 Key1 存取金鑰的複製鈕以便複製內容，稍後建立雲端見證時將會使用到。

▋圖 5-90　複製 Key1 存取金鑰內容

　　接著，切換回內部的容錯移轉叢集環境中開啟容錯移轉叢集管理員，依序點選「wsfc.s2d. weithenn.org →其他動作→設定叢集仲裁設定→選取仲裁見證→設定雲端見證」，在設定雲端見證視窗中，請填入 Microsoft Azure 儲存體帳戶名稱此實作環境為 **s2dwsfcwitness**，然後填入 Azure 儲存體帳戶的主要存取金鑰（Key1）內容，而 Azure 服務端點則採用預設的 core. windows.net 即可。

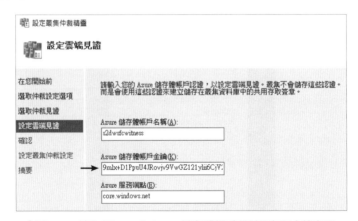

▋圖 5-91　填入 Microsoft Azure 儲存體帳戶名稱及存取金鑰資訊

　　成功建立雲端見證機制後可以按下「檢視報告」鈕，再次確認組態設定雲端見證的動作是否順利完成。確認雲端見證順利建立後，按下完成鈕結束雲端見證組態設定作業。

圖 5-92　確認組態設定雲端見證的動作是否順利完成

完成雲端見證組態設定的動作後，可以看到在容錯移轉叢集管理員視窗中叢集摘要內的見證欄位，由先前的「無」變更為**雲端見證**，並且在叢集核心資源多出「雲端見證」項目。

圖 5-93　雲端見證組態設定完成

　　同樣的，切換到「節點」項目可以看到先前叢集透過動態仲裁運作機制，有 1 台 S2D 叢集節點主機的票數為 **0**。現在，雲端見證機制建立完成後所有的 S2D 叢集節點主機票數皆為 **1**。此外，當雲端見證機制建立完成後，在 Microsoft Azure 儲存體帳戶中將會產生名稱為 **msft-cloud-witness** 的容器，並且在該容器內會產生 **1 筆**唯一識別碼 ID 記錄同時可以看到該筆記錄的 Blob 檔案大小。倘若，在同一個 Microsoft Azure 儲存體帳戶為多個容錯移轉叢集建立雲端見證時，便會在 msft-cloud-witness 容器中看到「多筆」唯一識別碼 ID 記錄。

▌圖 5-94　雲端見證機制建立後，自動產生 msft-cloud-witness 容器及區塊 Blob 檔案

5.4.7　啟用 Storage Spaces Direct 機制

　　確認 S2D 叢集運作無誤並且相關系統組態微調作業完成後，在啟用 Storage Spaces Direct 機制之前，我們再次使用 PowerShell 指令 Get-StorageSubSystem *Cluster* 查看 S2D 叢集的健康狀態，以及透過（Get-StorageSubSystem -Name *wsfc* | Get-PhysicalDisk）.Count 指令，確認 S2D 叢集現有的儲存裝置數量，是否為所有 S2D 叢集節點主機的儲存裝置加總數量。

　　接著，再以 PowerShell 的 Get-PhysicalDisk | Group -Property BusType, MediaType -NoElement | sort -Property Count 指令，確認儲存裝置的類型及數量。在本書環境中，S2D 叢集中共有 **4 台** S2D 叢集節點主機，每台 S2D 叢集節點主機配置 4 個 SSD 固態硬碟 12 個 HDD 機械式硬碟，因此 S2D 叢集總共擁有 **16 個** SSD 固態硬碟 **48 個** HDD 機械式硬碟，儲存裝置總數量正確無誤。

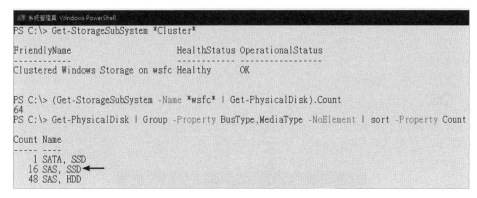

│ 圖 5-95　確認 S2D 叢集儲存裝置的類型及數量是否正確

　　當然，你也可以直接切換到容錯移轉叢集管理員視窗後，依序點選「存放裝置→機殼」
項目後，便可以看到 S2D 叢集中所有的 S2D 叢集節點主機，並且可以看到每台 S2D 叢集節
點主機中的所有硬碟。

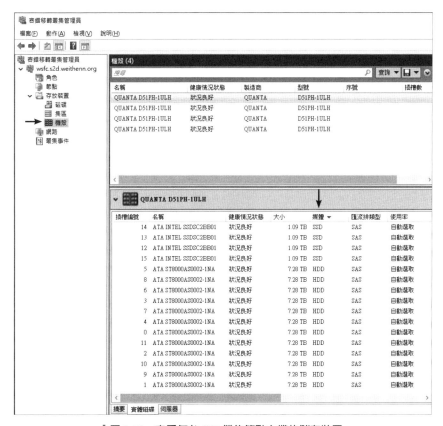

│ 圖 5-96　查看每台 S2D 叢集節點主機的儲存裝置

　　所有 S2D 前置作業及運作環境都確認無誤後，便可以執行 PowerShell 指令 Enable-ClusterStorageSpacesDirect 或 Enable-ClusterS2D 啟用 Storage Spaces Direct 機制。其實，這個動作就是設定 S2D 容錯移轉叢集啟用 **Software Storage Bus** 特色功能。

> **說明**
>
> 在 Windows Server 2016 TP2 版本時，啟用 Storage Spaces Direct 機制的指令為（Get-Cluster）.DASModeEnabled=1。

▍圖 5-97　啟用 Storage Spaces Direct 機制

　　在啟用 Storage Spaces Direct 機制的過程中，會再次詢問是否要「啟用叢集儲存空間直接存取」功能，請鍵入預設值 Y 或 A 即可。當啟用 Storage Spaces Direct 機制的動作執行完成後，將會顯示啟用 S2D 機制報表的路徑。

▍圖 5-98　順利啟用 Storage Spaces Direct 機制

　　查看啟用 S2D 機制報表的內容，可以看到此次啟用 S2D 機制的 S2D 叢集節點主機有哪些，以及哪些儲存裝置加入 S2D 的 Storage Pool 儲存資源內，並且哪些磁碟已經用於快取（例如：SSD 固態硬碟）。

▌圖 5-99　查看啓用 S2D 機制報表內容

順利啟用 S2D 機制後，可以執行 PowerShell 指令 Get-StoragePool *wsfc*，確認目前 S2D Storage Pool 儲存資源的運作狀態。

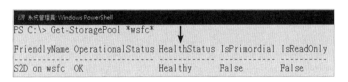

▌圖 5-100　查看 S2D Storage Pool 儲存資源的運作狀態

當然，此時也可以切換到容錯移轉叢集管理員視窗後，依序點選**存放裝置→集區→摘要**查看 S2D Storage Pool 儲存資源的詳細資訊，例如：健康狀態、可用空間、已使用空間……等。

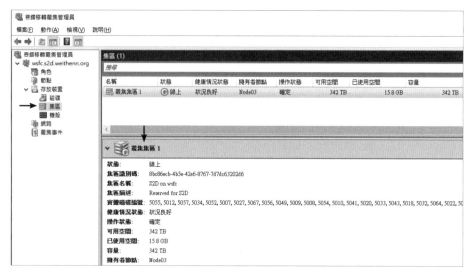

▌ 圖 5-101　查看 S2D Storage Pool 儲存資源的詳細資訊

　　點選集區項目內下方的**虛擬磁碟**頁籤時，因為我們尚未建立任何「虛擬磁碟」（Virtual Disk），所以會發現沒有任何虛擬磁碟。當你點選集區項目內下方的**實體磁碟**頁籤後，可以看到加入此 S2D Storage Pool 儲存資源中的所有儲存裝置，同時快取裝置（SSD 固態硬碟）的配置欄位為**日誌**（Journal）。

> **說明**
>
> 　　預設情況下，順利啟用 Storage Spaces Direct 機制後，被 S2D 叢集辨別為快取磁碟的儲存裝置，將會建立一個 **32GB** 的特殊分割區，其餘可用空間則成為 S2D 機制當中的 SBC 快取空間，此 32GB 的分割區便是用來儲存，Storage Pool 及屆時所建立磁碟區的「中繼資料」（Metadata）。

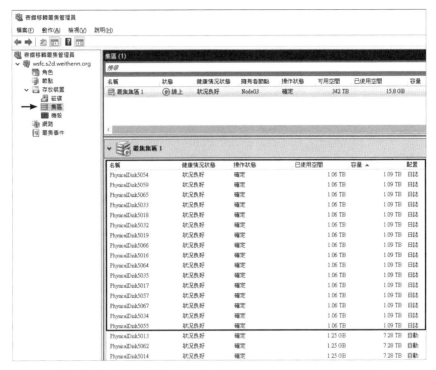

圖 5-102　查看 S2D Storage Pool 儲存資源內實體磁碟的詳細資訊

5.4.8　建立三向鏡像磁碟區

在建立各種類型的磁碟區之前，讓我們快速回憶一下 S2D 支援的各種容錯機制、儲存效率、容錯網域等需求資訊（詳細資訊請參考《3.4、容錯及儲存效率》小節）：

表 5-3　不同磁碟區復原類型環境需求差異表

復原類型	容錯元件	容錯網域	儲存效率
雙向鏡像	1	2	50%
三向鏡像	2	3	33.3%
單同位	1	3	66.7% ~ 87.5%
雙同位	2	4	50% ~ 80%
混合式	2	4	33.3% ~ 80%

首先，我們建立具備資料高可用性且儲存效能最佳的**三向鏡像**（3-Way Mirror）磁碟區，在建立之前我們可以看到目前 S2D Storage Pool 內，儲存空間總容量為「350TB」可用空間為「350TB」已使用空間為「15.8GB」。

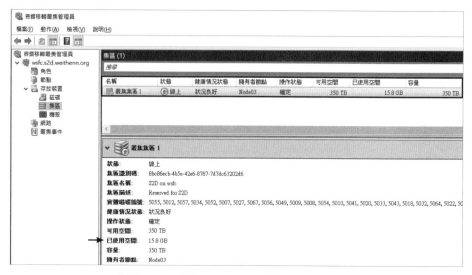

┃ 圖 5-103　目前 Storage Pool 儲存資源使用情況

請執行 PowerShell 指令 New-Volume -FriendlyName "3Way-Mirror" -FileSystem CSVFS_ReFS -StoragePoolFriendlyName S2D* -Size 1TB -ResiliencySettingName Mirror，建立 1 個名稱為 **3Way-Mirror** 採用 **ReFS** 檔案系統並且空間大小為 **1TB** 的磁碟區。

說明

因為 PowerShell 的 **New-Volume** 指令是採用「二進制」（Binary base-2），所以與一般習慣的「十進制」（Decimal base-10）會有所差異。

┃ 圖 5-104　建立三向鏡像磁碟區

建立完成後，切換回容錯移轉叢集管理員視窗依序點選**存放裝置→集區→摘要**，再次查看 S2D Storage Pool 儲存資源的詳細資訊，可以看到儲存空間總容量為「350TB」可用空間降低為 **347TB** 已使用空間升高為 **3.02TB**。

說明

還記得嗎？三向鏡像建立 **1TB** 的磁碟區時，底層需要 **3TB** 的實體儲存空間才行，所以儲存效率為 **33.3%**。

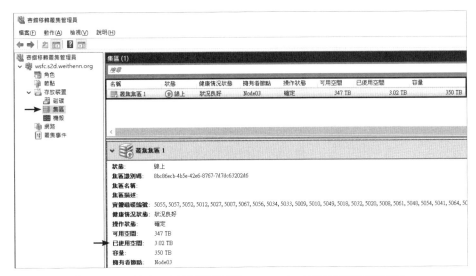

▌圖 5-105 建立三向鏡像磁碟區後 Storage Pool 儲存資源的詳細資訊

當然，你可以點選**存放裝置→磁碟**項目，查看此三向鏡像磁碟區的詳細資訊。

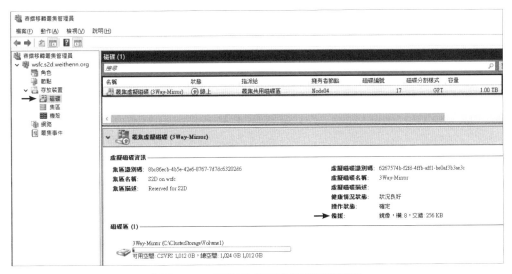

▌圖 5-106 查看三向鏡像磁碟區的詳細資訊

5.4.9 建立雙同位磁碟區

接著，我們建立具備資料高可用性且儲存效率佳的**雙同位**（Dual Parity）磁碟區，目前 S2D Storage Pool 儲存資源內，儲存空間總容量為「350TB」可用空間為「347TB」已使用空間為「3.02TB」。

請執行 PowerShell 指令 New-Volume -FriendlyName "Dual-Parity" -FileSystem CSVFS_ ReFS -StoragePoolFriendlyName S2D* -Size 1TB -ResiliencySettingName Parity，建立 1 個名稱為 **Dual-Parity** 採用 **ReFS** 檔案系統並且空間大小為 **1TB** 的磁碟區。

│ 圖 5-107　建立雙同位磁碟區

建立完成後，切換回容錯移轉叢集管理員視窗依序點選**存放裝置→集區→摘要**，再次查看 S2D Storage Pool 儲存資源的詳細資訊，可以看到儲存空間總容量為「350TB」可用空間降低至 **345TB** 已使用空間升高為 **5.02TB**。

（說明）

　　雙同位的儲存效率為 50%～80%，在目前 S2D 叢集中只有 4 台 S2D 叢集節點主機，所以建立 1TB 的磁碟區時底層需要 2TB 的實體儲存空間儲存效率為 50%。

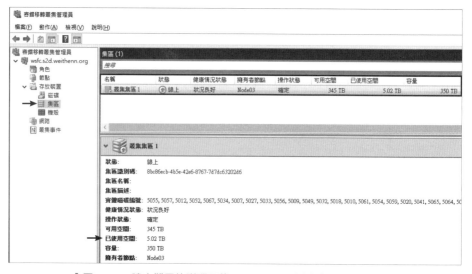

│ 圖 5-108　建立雙同位磁碟區後 Storage Pool 儲存資源的詳細資訊

當然，你可以點選**存放裝置→磁碟**項目，查看此雙同位磁碟區的詳細資訊。

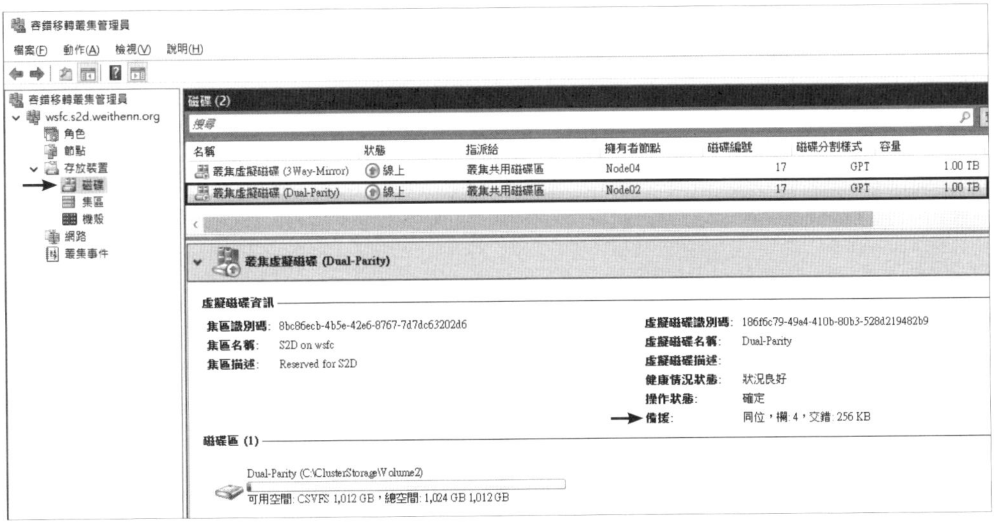

圖 5-109　查看雙同位磁碟區的詳細資訊

5.4.10　建立雙向鏡像磁碟區

接著，我們建立具備資料可用性且儲存效能佳的**雙向鏡像**（2-Way Mirror）磁碟區，目前 S2D Storage Pool 儲存資源內，儲存空間總容量為「350TB」可用空間為「345TB」已使用空間為「5.02TB」。

> **說明**
>
> 考量資料高可用性，除非 S2D 叢集中只有 **2 台** S2D 叢集節點主機，才建立雙向鏡像磁碟區。否則，微軟官方建議一律採用「三向鏡像」或「雙同位」容錯機制比較適當。

請執行 PowerShell 指令 New-Volume -FriendlyName "2Way-Mirror" -FileSystem CSVFS_ReFS -StoragePoolFriendlyName S2D* -Size 1TB -ResiliencySettingName Mirror -PhysicalDiskRedundancy 1，建立 1 個名稱為 **2Way-Mirror** 採用 **ReFS** 檔案系統並且空間大小為 **1TB** 的磁碟區。

圖 5-110　建立雙向鏡像磁碟區

建立完成後，切換回容錯移轉叢集管理員視窗依序點選**存放裝置→集區→摘要**，再次查看 S2D Storage Pool 儲存資源的詳細資訊，可以看到儲存空間總容量為「350TB」可用空間降低至 **343TB** 已使用空間升高為 **7.02TB**。

 說明

雙向鏡像建立 1TB 的磁碟區時，底層需要 2TB 的實體儲存空間才行，所以儲存效率為 50%。

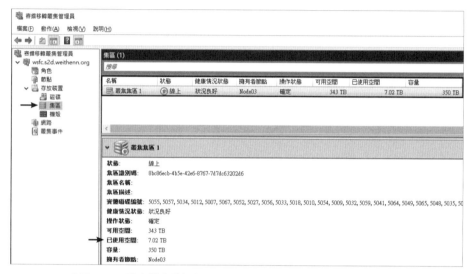

▌圖 5-111　建立雙向鏡像磁碟區後 Storage Pool 儲存資源的詳細資訊

當然，你可以點選**存放裝置→磁碟**項目，查看此雙向鏡像磁碟區的詳細資訊。

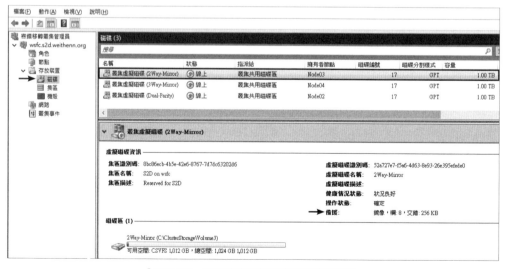

▌圖 5-112　查看雙向鏡像磁碟區的詳細資訊

5.4.11　建立單同位磁碟區

接著，我們建立具備資料可用性且儲存效率佳的**單同位**（Single Parity）磁碟區，目前 S2D Storage Pool 儲存資源內，儲存空間總容量為「350TB」可用空間為「343TB」已使用空間為「7.02TB」。

> **說明**
>
> 考量資料高可用性，當 S2D 叢集中只有「3 台」S2D 叢集節點主機時，微軟官方建議採用「三向鏡像」容錯機制而非單同位，倘若 S2D 叢集中有「4 台」S2D 叢集節點主機時，建議採用「雙同位」或「三向鏡像」容錯機制比較適當。

請 執 行 PowerShell 指 令 New-Volume –FriendlyName "Single-Parity" –FileSystem CSVFS_ReFS –StoragePoolFriendlyName S2D* –Size 1TB –ResiliencySettingName Parity –PhysicalDiskRedundancy 1，建立 1 個名稱為 **Single-Parity** 採用 **ReFS** 檔案系統並且空間大小為 **1TB** 的磁碟區。

│ **圖 5-113　建立單同位磁碟區**

建立完成後，切換回容錯移轉叢集管理員視窗依序點選**存放裝置→集區→摘要**，再次查看 S2D Storage Pool 儲存資源的詳細資訊，可以看到儲存空間總容量為「350TB」可用空間降低為 **341TB** 已使用空間升高為 **8.52TB**。

> **說明**
>
> 單同位的儲存效率為 66.7% ~ 87.5%，在目前 S2D 叢集中只有 4 台 S2D 叢集節點主機，所以建立 1TB 的磁碟區時底層需要 1.5TB 的實體儲存空間儲存效率為 66.7%。

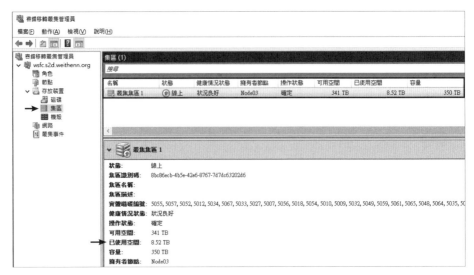

圖 5-114　建立單同位磁碟區後 Storage Pool 儲存資源的詳細資訊

當然，你可以點選**存放裝置**→**磁碟**項目，查看此單同位磁碟區的詳細資訊。

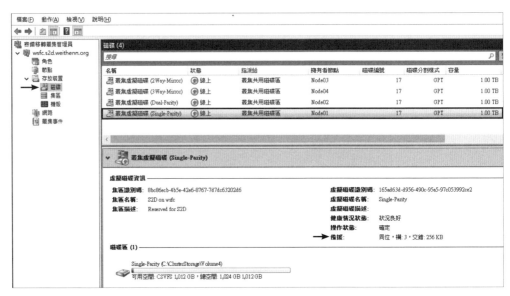

圖 5-115　查看單同位磁碟區的詳細資訊

5.4.12 建立混合式磁碟區

最後，我們建立具備資料高可用性且儲存效能及效率佳的**混合式復原**（Mixed Resiliency）磁碟區，目前 S2D Storage Pool 儲存資源內，儲存空間總容量為「350TB」可用空間為「341TB」已使用空間為「8.52TB」。

請執行 PowerShell 指令 `New-Volume -FriendlyName "Mix" -FileSystem CSVFS_ReFS -StoragePoolFriendlyName S2D* -StorageTierFriendlyNames Performance, Capacity -StorageTierSizes 300GB, 700GB`，建立 1 個名稱為 **Mix** 採用 **ReFS** 檔案系統並且空間大小為 **1TB（其中 300GB 為快取空間 700GB 為儲存空間）**的磁碟區。

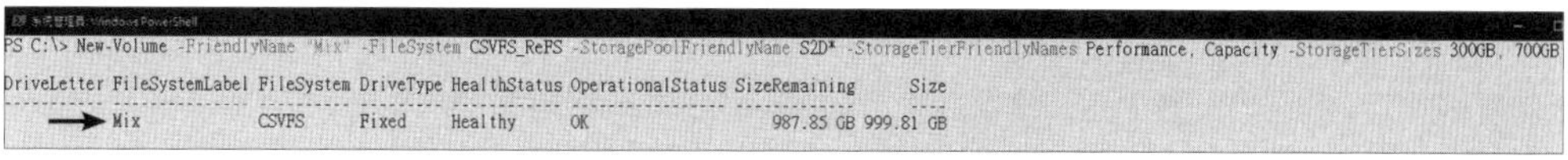

```
PS C:\> New-Volume -FriendlyName "Mix" -FileSystem CSVFS_ReFS -StoragePoolFriendlyName S2D* -StorageTierFriendlyNames Performance, Capacity -StorageTierSizes 300GB, 700GB

DriveLetter FileSystemLabel FileSystem DriveType HealthStatus OperationalStatus SizeRemaining      Size
----------- --------------- ---------- --------- ------------ ----------------- -------------      ----
            Mix             CSVFS      Fixed     Healthy      OK                    987.85 GB 999.81 GB
```

圖 5-116　建立混合式復原磁碟區

建立完成後，切換回容錯移轉叢集管理員視窗依序點選**存放裝置→集區→摘要**，再次查看 S2D Storage Pool 儲存資源的詳細資訊，可以看到儲存空間總容量為「350TB」可用空間降低至 **340TB** 已使用空間升高為 **9.89TB**。

說明

雖然混合式復原的儲存效率為 33.3% ~ 80%，在目前 S2D 叢集中只有 4 台 S2D 叢集節點主機，所以建立 1TB 的磁碟區時其中 300GB 快取空間將會建立三向鏡像，而 700GB 儲存空間將會建立雙同位，然而快取空間並不會直接消耗 Storage Pool 的可用空間，所以 700GB 儲存空間雙同位的儲存效率為 50%，因此消耗 Storage Pool 約 1.4TB 的可用空間。

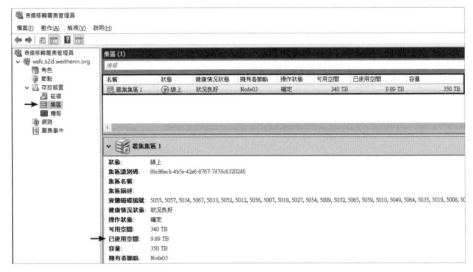

圖 5-117　建立混合式復原磁碟區後 Storage Pool 儲存資源的詳細資訊

當然，你可以點選**存放裝置**→**磁碟**項目，查看此混合式復原磁碟區的詳細資訊。

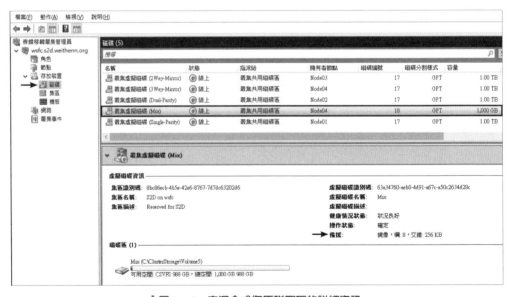

圖 5-118　查混合式復原磁碟區的詳細資訊

最後，因為 S2D 叢集所建立的磁碟區預設名稱為**叢集虛擬磁碟 + <FriendlyName>**，建議可以調整磁碟區的名稱以利識別，請點選磁碟區後在右鍵選單中選擇「屬性」即可修改名稱。舉例來說，我們可以修改每個磁碟區名稱搭配實際的 Volume 路徑以利識別。

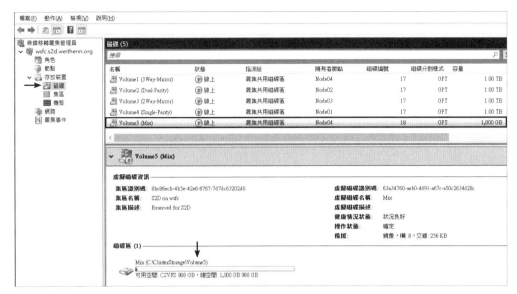

▌圖 5-119　修改磁碟區名稱以利識別

現在，我們總共在 S2D 叢集中建立 5 種不同「容錯機制 / 儲存效率 / 容錯網域」需求的磁碟區，IT 管理人員除了可以透過容錯移轉叢集管理員點選**存放裝置→磁碟**項目，查看 S2D 叢集中所有磁碟區的資訊之外，也可以透過 PowerShell 指令 Get-VirtualDisk，快速查看 S2D 叢集中所有磁碟區的資訊。

```
系統管理員: Windows PowerShell
PS C:\> Get-VirtualDisk

FriendlyName   ResiliencySettingName OperationalStatus HealthStatus IsManualAttach   Size
------------   --------------------- ----------------- ------------ --------------   ----
Single-Parity  Parity                OK                Healthy      True             1 TB
Dual-Parity    Parity                OK                Healthy      True             1 TB
2Way-Mirror    Mirror                OK                Healthy      True             1 TB
3Way-Mirror    Mirror                OK                Healthy      True             1 TB
Mix                                  OK                Healthy      True           1000 GB
```

▌圖 5-120　查看 S2D 叢集中所有磁碟區的資訊

倘若，在你所管理的 S2D 叢集中有建立多個混合式復原磁碟區，隨著時間的流逝有可能忘記當初建立混合式復原磁碟區時，採用的快取磁碟及儲存磁碟空間的比例。此時，可以透過 PowerShell 指令 Get-VirtualDisk "Mix" | Get-StorageTier |% { add-member -InputObject $_ -PassThru -NotePropertyName SizeGB -NotePropertyValue $ ($_.size/1GB) } | ft FriendlyName,ResiliencySettingName,MediaType,PhysicalDiskRedundancy,NumberOfColumns,SizeGB，即可快速列出指定的混合式復原磁碟區採用的快取磁碟及儲存磁碟的儲存空間。

```
PS C:\> Get-VirtualDisk 'Mix' | Get-StorageTier |%{ add-member -InputObject $_ -PassThru -NotePropertyName SizeGB -NotePropertyValue $($_.size/1GB) } | ft FriendlyName,ResiliencySett
ingName,MediaType,PhysicalDiskRedundancy,NumberOfColumns,SizeGB

FriendlyName     ResiliencySettingName MediaType PhysicalDiskRedundancy NumberOfColumns SizeGB
------------     --------------------- --------- ---------------------- --------------- ------
Mix_Capacity     Parity                HDD                            2               4    700
Mix_Performance  Mirror                HDD                            2               8    300
```

▌ 圖 5-121　列出指定的混合式復原磁碟區採用的快取磁碟及儲存磁碟的儲存空間

5.5 部署 VM 虛擬主機

現在，IT 管理人員可以開始在 S2D 叢集中的磁碟區運作各項工作負載，例如：VM 虛擬主機。舉例來說，只要在容錯移轉叢集管理員視窗中，依序點選**角色→虛擬機器→新增虛擬機器**項目，然後選擇要將此台新增的 VM 虛擬主機擺放在哪台 S2D 叢集節點主機上運作，系統將會自動彈出新增虛擬機器精靈視窗。

此時，便與過往採用 Hyper-V 管理員新增 VM 虛擬主機的流程相同，值得注意的是在建立 VM 虛擬主機的過程中，應該要將 VM 虛擬主機的儲存資源指向至剛才所建立的 S2D 磁碟區，例如：C:\ClusterStorage\Volume2。

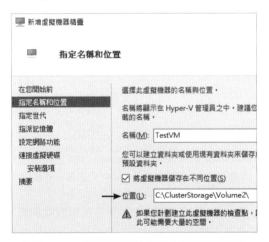

▌ 圖 5-122　指定新增 VM 虛擬主機的儲存資源

請注意，由於本書實作環境為 S2D 叢集的**超融合**部署架構，所以應該要將 VM 虛擬主機的儲存資源，部署於**叢集共用磁碟區**（Cluster Shared Volumes，CSV）當中，也就是上一小節所建立的 S2D 磁碟區當中。

▌圖 5-123　S2D 超融合部署架構 VM 虛擬主機應存放於 CSV 儲存資源中

倘若，實作環境為 S2D 叢集的**融合式**部署架構時，那麼 S2D 叢集應該要新增**向外延展檔案伺服器**（Scale-Out File Server，SOFS）高可用性角色，並且屆時的 Hyper-V 叢集節點主機將透過 **SOFS UNC path** 的方式，將 VM 虛擬主機的儲存資源指向至 SOFS 儲存資源中。

說明

SOFS 儲存資源權限組態設定的部分，在使用者及群組帳號方面應該允許「Domain Admins」，以及每台 Hyper-V 叢集節點主機的 **Administrator**，以及電腦帳戶方面應該允許 **Hyper-V 叢集**、**Hyper-V 叢集節點主機**擁有完全控制的權限。

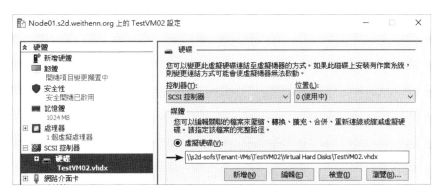

▌圖 5-124　S2D 融合式部署架構 VM 虛擬主機應存放於 SOFS 儲存資源中

5.6 Storage Pool 最佳化

透過上述實際練習後，相信你已經了解如何在 S2D 叢集中建立各種「容錯機制／儲存效率／容錯網域」需求的磁碟區，並且進行 VM 虛擬主機及其它工作負載的部署作業。同時，根據微軟官方的最佳建議作法，建議所建立的磁碟區數量應該要與 S2D 叢集節點主機的數量成**正比**，舉例來說，S2D 叢集中有 **4 台** S2D 叢集節點主機時，那麼應該建立 **8 個**磁碟區而非建立「7 個或 9 個」磁碟區。

在 S2D 叢集中所建立的磁碟區儲存容量可高達 **32TB**。值得注意的是，倘若是採用 VSS（Volume Shadow Copy）或 Volsnap software provider 針對磁碟區進行備份，或是用於一般檔案伺服器的工作負載時，考量儲存效能及可靠性建議磁碟區不要超過 **10TB** 比較適當。當然，若是用 Hyper-V RCT API、ReFS Block Cloning、Native SQL backup API 機制的磁碟區，則使用最大 32TB 磁碟區儲存容量則是沒有任何問題的。

雖然，S2D 叢集的儲存空間演算法，會盡量平均分散所有資料量到 S2D 叢集中所有 S2D 叢集節點主機內，然而隨著時間的推移資料不斷進行新增、修改、刪除……等作業，同時實體硬碟也有可能發生故障損壞事件後進行更換……等，這些情況都會導致 S2D 叢集儲存資源中資料擺放的不平均。

因此，建議 IT 管理人員可以為 S2D Storage Pool 儲存資源進行**最佳化**（Optimize）的動作。請執行 PowerShell 指令 Get-StoragePool S2D* | Optimize-StoragePool 即可。

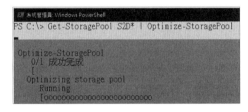

▌圖 5-125　執行最佳化 S2D Storage Pool 儲存資源的動作

倘若，IT 管理人員希望了解目前最佳化 S2D Storage Pool 儲存資源的進度時，請開啟另 1 個 PowerShell 視窗並執行 Get-StorageJob 指令，或執行 Get-StorageSubSystem Cluster* | Get-StorageHealthAction 指令，即可查看目前最佳化 S2D Storage Pool 儲存資源的執行進度。

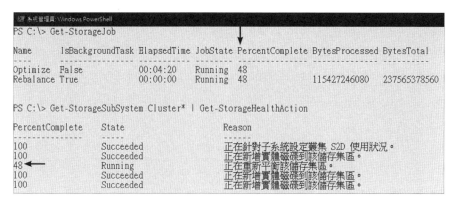

圖 5-126 查看目前最佳化 S2D Storage Pool 儲存資源的執行進度

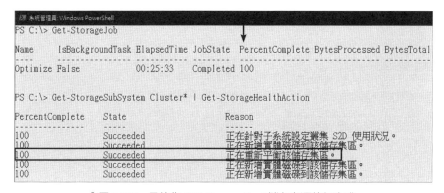

圖 5-127 最佳化 S2D Storage Pool 儲存資源執行完成

06
CHAPTER

S2D 效能測試

6.1 什麼是 IOPS ？

業界在評論儲存效能時，通常會以 **IOPS**（Input/Output Operations Per Second）儲存效能數值表現。事實上，當 x86 伺服器配置不同的硬碟種類（SATA、NL-SAS、SAS、SSD / NVMe）、轉速（7200、10,000、15,000）RPM……等，屆時都會影響整體的 IOPS 儲存效能。

> **說明**
>
> 當然，S2D 叢集建立不同類型的磁碟區時，由於採用不同的容錯機制所以也會造成不同的 IOPS 儲存效能結果。

簡單來說，IOPS 便是總合了 Random Read / Write 以及 Sequential Read / Write 的整體表現，如圖 6-1 所示便是 2 種不同的資料讀寫行為示意圖。

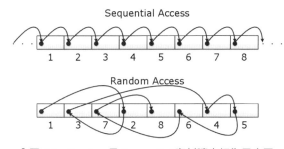

▍圖 6-1　Random 及 Sequential 資料讀寫行為示意圖

過去在傳統規劃上，盡量購買轉速越高且傳輸介面越快的硬碟為佳，例如：SAS 介面 15,000 RPM 硬碟，或購買新興的 NVMe 快閃儲存及 SSD 固態硬碟。然而，常常會陷入**效能**（Performance）及**儲存容量**（Capacity）上的兩難局面，舉例來說，7,200 RPM SATA3（Serial ATA）的主流硬碟，目前在主流空間容量上已經可以達到 6 ~ 8 TB 空間大小，並且在價格上也通常令人感到滿意，但是在 IOPS 儲存效能表現方面大約 **75 ~ 100** 左右。

> **說明**
>
> 市場上，WD 已經在 2016 年推出 12 TB 硬碟，而 Seagate 也在 2017 年 3 月推出 12 TB 儲存空間的企業級氦氣硬碟，同時 Seagate CEO 同步宣佈將在未來 18 個月內推出 14 TB 及 16 TB 儲存空間硬碟，並在 2020 年推出 20 TB 儲存空間硬碟。

至於 15,000 RPM SAS（Serial Attached SCSI）主流硬碟，在容量上為 600GB ～ 1.2TB 空間大小，雖然採購費用是 SATA 硬碟的好幾倍並且空間也小上許多，但是 IOPS 效能數值可達 **175 ～ 210** 左右。

說 明

　　市場上，有 1 種硬碟介面稱之為「NL-SAS」（Near Line SAS），其實那只是為了 x86 實體伺服器統一硬碟介面的作法之一，事實上 NL-SAS 硬碟的儲存效能幾乎等同於 SATA 硬碟。

至於新興的 NVMe 快閃儲存及 SSD 固態硬碟，雖然在 IOPS 儲存效能方面可以高達 2,000 ～ 300,000（甚至更高），同時價格雖然不如早期來得昂貴不可攀，並且各家市調機構紛紛預估在 2018 ～ 2020 年時，SSD 固態硬碟與 HDD 機械式硬碟**每 GB** 的價格將越來越接近，然而這個價格是指使用者等級而**非**企業等級的 SSD 固態硬碟，所以採購**企業等級**的 SSD 固態硬碟對於一般中小型企業來說還是一筆不小的預算負擔。

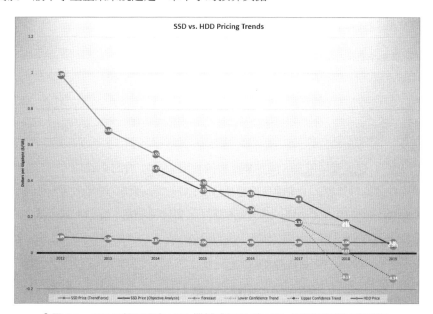

▌圖 6-2　SSD 固態硬碟與 HDD 機械式硬碟「每 GB」的價格將越來越接近

※ 圖片來源：PCWorld – Notebook hard drives are dead: How SSDs will dominate mobile PC storage by 2018

如表 6-1 所示，為目前市面上常見的儲存裝置及 IOPS 效能表現估算值，你可以透過下列方法進行初步的整體 IOPS 數值儲存效能估算：

▌表6-1　市面上常見的儲存裝置及 IOPS 效能表現估算值

硬碟轉速及介面	IOPS 數值
SSD（TLC / MLC / SLC）	2,000 ~ 300,000
15,000（FC / SAS）	175 ~ 210
10,000（FC / SAS）	125 ~ 150
7,200（SATA）	75 ~ 100
5,400（SATA）	50 ~ 60

　　同時，除了硬碟的類型及轉速影響 IOPS 效能數值之外，還有不同的磁碟陣列（Redundant Array of Independent Disks，RAID）模式，也會造成不同程度的**資料寫入**效能**處罰**（Penalty）需要考量。因為不同模式的 RAID 磁碟陣列會影響到整體 IOPS 效能數值，舉例來說，建立 RAID-5、RAID-6 磁碟陣列類型時，因為要進行「同位元檢查」（Parity Checking）所以雖然整體容量空間損失較少，但是帶來的影響則是在 IOPS Write I/O Penalty 較多。

▌表6-2　不同模式的 RAID 磁碟陣列會影響到整體 IOPS 效能數值

RAID 磁碟陣列類型	Write I/O Penalty
RAID 0	1
RAID 1 / 10	2
RAID 5	4
RAID 6	6

　　所以當採購的 1U 實體伺服器，配置 **8 顆** SAS 介面 15,000 RPM 的硬碟（假設單顆硬碟以 **195** 的 IOPS 數值進行估算），並選擇使用 RAID-10 磁碟陣列模式，至於資料的讀取及寫入狀況則採 **50% / 50%** 的方式估算，那麼這樣的 1 台實體伺服器，經過下列公式進行概算後將會得到 **1,040 IOPS** 的資料讀寫能力。

單顆 SAS 硬碟 IOPS

$$\frac{195 * 8\text{顆}}{0.5 + (0.5 * 2)} = 1,040$$

Read I/O　Write I/O Penalty

▌圖6-3　IOPS 簡易估算公式

　　當然，這樣的簡易估算公式只是初估數據，事實上並未包含其它快取機制在內，舉例來說，當磁碟陣列卡（RAID Card），加裝「快取」（RAID Card Memory）及「智慧型電池」（Battery Backup Unit，BBU）之後，通常就能開啟資料**寫入快取**（Write Cache with

BBU）機制，可以有效降低資料寫入效能處罰的影響。尤其，當寫入資料是「連續資料」（Sequential）時效果更加明顯，如圖 6-4 所示便是開啟寫入快取機制前後，針對隨機及連續資料所測得到資料存取 IOPS 數據。

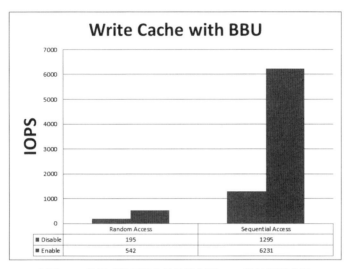

	Random Access	Sequential Access
■ Disable	195	1295
■ Enable	542	6231

▌圖 6-4　啓用或停用寫入快取機制後 IOPS 數值整體表現

6.2　儲存效能測試基礎概念

　　除了上一小節所討論的簡易估算 IOPS 儲存效能公式之外，是否有其它更具體更明確的方式可以評估儲存資源的效能表現？答案當然是肯定的，但是在開始進行儲存資源的效能測試之前，建議應該先了解企業及組織屆時所要運作的服務或應用程式，對於儲存資源的工作負載類型為何。

　　舉例來說，倘若屆時運作的服務為 Exchange 郵件伺服器，一般來說儲存效能的工作負載為 100% Random 存取類型，並且資料讀取及寫入的比例大約是 67% 及 33%，然而在進行儲存資源效能壓力測試時，卻採用 100% Sequential 存取類型，並且資料讀取及寫入的比例採用 90% 及 10% 方式進行壓力測試，可想而知這樣的儲存效能壓力測試結果便毫無意義。

　　簡單來說，企業或組織所會用到的服務或應用程式類型通常為 **Random I/O** 存取類型，然而不同的服務或應用程式類型會有不同的**區塊大小**（Block Size），以及資料在**讀取（Read）/ 寫入（Write）**的比重上也會不同。

此外，業界在表示儲存效能時，一般在表示 **Random I/O** 儲存效能數據時通常會採用 **IOPS** 來表示，至於 **Sequential I/O** 儲存效能數據的部份則會採用 **MBps** 來表示。下列為這 2 種不同的資料存取類型，在服務及應用程式和資料區塊大小上的差異：

❑ **Random I/O**：OLTP、Exchange、VDI……等服務，通常採用的 **Block Size** 相對較小，例如：**4～64KB**。一般來說 SSD 固態硬碟，最適合用來處理 Random IO 資料類型。

❑ **Sequential I/O**：Video Streaming、VMware Storage vMotion……等服務，通常採用的 **Block Size** 相對較大，例如：**512KB 或 1MB**。一般來說 SATA／NL-SAS／SAS 機械式硬碟，最適合用來處理 Sequential IO 資料類型。

 說明

倘若，發現有廠商使用 512 Bytes 進行儲存效能壓力測試，那麼這樣的儲存效能數據結果並不客觀，只是為了美化整體的儲存效能數據而已。

Application	Application I/O Workload Profile			
	Block Size in Bytes	Read/Write Percentage	Random/Sequential Percentage	I/O Performance Metric*
Web File Server	4KB, 8KB, 64KB	95%/5%	75%/25%	IOPS
Database Online Transaction Processing (OLTP)	8KB	70%/30%	100%/0%	IOPS
Exchange Email	4KB	67%/33%	100%/0%	IOPS
OS Drive	8KB	70%/30%	100%/0%	IOPS
Decision Support Systems (DSS)	1MB	100%/0%	100%/0%	IOPS
File Server	8KB	90%/10%	75%/25%	IOPS
Video on Demand	512KB	100%/0%	100%/0%	IOPS
Web Server Logging	8KB	0%/100%	0%/100%	MBPS
SQL Server Logging	64KB	0%/100%	0%/100%	MBPS
OS Paging	64KB	90%/10%	0%/100%	MBPS
Media Streaming	64KB	98%/2%	0%/100%	MBPS

*Metric measurements: IOPS = I/O operations per second   MBPS = Megabytes per second

▍圖 6-5　服務及應用程式資料存取類型匯整

※ 資料來源：Dell Technical White Paper – SSD vs HDD Price and Performance Study

❖ IO 儲存效能數據轉算公式

下列為進行儲存效能 IO 壓力測試時，在測試結果 IOPS 及 MBps 的數據轉換公式：

❑ IOPS = (MBps Throughput / KB per IO) * 1024

❑ MBps = (IOPS * KB per IO) / 1024

❑ Latency = Queue Depth / IOPS

此外，儲存裝置的**延遲時間**（Latency）及**佇列深度**（Queue Depth）也都會影響儲存效能，舉例來說，SATA 7,200 RPM 機械式硬碟的平均延遲時間，倘若**低於 10ms** 的話表示目前 HDD 機械式硬碟效能表現良好，倘若**超過 20ms** 的話則表示目前 HDD 機械式硬碟工作負載過重。下列為針對小型資料區塊（Small Block, 4KB / 8KB）及 Random IO 的儲存工作負載時，各種儲存裝置的平均延遲時間評估數值，倘若超過此建議數值的話表示目前儲存裝置的工作負載過重。

Device Type	Average Response Time (ms)
Server SDRAM	Less than 0.001
PCIe Flash Card	0.02 – 0.10
Flash Drive	0.10 – 1.0
15K RPM HD	3 – 4
10K RPM HD	5 – 6
7.2K RPM HD	10 – 12

▎圖 6-6　各種儲存裝置的平均延遲時間評估數值

※ 圖片來源：EMC – Understanding How I/O Workload Profiles Relate to Performance

至於「佇列深度」（Queue Depth，QD）的部分，我們在《4.2.5、如何挑選 HBA 硬碟控制器》小節中已經詳細討論過。簡單來說，當儲存效能測試結果中說明「QD=1」時，表示在進行儲存效能壓力測試時 IO to Disk Outstanding 會跑到「其中 1 顆」硬碟去，倘若「QD=2」時表示 IO 跑到「其中 2 顆硬碟」每個硬碟承載 QD=1。

因此，當 Queue Depth 數值越大時，便等同發出 Multiple IO to Disk Outstanding 資料請求，所以當 Queue Depth 數值越大 IOPS 表現會越好，舉例來說，倘若 SAS 15,000 RPM 的 IOPS 為 180，便是指 QD=1 時的測試數據，當 QD=2 時 IOPS 將會提升至 200，當 QD=4 時

IOPS 將會提升至 240。然而，當 Queue Depth 超過**臨界值**後除了無法提升 IOPS 數值，例如：QD=32 與 QD=64 的 IOPS 測試結果幾乎相同，並且過多的 QD 將會造成 **Average Latency** 時間拉長許多。

> **說明**
>
> 根據測試結果可知，增加 QD 數值僅會提升 IOPS 中 **Random Read** 的效能數據，並不會提升 Random Write 的效能數據。同時，增加 QD 數值提升 IOPS 方式僅對 HDD 機械式硬碟有效，針對 NVMe 快閃儲存及 SSD 固態硬碟並無效果。

最後，值得注意的是在 S2D 運作環境中，IT 管理人員應該在 x86 硬體伺服器的 BIOS 設定中，針對 HBA 硬碟控制器所連接的硬碟模式指定為 **AHCI** 模式，以便啟用 Native Command Queuing 功能，確保屆時儲存裝置能夠表現應有的儲存效能。

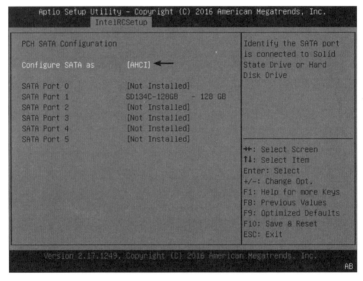

│ 圖 6-7　BIOS 設定畫面中確認 HBA 硬碟控制器採用 AHCI 模式

6.3 VMFleet 效能測試工具

那麼建置好的 S2D 軟體定義儲存運作環境，該如何快速且正確的模擬屆時企業及組織的服務或應用程式工作負載？此時，建議可以採用由微軟 S2D 團隊中首席軟體架構師 Dan Lovinger，利用 PowerShell 撰寫的 **VMFleet** 儲存效能壓力測試工具。

VMFleet 儲存效能壓力測試工具的起源，是 Jose Barreto 和 Claus Joergensen 在 Windows Server 2016 TP2 技術預覽版本時，於 Microsoft Ignite 技術大會及 2015 年 8 月 Intel Developer Forum 2015 開發者大會時展示 S2D 儲存效能時使用。

簡單來說，透過 VMFleet 儲存效能壓力測試工具，可以在 S2D 的 HCI 超融合部署架構中，透過已經撰寫好的 PowerShell 指令碼，呼叫大量的 VM 虛擬主機同時執行 IOPS 工作負載壓力測試，並且在進行儲存效能壓力測試時同步觀察 IOPS 的效能表現情況。

CSV FS	IOPS	Reads	Writes	BW (MB/s)	Read	Write	Read Lat (ms)	Write Lat
Total	948,739	948,690	49	3,884	3,883	1		
Node01	264,603	264,591	12	1,084	1,084		0.959	8.254
Node02	200,939	200,934	4	822	822		1.947	2.204
Node03	242,101	242,079	22	992	991	1	1.299	1.356
Node04	241,096	241,086	10	987	987		1.308	1.925

▌圖 6-8　透過 VMFleet 進行儲存效能壓力測試並同步觀察 IOPS 的效能表現

同時，微軟已經將 VMFleet 儲存效能壓力測試工具放到 GitHub 上（**URL** aka.ms/vmfleet）。目前，最新版的 VMFleet 儲存效能壓力測試工具為 2017 年 6 月發佈的 **v0.8** 版本。

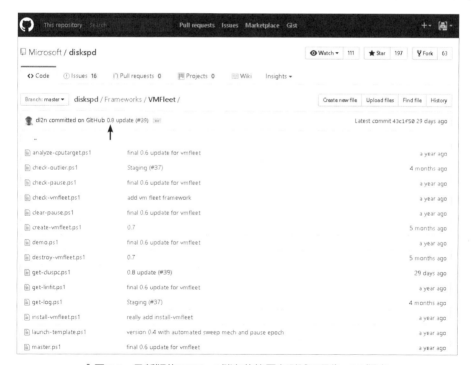

▌圖 6-9　最新版的 VMFleet 儲存效能壓力測試工具為 v0.8 版本

如表 6-3 所示，為 VMFleet 儲存效能壓力測試工具中，常用 PowerShell 指令碼功能概要說明。

┃ 表 6-3 常用 PowerShell 指令碼功能概要說明

PowerShell 指令碼	功能概要說明
Launch-Template.ps1	針對儲存效能壓力測試的 VM 虛擬主機，在自動登入作業系統後自動執行 Master. ps1 指令碼。
Master.ps1	儲存效能壓力測試的 VM 虛擬主機主控台指令碼，屆時將同步操控所有 VM 虛擬主機執行相關事務，例如：執行儲存效能壓力測試工作負載、監控 Master Control 及載入相關指令碼……等。
Check-pause.ps1	透過主控台機制，「檢查」有多少台 S2D 叢集節點主機及 VM 虛擬主機為暫停狀態。
Clear-pause.ps1	透過主控台機制，「清除」VM 虛擬主機的暫停狀態，也就是「開始」執行儲存效能壓力測試的動作。
Set-pause.ps1	透過主控台機制，「設定」VM 虛擬主機進入暫停狀態，也就是「停止」執行儲存效能壓力測試的動作。
Install-vmfleet.ps1	建立 VMFleet 資料夾結構以利後續測試作業。
Create-vmfleet.ps1	透過主控台機制，為每台 S2D 叢集節點主機建立 Internal vSwitch，並且從指定的 Base VM 部署大量的儲存效能壓力測試 VM 虛擬主機。
Set-vmfleet.ps1	透過主控台機制，一次「調整」所有 VM 虛擬主機的虛擬硬體資源，例如：vCPU 處理器數量、vRAM 虛擬記憶體空間。
Destory-vmfleet.ps1	透過主控台機制，一次「刪除」所有儲存效能壓力測試 VM 虛擬主機。
Check-vmfleet.ps1	透過主控台機制，列出在 S2D 叢集中 S2D 叢集節點主機及 VM 虛擬主機的運作狀態。
Start-vmfleet.ps1	透過主控台機制，將所有運作狀態為「OFF」的 VM 虛擬主機執行「開機」的動作。
Stop-vmfleet.ps1	透過主控台機制，將所有運作狀態為「非 OFF」的 VM 虛擬主機執行「關機」的動作。
Run.ps1	執行儲存效能壓力測試的相關參數。
Run-Demo-100R.ps1 Run-Demo-9010.ps1 Run-Demo-7030.ps1	搭配 Demo.ps1 指令碼，進行儲存效能壓力測試時展示使用。
Run-Sweeptemplate.ps1	執行儲存效能壓力測試的範本檔案。
Start-Sweep.ps1	透過主控台機制，執行儲存效能壓力測試作業。
Watch-cluster.ps1	文字模式的儲存效能儀表板，它可以顯示 S2D 叢集中 CSVFS 儲存資源的 IOPS 數值、傳輸頻寬、延遲時間。
Watch-cpu.ps1	文字模式的 CPU 處理器運作效能儀表板。
Update-csv.ps1	重新命名及調整 CSVFS 儲存資源的擁有者節點主機，以便屆時執行儲存效能壓力測試時得到最佳化的工作負載。
Demo.ps1	透過前述的 Run-Demo-*.ps1 相關指令碼，搭配 Storage QoS Policy 運作機制，進行 SliverVM、GoldVM、PlatinumVM 不同服務等級的 VM 虛擬主機工作負載展示作業。
Set-Storageqos.ps1	整合 Set-VMHardDiskDrive 指令，套用 Storage QoS Policy 機制至指定的 S2D 叢集中。
Test-Clusterhealth.ps1	針對 S2D 叢集進行各項健康狀態檢查作業。

（6.4）IOPS 效能測試

　　了解 VMFleet 儲存效能壓力測試工具的用途後，那麼可以開始使用它來針對已經建置好的 S2D 叢集環境進行儲存效能壓力測試。

❖ 下載 VMFleet v0.8

　　首先，連結至 GitHub 網站 Microsoft/diskspd 專案（ **URL** aka.ms/vmfleet）頁面後，只要依序點選「Clone or download → Download ZIP」即可下載，當解壓縮後便可以在「Frameworks\VMFleet」子資料夾內，看到所有 VMFleet 的 PowerShell 指令碼及說明文件。

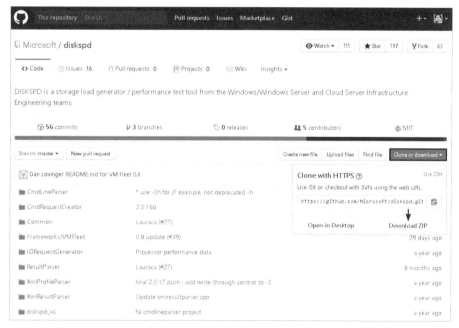

▌圖 6-10　下載 diskspd 專案所有檔案

❖ 建立 VMFleet 壓測用途 VM 虛擬主機

　　建立屆時進行儲存效能壓力測試的 VM 虛擬主機存放磁碟區，請在 PowerShell 指令視窗中執行 New-Volume –FriendlyName VMs-Template –FileSystem CSVFS_ReFS –StoragePoolFriendlyName S2D* –Size 1TB 指令，建立名稱為 **VMs-Template** 儲存空間大小為 **1TB** 的磁碟區。

```
系統管理員: Windows PowerShell
PS C:\> New-Volume -FriendlyName VMs-Template -FileSystem CSVFS_ReFS -StoragePoolFriendlyName S2D* -Size 1TB

DriveLetter FileSystemLabel FileSystem DriveType HealthStatus OperationalStatus SizeRemaining        Size
----------- --------------- ---------- --------- ------------ ----------------- -------------        ----
    ──▶     VMs-Template    CSVFS      Fixed     Healthy      OK                1012.35 GB 1023.81 GB
```

▌圖 6-11   建立存放壓測 VM 虛擬主機範本的磁碟區

接著，建立 1 台 Windows Server 2016 虛擬主機，本書實作環境採用與 Azure **D1** VM 相同等級的虛擬硬體資源，分別是 **1 vCPU**、**3.5GB vRAM**、**50GB HDD**（Fixed）。當 Windows Server 2016 客體作業系統安裝完成後，僅調整電力為**高效能**並且設定 Administrator 管理者帳號的**密碼**便關機。

▌圖 6-12   建立儲存效能壓力測試的 VM 虛擬主機

❖ 建立 VMFleet 壓測環境 CSVFS 儲存資源

建立專用於存放 VMFleet 儲存效能壓力測試指令碼的磁碟區，請在 PowerShell 指令視窗中執行 New-Volume -FriendlyName Collect -FileSystem CSVFS_ReFS -StoragePoolFriendlyName S2D* -Size 1TB 指令，建立名稱為 **Collect** 儲存空間大小為 **1TB** 的磁碟區。

此外，預設情況下建立的 Collect 磁碟區為 S2D 叢集中第 2 個磁碟區，所以預設路徑為「C:\ClusterStorage\Volume2」，請將此預設路徑更改為「C:\ClusterStorage\collect」，以利稍後 VMFleet 相關指令碼執行，請在 PowerShell 指令視窗中執行 Rename-Item C:\ClusterStorage\Volume1 C:\ClusterStorage\collect 指令即可。

| 圖 6-13 建立存放壓測 VMFleet 壓測指令碼的磁碟區

我們將剛才下載並解壓縮後的 VMFleet 資料夾，存放於「C:\tmp\VMFleet」路徑現在請於 PowerShell 指令視窗中，切換到 VMFleet 路徑後執行 `.\install-vmfleet.ps1 –source C:\tmp\VMFleet\` 指令。此時，將透過 Install-vmfleet.ps1 指令碼建立下列資料夾結構，並且複製及產生相關檔案：

❏ **C:\ClusterStorage\collect\control**：將會把 VMFleet v0.8 所有指令碼複製至此路徑。

❏ **C:\ClusterStorage\collect\control\flag**：產生暫停旗標檔案，以便屆時壓測 VM 虛擬主機啟動時自動進入 PAUSE IN FORCE 狀態。

❏ **C:\ClusterStorage\collect\control\result**：當儲存效能壓力測試流程執行完畢後，將會在此路徑產生 XML 報表檔案。

❏ **C:\ClusterStorage\collect\control\tools**：請下載儲存效能測試工具 **diskspd.exe**（本書實作環境下載最新 diskspd v2.0.17 版本），或後續其它可能會使用到的其它指令碼放於此路徑。

| 圖 6-14 執行 Install-vmfleet.ps1 指令碼建立資料夾結構及相關檔案

目前 S2D 叢集中共有 4 台 S2D 叢集節點主機，根據微軟最佳建議作法在進行儲存效能壓力測試時，應該每台 S2D 叢集節點主機各自擁有 CSVFS 儲存資源。請在 PowerShell 指令視窗中執行 `Get-ClusterNode |% {New-Volume –FriendlyName $_ –FileSystem CSVFS_ReFS –StoragePoolFriendlyName S2D* –Size 5TB}` 指令，建立 S2D 叢集節點主機為名稱 **Node01 ~ Node04** 的 4 個磁碟區，並且每個磁碟區的儲存空間大小為 **5TB**。

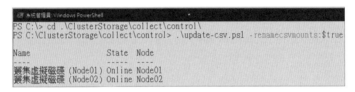

▌圖6-15 為每台 S2D 叢集節點主機各自建立 CSVFS 儲存資源

接著，請切換到 VMFleet 指令碼路徑「C:\ClusterStorage\collect\control」，執行 update-csv.ps1 指令碼搭配 –renamecsvmounts:$true 參數，將剛才為每台 S2D 叢集節點主機各自建立 CSVFS 儲存資源重新命名，並且讓每個 CSVFS 儲存資源都是每台 S2D 叢集節點主機的「擁有者節點」（Owner Node）。

▌圖6-16 執行重新命名 CSVFS 儲存資源且每台 S2D 叢集節點主機都為擁有者節點的動作

此時，可以切換回容錯移轉叢集管理員視窗中，可以發現每個 CSVFS 儲存資源皆以 S2D 叢集節點主機重新命名，並且每台 S2D 叢集節點主機都為各自 CSVFS 儲存資源的擁有者節點。

▌圖6-17 確認 CSVFS 儲存資源已重新命名，並且每台 S2D 叢集節點主機都為擁有者節點

❖ 透過 VMFleet 大量部署壓測 VM 虛擬主機

現在，請將剛才建立的壓測 VM 虛擬主機（VMfleet-WS2016-D1.vhdx），複製到「C:\ ClusterStorage\collect\」路徑下，以便稍後透過 VMFleet 中的 create-vmfleet.ps1 指令碼，進行大量部署壓測 VM 虛擬主機的動作。

▌圖 6-18　準備進行大量部署壓測 VM 虛擬主機的動作

請在 PowerShell 指令視窗中執行 .\create-vmfleet.ps1 –BaseVHD 'C:\ClusterStorage\ collect\VMFleet-WS2016-D1.vhdx' –VMs 2 –AdminPass 'Weithenn@168*' –ConnectUser 'Administrator' –ConnectPass 'Weithenn@168*' 指令。此時，系統將會進行大量部署壓測 VM 虛擬主機，下列為上述指令中各項功能參數說明：

❑ **–BaseVHD**：指定壓測 VM 虛擬主機硬碟檔路徑。

❑ **–VMs**：每台 S2D 叢集節點主機要部署幾台壓測 VM 虛擬主機。

❑ **–AdminPass**：壓測 VM 虛擬主機的本機 Administrator 管理者帳號密碼。

❑ **–ConnectUser**：屆時 VMFleet 主控台，透過 Loopback 機制連接時的管理者帳號。

❑ **–ConnectPass**：屆時 VMFleet 主控台，透過 Loopback 機制連接時的管理者帳號密碼。

▌圖 6-19　大量部署壓測 VM 虛擬主機

此外，create-vmfleet.ps1 指令碼還會執行下列自動化動作：

❑ 在每台 S2D 叢集節點主機中建立 1 台 **Internal vSwitch**（169.254.1.1），屆時壓測 VM 虛擬主機的虛擬網路卡便是連接至此台 Internal vSwitch。

❑ 在 S2D 叢集中建立壓測 VM 虛擬主機時，命名規則為「vm-base + <S2D 叢集節點主機名稱 > + 序號」，所以在 Node01 叢集節點主機上，建立的第 1 台壓測 VM 虛擬主機名稱便為 vm-base-NODE01-1。

❑ 在壓測 VM 虛擬主機啟動後將自動登入，並且執行 VMFleet 儲存效能壓力測試指令碼，例如：master.ps1、launch.ps1……等。

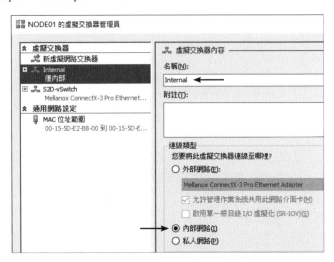

▍圖 6-20　每台 S2D 叢集節點主機將自動建立 1 台 Internal vSwitch

在本書實作環境中，每台 S2D 叢集節點主機僅先部署 **2 台**壓測 VM 虛擬主機，待確認整個壓測流程運作無誤後再部署大量的壓測 VM 虛擬主機。

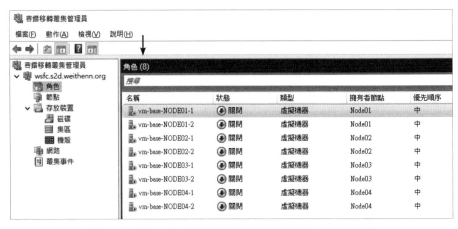

▍圖 6-21　每台 S2D 叢集節點主機所部署的壓測 VM 虛擬主機

❖ 調整 VM 虛擬主機硬體資源

預設情況下，透過 create-vmfleet.ps1 指令碼所部署的壓測 VM 虛擬主機，將會採用 Azure **A1** VM 等級的虛擬硬體資源 **1 vCPU**、**1.75GB vRAM**，並且自動連接至每台 S2D 叢集節點主機的 Internal vSwitch。

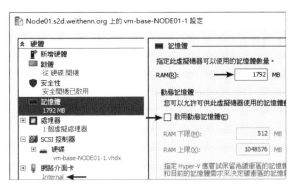

| 圖6-22　部署的壓測 VM 虛擬主機採用 1 vCPU、1.75GB vRAM 虛擬硬體資源

倘若，希望調整壓測 VM 虛擬主機採用不同的虛擬硬體時，即可透過 set-vmfleet.ps1 指令碼快速達成。舉例來說，在本書實作環境中透過 set-vmfleet.ps1 指令碼，將壓測 VM 虛擬主機調整為 Azure **D1** VM 等級的虛擬硬體資源 **1 vCPU**、**3.5GB vRAM**。

請在開啟的 PowerShell 指令視窗中，執行 .\set-vmfleet.ps1 –ProcessorCount 1 –MemoryStartupBytes 3.5GB –DynamicMemory:$false 指令。此時，將會透過 VMFleet 主控台機制調整壓測 VM 虛擬主機的虛擬硬體資源，下列為上述指令中各項功能參數說明：

❑ **–ProcessorCount**：指定 vCPU 處理器數量。

❑ **–MemoryStartupBytes**：指定 vRAM 虛擬記憶體空間。

❑ **–DynamicMemory**：是否啟用動態記憶體功能。

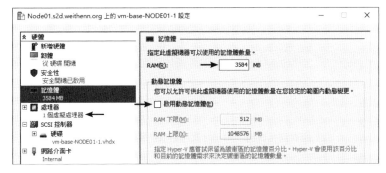

| 圖6-23　透過 VMFleet 主控台機制調整壓測 VM 虛擬主機的虛擬硬體資源

❖ 確認 S2D 叢集健康狀態

在開始進行 S2D 叢集儲存效能壓力測試作業之前，建議可以透過 test-clusterhealth. ps1 指令碼，再次檢查 S2D 叢集及每台 S2D 叢集節點主機的各項健康狀態，除了確保主機的健康狀態之外也可以確保已經為最佳化效能狀態。

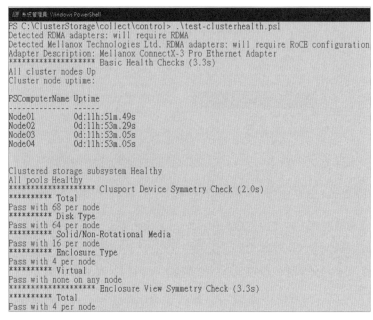

▌圖 6-24　再次檢查 S2D 叢集及每台 S2D 叢集節點主機的各項健康狀態

❖ 開啟 VMFleet 效能監控儀表板

在開始進行 S2D 叢集儲存效能壓力測試作業之前，我們可以分別開啟 VMFleet 的文字儀表板，以便稍後進行儲存效能壓力測試時，可以即時觀察 S2D 叢集的儲存效能表現。請執行 **watch-cluster.ps1** 指令碼，即可開啟文字模式的儲存效能儀表板，它可以顯示 S2D 叢集中 CSVFS 儲存資源的 IOPS 數值、傳輸頻寬、延遲時間。

CSV FS	IOPS	Reads	Writes	BW (MB/s)	Read	Write	Read Lat (ms)	Write Lat
Total	442	442						
Node01	273	273					0.001	0.000
Node02	30	30					0.001	0.000
Node03	60	60					0.001	0.000
Node04	80	80					0.001	0.000

▌圖 6-25　開啟 VMFleet 文字模式的儲存效能儀表板

執行 watch-cpu.ps1 指令碼，即可開啟文字模式的 CPU 處理器運作效能儀表板。

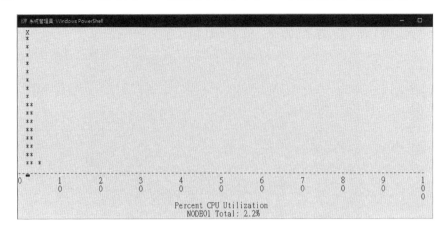

┃ 圖 6-26 開啟 VMFleet 文字模式的 CPU 處理器運作效能儀表板

此外，也可以在 PowerShell 指令視窗中執行 Get-StorageSubSystem Cluster* | Get-StorageHealthReport 指令，查看 S2D 叢集的儲存效能概要資訊。

```
PS C:\> Get-StorageSubSystem Cluster* | Get-StorageHealthReport
CPUUsageAverage                  :     0.95 %
CapacityPhysicalPooledAvailable  :   283.74 TB
CapacityPhysicalPooledTotal      :   366.78 TB
CapacityPhysicalTotal            :   366.78 TB
CapacityPhysicalUnpooled         :        0 B
CapacityVolumesAvailable         :    21.35 TB
CapacityVolumesTotal             :       22 TB
IOLatencyAverage                 :     1.24 us
IOLatencyRead                    :     1.24 us
IOLatencyWrite                   :        0 ns
IOPSRead                         :   419.32 /S
IOPSTotal                        :   419.32 /S
IOPSWrite                        :        0 /S
IOThroughputRead                 :   341.68 KB/S
IOThroughputTotal                :   341.68 KB/S
IOThroughputWrite                :        0 B/S
MemoryAvailable                  :   938.84 GB
MemoryTotal                      :        1 TB
```

┃ 圖 6-27 查看 S2D 叢集的儲存效能概要資訊

❖ 檢查壓測 VM 虛擬主機運作狀態

透過 check-vmfleet.ps1 指令碼，可以檢查目前在 S2D 叢集中共有多少台壓測 VM 虛擬主機、壓測 VM 虛擬主機運作狀態、每台 S2D 叢集節點主機的壓測 VM 虛擬主機數量……等資訊。目前，所有的壓測 VM 虛擬主機運作狀態為「關閉」（Offline），稍後便會將這些壓測 VM 虛擬主機進行**開機**啟動的動作。

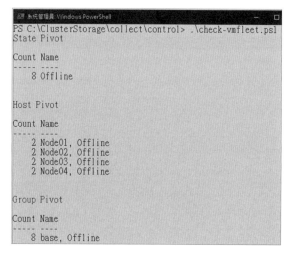

▌圖 6-28 檢查 S2D 叢集中壓測 VM 虛擬主機的運作狀態

❖ 啟動壓測 VM 虛擬主機

現在,請執行 start-vmfleet.ps1 指令碼,針對運作狀態為「關閉」(Offline)的壓測 VM 虛擬主機,進行「啟動」(Online)的動作。

```
系統管理員: Windows PowerShell
PS C:\ClusterStorage\collect\control> .\start-vmfleet.ps1

Name                   OwnerNode State PSComputerName
----                   --------- ----- --------------
vm-base-NODE01-1 Node01             Node01
vm-base-NODE01-2 Node01             Node01
vm-base-NODE03-1 Node03             Node03
vm-base-NODE02-1 Node02             Node02
vm-base-NODE02-2 Node02             Node02
vm-base-NODE03-2 Node03             Node03
vm-base-NODE04-1 Node04             Node04
vm-base-NODE04-2 Node04             Node04
```

▌圖 6-29 將壓測 VM 虛擬主機進行開機的動作

當壓測 VM 虛擬主機開機後,可以看到壓測 VM 虛擬主機自動進入至 **PAUSE IN FORCE** 狀態,也就是等待 VMFleet 主控台下達進行儲存效能壓力測試的指令中。

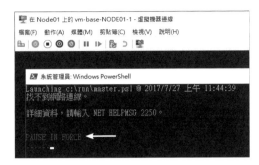

▌圖 6-30　壓測 VM 虛擬主機開機後自動進入至 PAUSE IN FORCE 狀態

❖ 執行 IOPS 儲存效能壓力測試

執行 start-sweep.ps1 指令碼進行儲存效能壓力測試，請在 PowerShell 指令視窗中執行 .\
start-sweep.ps1 -b 4 -t 2 -o 16 -w 33 -d 300 指令。此時，將透過 VMFleet 主控台機制，
調整每台壓測 VM 虛擬主機進行儲存效能壓力測試的參數，下列為上述指令中各項功能參數
說明：

❏ **-b**：指定壓測的「資料區塊」（Block Size）大小為 4KB。

❏ **-t**：指定「執行緒」（Thread）的數量為 2。

❏ **-o**：指定「發出 I/O」（Outstanding I/O）的數量為 16。

❏ **-w**：指定資料「寫入」（Write）的比例為 33%，表示資料讀取的比例為 67%。

❏ **-d**：指定儲存效能壓力測試的持續時間為 300 秒。

```
PS C:\ClusterStorage\collect\control> .\start-sweep.ps1 -b 4 -t 2 -o 16 -w 33 -d 300
---
RUN SPEC @ 2017/7/27 下午 03:59:12
        o = 16
        d = 300
        AddSpec = base
        p = r
        b = 4
        t = 2
        w = 33
        Cool = 60
        Warm = 60
        iops = $null
Generating new runfile @ 2017/7/27 下午 03:59:12
START Go Epoch: 0 @ 2017/7/27 下午 03:59:12
CLEAR PAUSE @ 2017/7/27 下午 03:59:12
Clearing pause from 07/27/2017 15:58:42
```

▌圖 6-31　開始進行儲存效能壓力測試

此時，若開啟其中 1 台壓測 VM 虛擬主機的 Console 畫面，可以看到每台壓測 VM 虛擬主
機執行的 diskspd 儲存效能壓力測試參數內容。

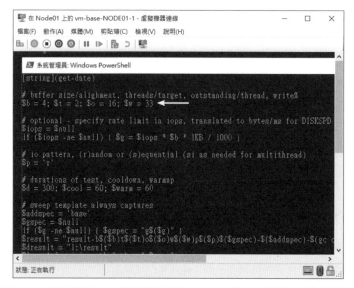

▌圖 6-32 每台壓測 VM 虛擬主機執行的 diskspd 儲存效能壓力測試參數內容

同時，透過先前開啟的 VMFleet 文字模式的儲存效能儀表板，可以看到整個 S2D 叢集的儲存效能表現約 **15 萬 IOPS**，每台 S2D 叢集節點主機大約使用 **3.8 萬 IOPS**，其中資料讀取約 **2.5 萬 IOPS** 而資料寫入約 **1.2 萬 IOPS**，並且每台的 S2D 叢集節點主機在這樣的壓測環境下延遲時間約 **260 us** 的表現。

```
系統管理員: Windows PowerShell                                                          -
CSV FS      IOPS      Reads     Writes    | BW (MB/s)   Read    Write  | Read Lat (ms)  Write Lat
Total       153,355   103,053   50,303    | 626         420     206    |
Node01      38,266    25,878    12,388    | 155         104     51     | 0.251          0.281
Node02      38,959    26,218    12,740    | 160         107     52     | 0.264          0.275
Node03      37,601    25,254    12,347    | 154         103     51     | 0.266          0.280
Node04      38,530    25,703    12,827    | 158         105     53     | 0.252          0.279
```

▌圖 6-33 S2D 叢集及每台 S2D 叢集節點主機的儲存效能表現

在 PowerShell 指 令 視 窗 中 執 行 `Get-StorageSubSystem Cluster*` | `Get-StorageHealthReport` 指令，查看 S2D 叢集的儲存效能概要資訊，可以發現跟 VMFleet 文字模式的儲存效能儀表板數據是相同的，差別在於只能看到**整體 S2D 叢集**的儲存效能資訊，而無法看到每台 S2D 叢集節點主機的儲存效能表現。

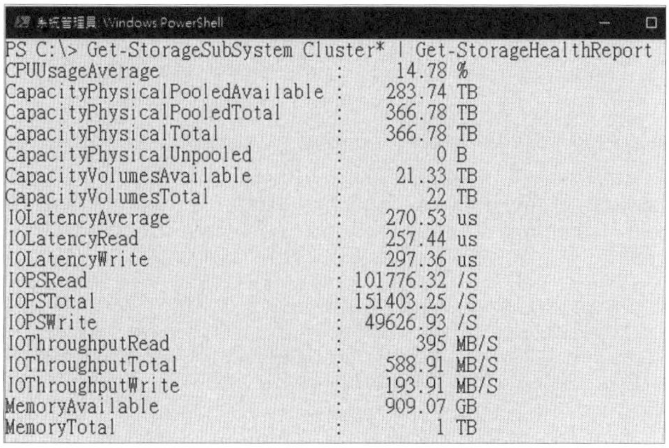

圖 6-34　查看 S2D 叢集的儲存效能概要資訊

完成儲存效能壓力測試的流程後，將會自動在「C:\ClusterStorage\collect\control\result」
路徑產生 XML 報表檔案。

(說明)

　　倘若，後續要再進行不同的儲存效能測能壓力測試作業時，建議先將 result 及 flag 內相關檔案清
除，否則 VM 虛擬主機會以為已經執行完壓測作業便不再進行壓測。

圖 6-35　儲存效能壓力測試完畢後自動產生 XML 報表檔案

後續，IT 管理人員便可以透過 Excel 將剛才儲存效能壓力測試的 XML 報表檔案匯入，以
便後續針對 S2D 叢集儲存效能進行更進一步的分析作業。本書以 Excel 2016 環境為例，開
啟 Excel 後依序點選「空白活頁簿→資料→從其它來源→從 XML 資料匯入」，選擇剛才的
儲存效能壓力測試 XML 報表檔案進行匯入。

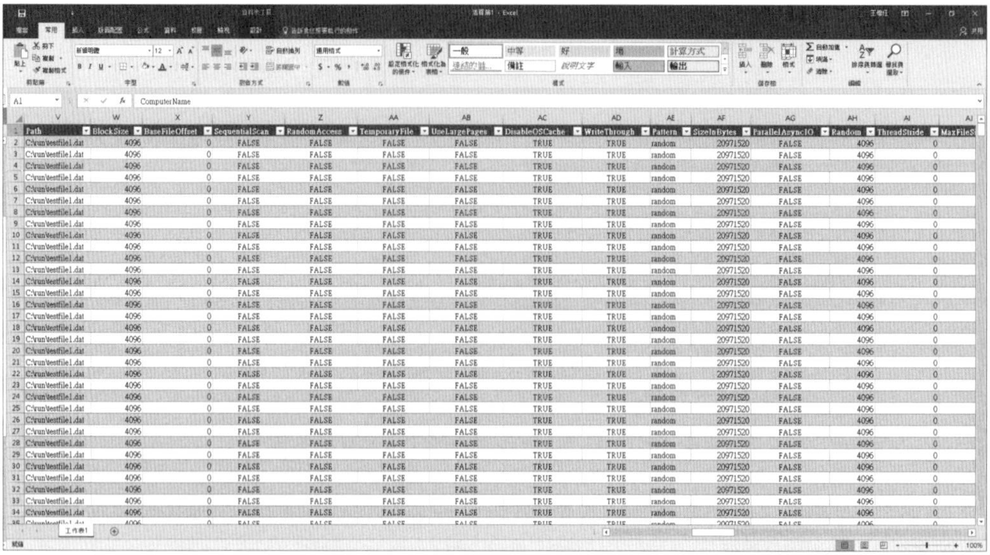

圖 6-36　透過 Excel 針對 XML 報表檔案進行更進一步的分析作業

❖ 停止 IOPS 儲存效能壓力測試

倘若在進行儲存效能壓力測試期間，希望**停止** VM 虛擬主機進行壓力測試的動作時，只要執行 set-pause.ps1 指令碼便可以透過 VMFleet 主控台機制，讓壓測 VM 虛擬主機再次進入 PAUSE IN FORCE 狀態。

```
系統管理員: Windows PowerShell                              —   □   ×
PS C:\ClusterStorage\collect\control> .\set-pause.ps1
pause set @ 2017/7/27 下午 04:40:43
PS C:\ClusterStorage\collect\control> _
```

圖 6-37　讓壓測 VM 虛擬主機再次進入 PAUSE IN FORCE 狀態以便停止壓測的動作

❖ 關閉壓測 VM 虛擬主機

當儲存效能壓力測試執行完畢希望關閉壓測 VM 虛擬主機時，請執行 stop-vmfleet.ps1 指令碼，便會透過 VMFleet 主控台機制針對運作狀態為**啟動**（Online）的 VM 虛擬主機，執行「關閉」（Offline）的動作。

圖 6-38　將壓測 VM 虛擬主機進行關機的動作

❖ 刪除壓測 VM 虛擬主機

當儲存效能壓力測試執行完畢希望刪除所有壓測 VM 虛擬主機時，請執行 destroy-vmfleet.ps1 指令碼，便會透過 VMFleet 主控台機制一次刪除所有壓測 VM 虛擬主機。

```
選取 系統管理員: Windows PowerShell
PS C:\ClusterStorage\collect\control> .\destroy-vmfleet.ps1

Name             OwnerNode State
----             --------- -----
vm-base-NODE01-1 Node01    Offline
vm-base-NODE01-2 Node01    Offline
vm-base-NODE02-1 Node02    Offline
vm-base-NODE02-2 Node02    Offline
vm-base-NODE03-1 Node03    Offline
vm-base-NODE03-2 Node03    Offline
vm-base-NODE04-1 Node04    Offline
vm-base-NODE04-2 Node04    Offline
```

圖 6-39　一次刪除所有壓測 VM 虛擬主機

❖ 刪除 VMFleet 儲存效能壓測環境

最後，倘若 IT 管理人員希望快速刪除整個 VMFleet 儲存效能壓測環境，例如：VMs-Template、Collect⋯⋯等磁碟區、SSD 固態硬碟清空、HDD 機械式硬碟清空⋯⋯等作業時，可以透過下列 PowerShell 快速達到目的，詳細資訊請參考 Microsoft Docs – Hyper-converged solution using Storage Spaces Direct in Windows Server 2016。

> **說明**
>
> 請注意，執行後將刪除所有 CSVFS 儲存資源、清空 SSD 固態硬碟及 HDD 機械式硬碟內容、刪除 Storage Pool。

請將下列「<cluster or node name>」更換為 S2D 叢集名稱，舉例來說，本書實作環境 S2D 叢集名稱為 **wsfc**。再次提醒，此舉將會刪除 S2D 叢集中所有的儲存資源。

```
# 取得 S2D 叢集中所有 S2D 叢集節點主機名稱
icm (Get-Cluster -Name <cluster or node name> | Get-ClusterNode) {
Update-StorageProviderCache
# 執行刪除 Storage Pool 及 Virtual Disk 的動作
Get-StoragePool | ? IsPrimordial -eq $false | Set-StoragePool -IsReadOnly:$false
    -ErrorAction SilentlyContinue
Get-StoragePool | ? IsPrimordial -eq $false | Get-VirtualDisk | Remove-VirtualDisk
    -Confirm:$false -ErrorAction SilentlyContinue
Get-StoragePool | ? IsPrimordial -eq $false | Remove-StoragePool -Confirm:$false
    -ErrorAction SilentlyContinue
# 清空儲存裝置 (SSD / HDD) 內所有資料，包含刪除 OEM Recovery 分割區
Get-PhysicalDisk | Reset-PhysicalDisk -ErrorAction SilentlyContinue
Get-Disk | ? Number -ne $null | ? IsBoot -ne $true | ? IsSystem -ne $true
    | ? PartitionStyle -ne RAW | % {
        $_ | Set-Disk -isoffline:$false
        $_ | Set-Disk -isreadonly:$false
        $_ | Clear-Disk -RemoveData -RemoveOEM -Confirm:$false
        $_ | Set-Disk -isreadonly:$true
        $_ | Set-Disk -isoffline:$true
        }
# 取得 S2D 叢集中所有 S2D 叢集節點主機的儲存裝置數量
Get-Disk |? Number -ne $null |? IsBoot -ne $true |? IsSystem -ne $true
    |? PartitionStyle -eq RAW | Group -NoElement -Property FriendlyName
} | Sort -Property PsComputerName,Count
```

❖ S2D 叢集儲存效能小結

最後，作者花費很長的時間測試不同類型的磁碟區及儲存工作負載，搭配 VMFleet 壓測工具整理出 S2D 叢集儲存效能表格，讓你可以參考並在評估採用哪種類型的 CSVFS 儲存資源時有所依據，並且得出相關結論：

❑ 單就資料**讀取**方面來看，其實 5 種類型的 CSVFS 儲存資源效能表現相同。至於資料**寫入**方面，則視 CSVFS 儲存資源類型而有不同的效能表現。

❑ 在「不考慮資料高可用性」的情況下，採用**雙向鏡像**可以獲得最高的儲存表現。但是，在營運環境上請一律採用三**向鏡像**以確保資料高可用性。

❑ 「單 / 雙同位」的 CSVFS 儲存資源，僅適用於 **Sequential I/O** 資料存取類型。

下列為此次 S2D 儲存效能壓力測試環境的硬體規格：

❏ **S2D 叢集由 4 台 S2D 叢集節點主機組成**

　　○**CPU 處理器**：Intel Xeon E5-2660 v3 2.60GHz x 2。

　　○**RAM 記憶體**：256GB。

　　○**SSD 固態硬碟**：Intel S3510 1.6TB x 4。

　　○**HDD 機械式硬碟**：8TB x 12。

　　○**RDMA 介面卡**：Mellanox ConnectX-3 Pro 10 Gbps（Dual Port）

❏ **VMFleet 測試條件**

　　○**壓測 VM 虛擬主機**：每台 S2D 叢集節點主機，部署 20 台 Azure D1 等級的 VM 虛擬主機（1 vCPU、3.5GB vRAM）。

　　○**壓測情境 1**：資料讀寫類型為 Random 100%（Read 100% / Write 0%），測試參數為 .\ start-sweep.ps1 –b 4 –t 2 –o 16 –w 0 –d 600。

　　○**壓測情境 2**：資料讀寫類型為 Random 100%（Read 67% / Write 33%），測試參數為 .\ start-sweep.ps1 –b 4 –t 2 –o 16 –w 33 –d 600。

▍表 6-4　壓測情境

IOPS / CSVFS	雙向鏡像	三向鏡像	單同位	雙同位	混合式
壓測情境 1	95 萬	95 萬	95 萬	95 萬	95 萬
壓測情境 2	50 萬	44 萬	6.5 萬	6 萬	35 萬

 說明

　　請注意，儲存效能測試結果僅供參考，實際上依照運作環境、網路交換器、儲存裝置……等的不同將有所不同。

CSV FS	IOPS	Reads	Writes	BW (MB/s)	Read	Write	Read Lat (ms)	Write Lat
Total	948,739	948,690	49	3,884	3,883	1		
Node01	264,603	264,591	12	1,084	1,084		0.959	8.254
Node02	200,939	200,934	4	822	822		1.947	2.204
Node03	242,101	242,079	22	992	991	1	1.299	1.356
Node04	241,096	241,086	10	987	987		1.308	1.925

```
CPUUsageAverage                  :       71.21 %
CapacityPhysicalPooledAvailable  :      285.74 TB
CapacityPhysicalPooledTotal      :      366.78 TB
CapacityPhysicalTotal            :      366.78 TB
CapacityPhysicalUnpooled         :          0 B
CapacityVolumesAvailable         :       17.55 TB
CapacityVolumesTotal             :         22 TB
IOLatencyAverage                 :        1.43 ms
IOLatencyRead                    :        1.43 ms
IOLatencyWrite                   :        4.88 ms
IOPSRead                         :  946444.98 /S
IOPSTotal                        :  946491.66 /S
IOPSWrite                        :      46.67 /S
IOThroughputRead                 :        3.61 GB/S
IOThroughputTotal                :        3.61 GB/S
IOThroughputWrite                :      397.31 KB/S
MemoryAvailable                  :      775.85 GB
MemoryTotal                      :          1 TB
```

▌圖 6-40　採用「三向鏡像」在壓測情境 1 時 S2D 叢集的儲存效能表現

CSV FS	IOPS	Reads	Writes	BW (MB/s)	Read	Write	Read Lat (ms)	Write Lat
Total	442,931	296,693	146,238	1,811	1,212	599		
Node01	131,008	87,803	43,205	535	358	177	2.230	2.853
Node02	88,623	59,197	29,427	363	242	121	5.192	5.826
Node03	111,196	74,569	36,627	454	304	150	3.066	3.716
Node04	112,104	75,125	36,978	459	307	152	3.577	4.114

```
CPUUsageAverage                  :       60.59 %
CapacityPhysicalPooledAvailable  :      285.74 TB
CapacityPhysicalPooledTotal      :      366.78 TB
CapacityPhysicalTotal            :      366.78 TB
CapacityPhysicalUnpooled         :          0 B
CapacityVolumesAvailable         :       17.55 TB
CapacityVolumesTotal             :         22 TB
IOLatencyAverage                 :        3.7 ms
IOLatencyRead                    :        3.5 ms
IOLatencyWrite                   :        4.11 ms
IOPSRead                         :  295677.66 /S
IOPSTotal                        :  441628.43 /S
IOPSWrite                        :  145950.76 /S
IOThroughputRead                 :        1.12 GB/S
IOThroughputTotal                :        1.68 GB/S
IOThroughputWrite                :      570.95 MB/S
MemoryAvailable                  :      775.87 GB
MemoryTotal                      :          1 TB
```

▌圖 6-41　採用「三向鏡像」在壓測情境 2 時 S2D 叢集的儲存效能表現

CHAPTER

S2D 維運管理

7.1 S2D 如何因應硬體故障事件

不管採用何種軟體或硬體技術，都有可能因為天災或人為因素而發生故障事件。那麼，在 S2D 軟體定義儲存運作架構中是如何因應故障事件的呢？舉例來說，倘若 S2D 叢集節點主機中擔任快取裝置的 SSD 固態硬碟損壞時，是否會影響整體 S2D 軟體定義儲存的運作架構，或者是擔任儲存裝置的 HDD 機械式硬碟損壞時，是否會造成資料遺失的情況發生呢？

在本書《第 3 章、S2D 運作架構》章節中，我們已經討論過在 S2D 軟體定義儲存的運作架構中，針對資料容錯機制及儲存效率的部分。原則上，除非在 S2D 叢集中只有「2 台」S2D 叢集節點主機，否則建議應該採用「三向鏡像」或「雙同位」等資料容錯機制以確保資料的高可用性，也就是說在 S2D 叢集中可以承受 **2 個錯誤網域**下，同時仍保障所有資料仍可持續存取不會有任何資料遺失的情況發生。

說明

簡單來說，管理人員可以把 2 個錯誤網域理解成「2 台」S2D 叢集節點主機發生故障損壞事件。

7.1.1 發生 1 個錯誤網域時

那麼，在 S2D 軟體定義儲存的運作架構中，當採用**三向鏡像**或**雙同位**等資料容錯機制時，倘若底層 SSD 固態硬碟或 HDD 機械式硬碟損壞，甚至是整台 S2D 叢集節點主機發生故障損壞事件，S2D 叢集是否仍然能夠正常運作？

首先，我們假設 S2D 叢集中採用建議的基礎架構共 **4 台** S2D 叢集節點主機，並且採用「三向鏡像」或「雙同位」資料容錯機制，當發生 **1 個錯誤網域**事件（也就是故障區域在「單台」S2D 叢集節點主機），此時 S2D 叢集能否正常運作並且資料是否仍維持高可用性？

如圖 7-1 所示，當 4 台 S2D 叢集節點主機中「某 1 台」主機內的 SSD 固態硬碟或 HDD 機械式硬碟損壞時，S2D 叢集仍然能夠正常運作並且資料仍可持續存取。

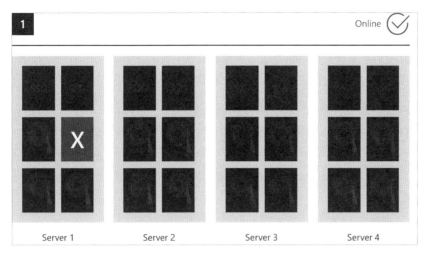

▌圖 7-1 發生 1 個錯誤網域時，S2D 叢集仍然能夠正常運作資料仍可持續存取

※圖片來源：Microsoft Docs – Fault tolerance and storage efficiency in Storage Spaces Direct

　　甚至，當某 1 台 S2D 叢集節點主機，可能因為電力模組或其它硬體元件故障損壞，造成**整台** S2D 叢集節點主機發生災難事件而離線。此時，S2D 叢集仍然能夠正常運作並且資料仍可持續存取。

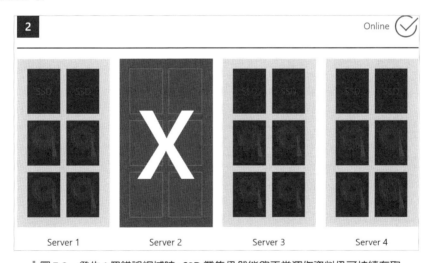

▌圖 7-2 發生 1 個錯誤網域時，S2D 叢集仍然能夠正常運作資料仍可持續存取

※圖片來源：Microsoft Docs – Fault tolerance and storage efficiency in Storage Spaces Direct

7.1.2 發生 2 個錯誤網域時

那麼，假設 S2D 叢集中採用建議的基礎架構共 4 台 S2D 叢集節點主機，並且採用「三向鏡像」或「雙同位」資料容錯機制，當發生 **2 個**錯誤網域事件（也就是故障區域擴大到「2 台」S2D 叢集節點主機）此時 S2D 叢集能否正常運作並且資料是否仍維持高可用性？

如圖 7-3 所示，當 4 台 S2D 叢集節點主機中「某 1 台」主機內的 SSD 固態硬碟或 HDD 機械式硬碟損壞，並且「某 1 台」S2D 叢集節點主機可能因為電力模組或其它硬體元件故障損壞，造成「整台」S2D 叢集節點主機發生災難事件而離線。此時，S2D 叢集仍然能夠正常運作並且資料仍可持續存取。

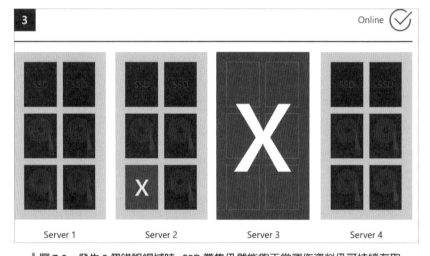

▎圖 7-3　發生 2 個錯誤網域時，S2D 叢集仍然能夠正常運作資料仍可持續存取

※ *圖片來源*：Microsoft Docs – Fault tolerance and storage efficiency in Storage Spaces Direct

當 4 台 S2D 叢集節點主機中，「某 2 台」主機內的 SSD 固態硬碟或 HDD 機械式硬碟發生損壞。此時，S2D 叢集仍然能夠正常運作並且資料仍可持續存取。

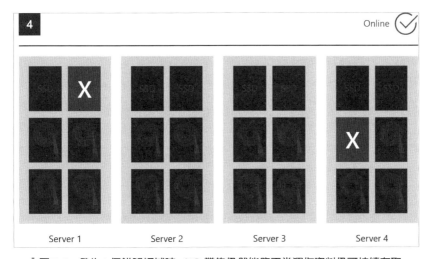

▎圖7-4　發生 2 個錯誤網域時，S2D 叢集仍然能夠正常運作資料仍可持續存取

※ 圖片來源：Microsoft Docs – Fault tolerance and storage efficiency in Storage Spaces Direct

　　當 4 台 S2D 叢集節點主機中，「某 2 台」主機內不只 1 個 SSD 固態硬碟或 HDD 機械式硬碟發生損壞。此時，S2D 叢集仍然能夠正常運作並且資料仍可持續存取。

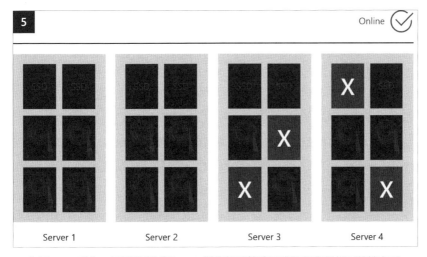

▎圖7-5　發生 2 個錯誤網域時，S2D 叢集仍然能夠正常運作資料仍可持續存取

※ 圖片來源：Microsoft Docs – Fault tolerance and storage efficiency in Storage Spaces Direct

　　當 4 台 S2D 叢集節點主機中，「某 2 台」S2D 叢集節點主機可能因為電力模組或其它硬體元件故障損壞，造成「整台」S2D 叢集節點主機發生災難事件而離線。此時，S2D 叢集仍然能夠正常運作並且資料仍可持續存取。

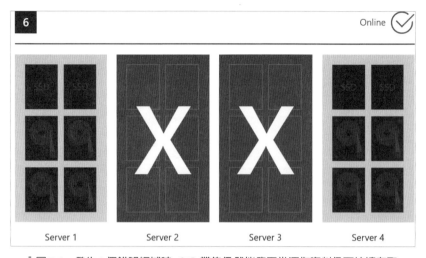

圖 7-6　發生 2 個錯誤網域時，S2D 叢集仍然能夠正常運作資料仍可持續存取

※ 圖片來源：Microsoft Docs – Fault tolerance and storage efficiency in Storage Spaces Direct

7.1.3　發生 3 個錯誤網域時

　　假設 S2D 叢集中採用建議的基礎架構共 4 台 S2D 叢集節點主機，並且採用「三向鏡像」或「雙同位」資料容錯機制，當發生 **3 個**錯誤網域事件（也就是故障區域擴大到「3 台」S2D 叢集節點主機），此時 S2D 叢集能否正常運作並且資料是否仍維持高可用性？

　　如圖 7-7 所示，當 4 台 S2D 叢集節點主機中**某 3 台**主機內的 SSD 固態硬碟或 HDD 機械式硬碟同時損壞。此時，因為已經超過「三向鏡像」或「雙同位」資料容錯機制，能夠承受同時最多「2 個」錯誤網域的情況，所以 S2D 叢集將**會離線**（Offline）資料也將遺失或損壞且無法存取。

> **說明**
>
> 　　因此，備份永遠是企業及組織保護資料的最後一道防線。同時，除了定期備份資料外也請記得定期測試備份資料能否順利回復。

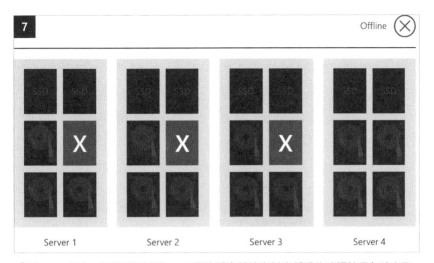

▌圖 7-7　發生 3 個錯誤網域時，S2D 叢集將會離線資料也將遺失或損壞且無法存取

※ 圖片來源：Microsoft Docs – Fault tolerance and storage efficiency in Storage Spaces Direct

當 4 台 S2D 叢集節點主機中，「某 3 台」 S2D 叢集節點主機可能因為電力模組或其它硬碟災難事件，造成整台 S2D 叢集節點主機故障離線。此時，因為已經超過「三向鏡像」或「雙同位」資料容錯機制，能夠承受同時最多「2 個」錯誤網域的情況，所以 S2D 叢集將會**離線**（Offline）資料也將遺失或損壞且無法存取。

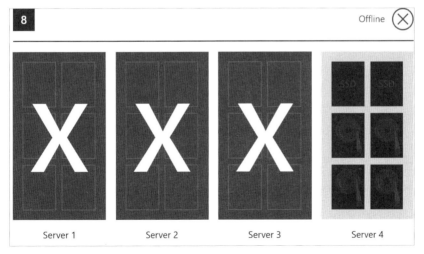

▌圖 7-8　發生 3 個錯誤網域時，S2D 叢集將會離線資料也將遺失或損壞且無法存取

※ 圖片來源：Microsoft Docs – Fault tolerance and storage efficiency in Storage Spaces Direct

7.2 S2D 健康狀態

在新版 Windows Server 2016 雲端作業系統中，新增**健康服務**（Health Service）的特色功能，方便 IT 管理人員可以隨時監控 S2D 叢集的健康情況及運作資訊。首先，請確認 S2D 叢集核心資源中「健康情況」是否為**線上**（Online）狀態，便可確認健康服務是否順利運作中。

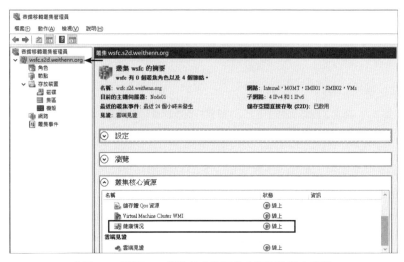

▍圖 7-9　確認 S2D 叢集核心資源健康情況為線上狀態

健康服務特色功能，可以為 S2D 叢集提供多種健康情況及運作資訊，包括，儲存效能 IOPS、Storage Pool 儲存空間、CPU 處理器使用率、記憶體使用率⋯⋯等硬體資源使用情況：

❑ **IOPS**：顯示「Total / Read / Write」IOPS 儲存效能資訊。

❑ **IO Throughput**：顯示「Total / Read / Write」IO 傳輸頻寬儲存效能資訊。

❑ **IO Latency**：顯示「Read / Write」延遲時間儲存效能資訊。

❑ **Physical Capacity**：顯示「Total / Unpooled」實體儲存裝置的儲存空間資訊。

❑ **Pool Capacity**：顯示「Total / Available」Storage Pool 的儲存空間資訊。

❑ **Volume Capacity**：顯示「Total / Available」磁碟區的儲存空間資訊。

❑ **CPU Utilization %**：顯示所有 VM 虛擬主機加總後平均的 CPU 處理器使用率。

❑ **Memory**：顯示「Total / Available」所有 VM 虛擬主機加總後平均的記憶體空間使用資訊。

在 PowerShell 視窗中，執行 Get-StorageSubSystem Cluster* | Get-StorageHealthReport 指令，即可看到 S2D 叢集的健康情況及運作資訊。倘若，希望可以持續且即時顯示 S2D 叢集的健康情況及運作資訊，可以在指令後加上 **–Count <數值>**，舉例來說，使用 –Count 60 表示每隔 1 秒並持續 60 次顯示 S2D 叢集的健康情況及運作資訊。

請注意，–Count 參數的數值範圍為 **1 ~ 300**。

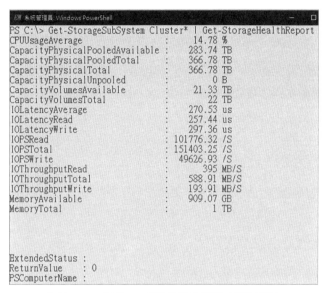

┃圖 7-10　查看 S2D 叢集的健康情況及運作資訊

在 S2D 叢集健康情況及運作資訊中有許多資訊欄位是清楚易懂的，例如：CPU 處理器使用率、IO Latency、IOPS、IO Throughput、記憶體空間使用情況。然而，有關儲存空間資訊的相關欄位，管理人員可能會被這些名詞搞混，下列便是相關欄位資訊的圖解及詳細說明：

❏ **Capacity Physical Pooled Available**：S2D 叢集中 Storage Pool 的剩餘空間。

❏ **Capacity Physical Pooled Total**：S2D 叢集中 Storage Pool 的總容量磁碟空間。

❏ **Capacity Physical Total**：S2D 叢集所有 S2D 叢集節點主機加總的 RAW 磁碟空間。

❏ **Capacity Physical Unpooled**：S2D 叢集所有 S2D 叢集節點主機中，尚未宣告加入 Storage Pool 的磁碟空間。

❏ **Capacity Volumes Available**：S2D 叢集中磁碟區的剩餘空間。

❏ **Capacity Volumes Total**：S2D 叢集中磁碟區的總容量磁碟空間。

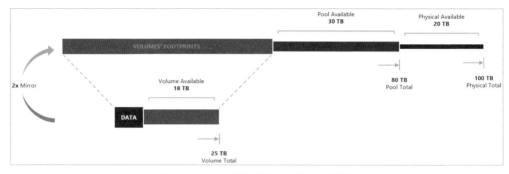

▌圖 7-11　S2D 叢集儲存空間資訊示意圖

※ 圖片來源： Microsoft Docs – Health Service in Windows Server 2016

此外，透過新增的健康服務特色功能，可以幫助 IT 管理人員快速找出 S2D 叢集中的組態設定問題，或者是硬體元件發生災難事件時加速判斷找出根本原因。值得注意的是，健康服務偵測 S2D 叢集節點主機硬體元件故障的方式，是透過 **SES**（SCSI Enclosure Services）方式得到的，所以倘若採用的 x86 硬體伺服器未支援此功能時，則健康服務便無法順利偵測到 S2D 叢集節點主機硬體元件是否發生故障。

那麼，健康服務到底能夠偵測哪些 S2D 叢集節點主機問題。簡單來說，健康服務能夠偵測下列 5 大項目，當然每個項目內都包括相關組態設定或硬體元件故障的偵測機制：

❏ 檢查 S2D 叢集硬體元件運作狀態。

❏ 檢查 S2D 叢集儲存資源運作狀態。

❏ 檢查 S2D 叢集軟體堆疊運作狀態。

❏ 檢查 S2D 叢集 QoS 儲存資源管控運作狀態。

❏ 檢查 S2D 叢集儲存複寫運作狀態。

 說明

> 有關每個偵測項目的子項目詳細說明，請參考 Microsoft Docs – Health Service in Windows Server 2016。

那麼該如何進行檢查偵測作業？請在 PowerShell 指令視窗中，執行 Get-StorageSubSystem Cluster* ｜ Debug-StorageSubSystem 指令即可，倘若 S2D 叢集中沒有任何組態設定及硬體元件錯誤發生，那麼系統就不會回傳任何訊息。

圖 7-12　S2D 叢集中沒有任何組態設定及硬體元件錯誤發生

　　舉例來說，在上個章節中採用 VMFleet 儲存效能壓力測試工具，會自動幫所有 S2D 叢集節點主機建立 Internal vSwitch，我們可以在 **Node01** 叢集節點主機上，將該台 Internal vSwitch 刪除模擬發生組態設定錯誤的情況，當刪除 Internal vSwitch 之後可以透過叢集管理員看到故障事件。

圖 7-13　刪除 Internal vSwitch 模擬發生組態設定錯誤的情況

　　請再次執行 Get-StorageSubSystem Cluster* | Debug-StorageSubSystem 指令，此時因為健康服務偵測到 S2D 叢集發生組態設定錯誤的情況，便會顯示組態設定錯誤的詳細資訊。

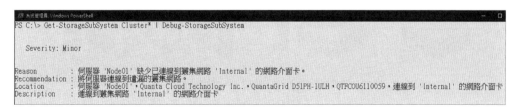

圖 7-14　健康服務偵測到 S2D 叢集發生組態設定錯誤

7.3 S2D 維護模式

雖然，規劃 S2D 軟體定義儲存運作環境時，在 S2D 叢集節點主機的選擇上會採購適合長時間運作的伺服器，然而即使是伺服器等級的硬體設備偶爾還是會需要進行，例如：更新 Firmware 版本、增加記憶體、更換電源模組……等維運事宜，此時 S2D 叢集節點主機就必須要**關機**。

在舊版 Windows Server 2008 R2 時期當叢集節點要執行關機動作時，IT 管理人員必須要**手動**將叢集節點進行暫停節點、移動群組、移動服務或應用程式到另一個節點……等手動作業程序（詳細資訊請參考 Microsoft KB174799），或是在運作環境中建置 SCVMM 2008 R2 管理平台，並將組態設定「Start Maintenance Mode」才能安全的關機。

從 Windows Server 2012 R2 版本開始，這些繁鎖的手動操作步驟便已經內建在**清空角色**（Node Drain）動作當中，當然最新版的 Windows Server 2016 雲端作業系統也同樣支援此特色功能。當 IT 管人員執行清空角色的動作時，系統將會針對此台叢集節點主機上運作的 VM 虛擬主機，透過即時遷移（Live Migration）的運作機制，整合**最佳可用節點**（Best Available Node）演算法，挑選空閒記憶體最多的叢集節點主機遷移 VM 虛擬主機，或者是根據 VM 虛擬主機的**優先順序及慣用擁有者**組態進行遷移的動作，同時自動化移動叢集角色及工作負載（Role / Workloads）後關閉叢集節點主機，以避免其它叢集節點主機將工作負載遷移過來。

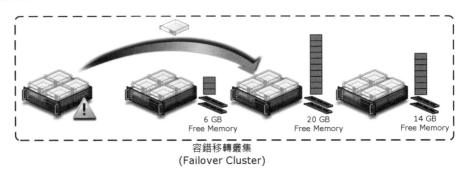

6 GB
Free Memory

20 GB
Free Memory

14 GB
Free Memory

容錯移轉叢集
(Failover Cluster)

▌ 圖 7-15　最佳可用叢集節點演算法運作示意圖

預設情況下，加入 S2D 叢集的 S2D 叢集節點主機便會自動啟用此機制，你也可以透過 PowerShell 指令 `Get-Cluster | fl DrainOnShutdown` 確認機制是否啟動，在指令執行結果中 **1= 啓用**而 **0= 停用**。

▌圖 7-16　確認 S2D 叢集節點主機是否啟用清空角色運作機制

7.3.1　S2D 叢集節點主機進入維護模式

將 S2D 叢集節點主機進入維護模式，也就是進行**清空角色**（Node Drain）的動作之前，我們先了解一下執行清空角色的動作時會執行的自動化步驟有哪些：

1. 當 S2D 叢集節點主機進入維護模式後，此時 S2D 叢集節點主機將處於**已暫停**（Paused）的運作狀態，防止其它 S2D 叢集節點主機將「叢集角色或工作負載」遷移過來。

2. 根據 VM 虛擬主機的優先權組態設定，以及所擔任的叢集角色或工作負載進行移轉程序，移轉方式採用「即時遷移」（Live Migration）以及**記憶體智慧存放機制**（Memory-Aware Intelligent Placement）進行判斷，所以移轉期間並不會發生任何「停機事件」（DownTime）。

3. 將叢集角色依照優先順序組態內容，自動分配到 S2D 叢集中其它的**活動節點**（Active Node）以便叢集資源繼續運作。

4. 當 S2D 叢集節點主機上所有叢集角色及工作負載，都順利遷移到其它活動中的 S2D 叢集節點主機後維護模式作業完成。

5. 當 S2D 叢集節點主機維運作業完畢，例如：增加新的記憶體模式。當 S2D 叢集節點主機重新啟動後，仍然會維持在**已暫停**的運作狀態，必須由 IT 管理人員確認後再手動執行離開維護模式的動作。

此外，在 S2D 叢集的運作架構中，當 S2D 叢集節點主機進入維護模式時等同於產生 **1 個的錯誤網域**，所以在 S2D 叢集節點主機進入維護模式之前，應先確認所有磁碟區是否皆為正常運作的健康狀態，再執行將 S2D 叢集節點主機進入維護模式的動作。

```
PS C:\> Get-VirtualDisk

FriendlyName ResiliencySettingName OperationalStatus HealthStatus IsManualAttach Size
------------ --------------------- ----------------- ------------ -------------- ----
Node01       Mirror                OK                Healthy      True           1 TB
Node02       Mirror                OK                Healthy      True           1 TB
Node03       Mirror                OK                Healthy      True           1 TB
Node04       Mirror                OK                Healthy      True           1 TB
```

▌圖 7-17　確認所有磁碟區皆為正常運作的健康狀態

　　請在容錯移轉叢集管理員視窗中，依序點選**節點**項目後點選要進入維護模式的 S2D 叢集節點主機，然後在右鍵選單中依序點選**暫停→清空角色**項目，那麼 Node04 叢集節點主機將會執行進入維護模式的動作。也就是將其上運作的 VM 虛擬主機及叢集角色遷移到其它活動中的 S2D 叢集節點主機。

說明

也可以透過 PowerShell 指令 Suspend-ClusterNode -Drain，讓 S2D 叢集節點主機進入維護模式。

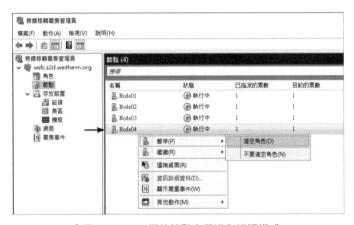

▍圖 7-18　S2D 叢集節點主機進入維護模式

　　當 S2D 叢集節點主機的運作狀態轉換為**已暫停**後，便可以放心將 S2D 叢集節點主機關機。值得注意的是，當 S2D 叢集節點主機關機後運作狀態將會轉換為**非執行中**，當 S2D 叢集節點主機維運作業完畢重新啟動後，運作狀態將會重新轉換為「已暫停」。

▍圖 7-19　S2D 叢集節點主機順利進入維護模式

　　值得注意的是，當 S2D 叢集節點主機進入維護模式之後，便會**停止**所有儲存裝置的 Storage IO 行為，對於 S2D 叢集來說便是發生錯誤網域的情況，所以再次查看所有磁碟區時

會發現有些磁碟區受到影響。這是正常的情況,同時也不會影響到 S2D 叢集及儲存資料的高可用性,稍後當 S2D 叢集節點主機離開維護模式後,將會自動同步所有儲存裝置資訊並恢復 Storage IO 行為。

🛰️ 說明

使用 Get-StorageJob 指令即可看到,有個「Repair」的工作任務狀態為「Suspended」,便是等待 S2D 叢集節點主機離開維護模式後,自動同步所有儲存裝置資訊並恢復 Storage IO 的工作任務。

```
選取 系統管理員: Windows PowerShell
PS C:\> Get-VirtualDisk
                                                ↓
FriendlyName ResiliencySettingName OperationalStatus HealthStatus IsManualAttach Size
------------ --------------------- ----------------- ------------ -------------- ----
Node01       Mirror                Degraded          Warning      True           1 TB
Node02       Mirror                Degraded          Warning      True           1 TB
Node03       Mirror                OK                Healthy      True           1 TB
Node04       Mirror                OK                Healthy      True           1 TB
```

▌圖 7-20　某台 S2D 叢集節點主機進入維護模式影響部分磁碟區健康狀態

7.3.2　S2D 叢集節點主機離開維護模式

當 S2D 叢集節點主機完成維運事務並重新開機後,確認無誤便可以準備離開維護模式。在執行**容錯回復角色**(Node Resume with Failback)動作以前,我們先了解一下執行容錯回復角色的動作時會執行的自動化步驟有哪些:

1. 將 S2D 叢集節點主機**退出**暫停狀態,使叢集節點原本的叢集角色及工作負載可以準備重新遷移回來。

2. 採用**容錯回復原則**(Failback Policy)機制,將原本的叢集角色及工作負載移回該叢集節點當中。

請在容錯移轉叢集管理員視窗中,依序點選**節點**項目後點選要離開維護模式的 S2D 叢集節點主機,然後在右鍵選單中依序點選**繼續→容錯回復角色**項目,那麼 Node04 叢集節點主機將會執行離開維護模式的動作,將原本運作的 VM 虛擬主機及叢集角色遷移回來。

🛰️ 說明

也可以透過 PowerShell 指令 Resume-ClusterNode -Failback Immediate,讓 S2D 叢集節點主機離開維護模式,並將原本的叢集角色及工作負載遷移回來。

▍圖 7-21　S2D 叢集節點主機準備離開維護模式

　　當 S2D 叢集節點主機離開維護模式，運作狀態從「已暫停」轉換回「執行中」時，由於 S2D 叢集節點主機在維護模式期間所有儲存裝置都停止 Storage IO 行為，所以離開維護模式後將重新啟動 Storage IO 行為。此時，S2D 叢集將會**自動**執行「智慧變更追蹤」（Intelligent Change Tracking）機制，無須重新掃描或同步所有儲存裝置資料，只會重新同步 S2D 叢集節點主機維護模式期間「變更」的資料區塊，所以重新同步的時間非常快速便可完成。

```
系統管理員: Windows PowerShell                                              □  ×
PS C:\> Get-StorageJob

Name    IsBackgroundTask ElapsedTime JobState  PercentComplete BytesProcessed BytesTotal
----    ---------------- ----------- --------  --------------- -------------- ----------
Repair  False            00:00:00    Completed 100
Repair  False            02:10:03    Running   0
Repair  True             00:00:06    Running   6 ←               74973184       1073741824
```

▍圖 7-22　僅同步 S2D 叢集節點主機維護模式期間變更的資料區塊

　　原則上，視 S2D 叢集節點主機進入維護模式期間資料量變化的大小，將影響重新同步變更資料區塊的時間，當資料區塊同步作業執行完成後可以看到所有磁碟區恢復健康狀態。

說明

　　倘若，有第 2 台 S2D 叢集節點主機排隊等候進入維護模式，請確保所有磁碟區恢復健康狀態後，再讓 S2D 叢集節點主機進入維護模式。

```
系統管理員: Windows PowerShell                                          □  ×
PS C:\> Get-VirtualDisk                                    ↓

FriendlyName ResiliencySettingName OperationalStatus HealthStatus IsManualAttach Size
------------ --------------------- ----------------- ------------ -------------- ----
Node01       Mirror                OK                Healthy      True           1 TB
Node02       Mirror                OK                Healthy      True           1 TB
Node03       Mirror                OK                Healthy      True           1 TB
Node04       Mirror                OK                Healthy      True           1 TB
```

▌ 圖 7-23　資料區塊同步作業執行完成後所有磁碟區恢復健康狀態

7.3.3　CAU 叢集感知更新

從 Windows Server 2012 R2 版本開始，容錯移轉叢集中新增**叢集感知更新**（Cluster-Aware Updating，CAU）特色功能，在新版 Windows Server 2016 雲端作業系統中，S2D 叢集也已經整合 CAU 叢集感知更新機制。

CAU 叢集感知更新機制，能夠幫助 IT 管理人員自動化執行容錯移轉叢集節點主機的安全性更新作業，並支援 **WUA**（Windows Update Agent）及 **WSUS**（Windows Server Update Services）更新來源，同時在安全性更新執行期間採用**通透模式**（Transparently）運作，整合前面小節實作的「清空角色、容錯回復角色」機制，所以並不會影響到 S2D 叢集服務的高可用性。下列為 CAU 叢集感知更新機制的運作流程：

1. 透過容錯移轉叢集 API 來協調容錯移轉作業，以叢集內部衡量標準搭配智慧型定位啟發學習機制，並且依據叢集節點工作負載情況來自動選擇目標叢集節點。

2. 目標叢集節點主機將**進入維護模式**，也就是執行「清空角色」（Node Drain）的動作，將叢集角色以及工作負載進行遷移。

3. 叢集節點主機將執行**掃描、下載、安裝**安全性更新的動作，如果有需要會自動重新啟動叢集節點主機以便套用生效。

4. 重新啟動叢集節點主機後，再次進行「掃描、下載、安裝」的相依性安全性更新偵測，直到無須下載及安裝任何安全性更新為止。

5. 目標叢集節點主機將**退出維護模式**，也就是執行「容錯回復角色」（Node Resume with Failback），將叢集角色以及工作負載遷移回來。

6. 針對下一台目標叢集節點主機進行上述步驟 1 ~ 5 的維護動作，直到容錯移轉叢集中所有叢集節點主機都完成安全性更新為止。

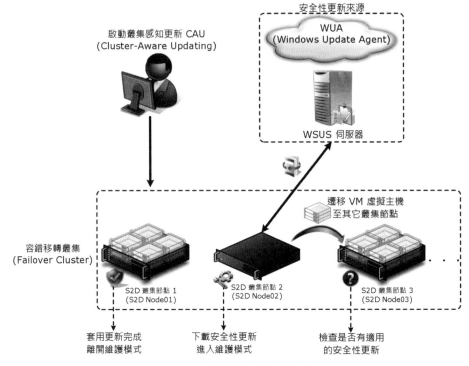

▌圖 7-24　叢集感知更新運作示意圖

　　CAU 叢集感知更新機制支援 2 種不同的更新模式，分別是「遠端更新模式」（Remote-Updating Mode）以及「自行更新模式」（Self-Updating Mode）。首先，遠端更新模式簡單來說就是**手動更新**機制，在同一時間只會有「1 台」S2D 叢集節點主機成為**安全性更新協調者**（CAU Update Coordinator）角色。

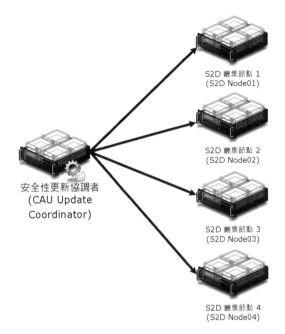

S2D 叢集節點 1
(S2D Node01)

S2D 叢集節點 2
(S2D Node02)

S2D 叢集節點 3
(S2D Node03)

S2D 叢集節點 4
(S2D Node04)

安全性更新協調者
(CAU Update
Coordinator)

▎圖 7-25　遠端更新模式運作示意圖

第 2 種自行更新模式需要先新增 CAU 叢集角色，並且依照自行定義的設定檔及排程時間後自動運作，簡單來說為**自動更新**機制。

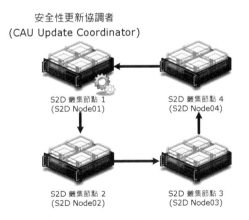

安全性更新協調者
(CAU Update Coordinator)

S2D 叢集節點 1
(S2D Node01)

S2D 叢集節點 4
(S2D Node04)

S2D 叢集節點 2
(S2D Node02)

S2D 叢集節點 3
(S2D Node03)

▎圖 7-26　自行更新模式運作示意圖

事實上，不管 IT 管理人員決定採用哪種更新模式，有經驗的 IT 管理人員深知線上營運環境的主機不應該冒然安裝安全性更新，而是應該先在測試環境中安裝及測試，確認無誤後才針對線上營運環境主機進行安裝的動作。

此外，由於目前運作環境中並沒有建置 WSUS 更新伺服器，因此將採用 WUA（Windows Update Agent）的更新方式進行說明及操作。在執行叢集感知更新的動作以前，請先用 PowerShell 指令 Get-Command –Module ClusterAwareUpdating，確認運作環境是否已經具備叢集感知更新模組。

```
系統管理員: Windows PowerShell

PS C:\> Get-Command -Module ClusterAwareUpdating

CommandType     Name                        Version    Source
-----------     ----                        -------    ------
Cmdlet          Add-CauClusterRole          2.0.0.0    ClusterAwareUpdating
Cmdlet          Disable-CauClusterRole      2.0.0.0    ClusterAwareUpdating
Cmdlet          Enable-CauClusterRole       2.0.0.0    ClusterAwareUpdating
Cmdlet          Export-CauReport            2.0.0.0    ClusterAwareUpdating
Cmdlet          Get-CauClusterRole          2.0.0.0    ClusterAwareUpdating
Cmdlet          Get-CauPlugin               2.0.0.0    ClusterAwareUpdating
Cmdlet          Get-CauReport               2.0.0.0    ClusterAwareUpdating
Cmdlet          Get-CauRun                  2.0.0.0    ClusterAwareUpdating
Cmdlet          Invoke-CauRun               2.0.0.0    ClusterAwareUpdating
Cmdlet          Invoke-CauScan              2.0.0.0    ClusterAwareUpdating
Cmdlet          Register-CauPlugin          2.0.0.0    ClusterAwareUpdating
Cmdlet          Remove-CauClusterRole       2.0.0.0    ClusterAwareUpdating
Cmdlet          Save-CauDebugTrace          2.0.0.0    ClusterAwareUpdating
Cmdlet          Set-CauClusterRole          2.0.0.0    ClusterAwareUpdating
Cmdlet          Stop-CauRun                 2.0.0.0    ClusterAwareUpdating
Cmdlet          Test-CauSetup               2.0.0.0    ClusterAwareUpdating
Cmdlet          Unregister-CauPlugin        2.0.0.0    ClusterAwareUpdating
```

▌圖 7-27　確認 S2D 叢集是否已經具備叢集感知更新模組

請在容錯移轉叢集管理員視窗中，依序點選「wsfc.s2d.weithenn.org→其他動作→叢集感知更新」項目，準備執行叢集感知更新機制。在彈出的叢集感知更新視窗中，可以看到有多項叢集動作選項，在進行操作以前先說明每個項目的功用：

❏ **套用更新至此叢集**：以「手動」方式，啟動叢集感知更新機制。

❏ **預覽此叢集的更新**：立即檢查叢集節點，是否有需要下載並安裝的安全性更新。

❏ **建立或修改「更新執行」設定檔**：採用自行更新模式，並建立或修改叢集感知更新設定檔，也就是「自動化更新」模式。

❏ **產生過去更新執行的報告**：建立叢集感知更新執行期間的報告。

❏ **設定叢集自行更新選項**：啟用自行更新模式後，設定及排程叢集感知更新。

❏ **分析叢集更新整備**：啟用自行更新模式後，分析叢集和角色確認叢集感知更新期間並沒有發生停機事件。

▌圖7-28　叢集感知更新視窗及叢集動作選項

　　請點選「設定叢集自行更新選項」，請勾選「將已啟用自行更新模式的 CAU 叢集角色新增至此叢集」選項，接著組態設定自行更新的排程時間……等。原則上，其它選項採用系統預設值即可。

▌圖7-29　新增 CAU 叢集角色

　　請點選**分析叢集更新整備**項目，此時 S2D 叢集將會檢查所有 S2D 叢集節點主機，是否滿足所有 CAU 叢集感知更新的環境要求，在本書實作環境中可以看到只有 1 個警告項目。由於，本書實作環境中，S2D 叢集節點主機並沒有透過 Proxy 伺服器存取網際網路，所以這個警告項目可以忽略。

說明

　　有關 CAU 叢集感知更新的環境需求及最佳作法，請參考 TechNet Library – Requirements and Best Practices for Cluster-Aware Updating。

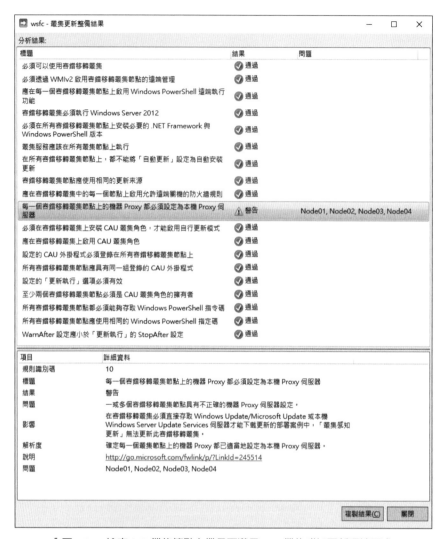

│ 圖 7-30　檢查 S2D 叢集節點主機是否滿足 CAU 叢集感知更新環境要求

　　請點選**預覽此叢集的更新**項目，準備為 S2D 叢集節點主機執行更新動作。在彈出的預覽更新視窗中，於選取外掛程式下拉式選單內選擇 **Microsoft.WindowsUpdatePlugin** 項目後，按下「產生更新預覽清單」鈕，此時 S2D 叢集將會「分析、掃描」所有的 S2D 叢集節點主機中，是否有需要下載並安裝的安全性更新項目，當您點選更新項目時還可以查看該更新的說明內容，查看完畢後請按下「關閉」鈕即可。

圖 7-31 分析及掃描 S2D 叢集節點主機需要下載及安裝的安全性更新項目

最後，按下「套用更新至此叢集」項目執行叢集感知更新程序，可以看到 S2D 叢集中的所有 S2D 叢集節點主機，開始透過 WUA（Windows Update Agent）更新方式，自動下載建議的安全性更新以及進度百分比等詳細的運作資訊。

說明

下載安全性更新的動作，是「所有」S2D 叢集節點主機同時運作，也就是所有叢集節點同時透過 WUA 自行下載安全性更新。但是，進行「安裝」安全性更新的動作同一時間只會有「1 台」S2D 叢集節點主機執行。

▌圖 7-32　叢集節點開始下載安全性更新並安裝

▌圖 7-33　所有 S2D 叢集節點主機完成安全性更新

　　當 S2D 叢集中所有 S2D 叢集節點主機都已經成功執行更新作業後，可以點選**產生過去更新執行的報告**項目，便能查詢叢集感知更新的歷史記錄並匯出檔案。在彈出的產生更新執行報告視窗當中，選擇開始及結束的時間區段後按下「產生報告」鈕，便會顯示叢集感知更新的歷史記錄及更新資訊，並且可以按下**匯出報告**鈕執行報表匯出的動作。

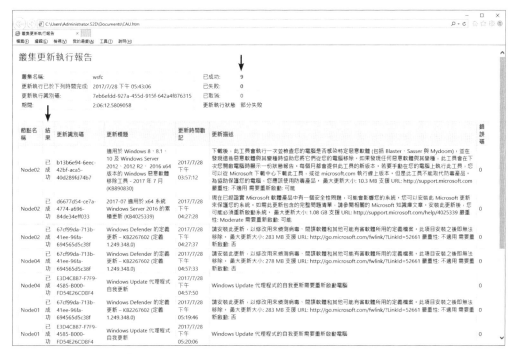

圖 7-34　匯出 S2D 叢集節點主機安全性更新執行報告

7.4　水平擴充 S2D 叢集運作規模

S2D 叢集的運作規模從最小「2 台」S2D 叢集節點主機，最大擴充至「16 台」S2D 叢集節點主機。因此，企業及組織一開始可能因為專案規模或 IT 預算等因素，所以建置運作規模較小的 S2D 叢集，然而隨著專案規模成長或其它新的專案加入造成工作負載及資料量不斷增加，此時便需要擴充 S2D 叢集節點主機。

7.4.1　擴充 S2D 叢集規模（2 台 → 3 台）

在本小節實作環境中 S2D 叢集運作規模由 **2 台**開始，隨著專案規模成長造成工作負載及資料量不斷增加，需要擴充 S2D 叢集規模也就是加入**第 3 台** S2D 叢集節點主機。

▌圖 7-35　擴充 S2D 叢集運作規模由 2 台增加至 3 台

※ 圖片來源：Microsoft Docs – Adding servers or drives to Storage Spaces Direct

目前，S2D 叢集運作規模為 2 台，可以看到目前 S2D 叢集中 Storage Pool 的總容量儲存空間為 **175TB**，稍後加入第 3 台 S2D 叢集節點主機後，將會再次驗證 Storage Pool 的總容量儲存空間是否自動成長。

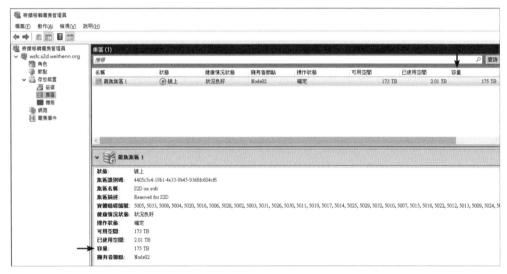

▌圖 7-36　目前 S2D 叢集中 Storage Pool 的總容量儲存空間為 175TB

增加 S2D 叢集運作規模非常簡單，只要新加入的 S2D 叢集節點主機如同先前章節中所述，配置符合規格的 x86 硬體伺服器並組態設定好系統組態。接著，請在加入新的 S2D 叢集節點主機前進行叢集驗證程序並確認無誤後，在 PowerShell 指令視窗中執行 Add-ClusterNode –Name Node03 指令即可。

▌圖 7-37　加入新的 S2D 叢集節點主機

此時，使用 Get-StorageJob 或 Get-StorageHealthAction 指令，可以看到 S2D 叢集正在「自動」將新加入 S2D 叢集節點主機中，所有的儲存裝置加入到 Storage Pool 當中。原則上，加入新儲存裝置至 Storage Pool 的動作約 **15 分鐘**以內會自動完成，當然實際上將會因為 S2D 叢集節點主機儲存裝置數量及儲存空間大小而有所不同。

說明

當 S2D 叢集中只有「1 個」Storage Pool，便會自動將新加入 S2D 叢集節點主機的儲存裝置加入到 Storage Pool 當中。倘若，S2D 叢集中有超過 1 個以上的 Storage Pool 時，便需要 IT 管理人員手動執行 **Add-PhysicalDisk** 指令，將儲存裝置加入到指定的 Storage Pool 當中。

▌圖 7-38　查看新增 S2D 叢集節點主機的檢查報告內容

透過 S2D 團隊 Cosmos Darwin 撰寫的 PowerShell 指令碼（Show-PrettyPool.ps1），可以輕鬆幫助你了解 Storage Pool 及儲存裝置空間的使用情況。可以看到，順利將第 3 台 S2D 叢集節點主機加入 S2D 叢集後，剛開始第 3 台 S2D 叢集節點主機上所有儲存裝置的使用空間狀態是 **0%**。

▌圖 7-39　剛開始第 3 台 S2D 叢集節點主機上所有儲存裝置的使用空間狀態是 0%

同時，在預設情況下當 S2D 叢集加入新的 S2D 叢集節點主機之後，在 **30 分鐘** 之後 S2D 叢集將會自動執行 Slab 資料副本負載平衡的動作，也就是**最佳化**（Optimizing）或**重新平衡**（Re-Balancing）。

▌圖 7-40　S2D 叢集自動執行 Slab 資料副本負載平衡的動作

再次執行 Show-PrettyPool.ps1 指令碼，可以看到第 3 台 S2D 叢集節點主機的儲存裝置的使用空間狀態，由原本的「0%」開始儲存其它 Slab 資料副本而增加使用空間比例，最後達到所有 S2D 叢集節點主機儲存空間自動平衡的目的。

```
系統管理員: Windows PowerShell
PS C:\> C:\tmp\Show-PrettyPool.ps1

SerialNumber      Type Node Size Used Percent
------------      ---- ---- ---- ---- -------
BTWA527501M       SSD  1    1TB  -    -
BTWA527501Y       SSD  1    1TB  -    -
BTWA527501N       SSD  1    1TB  -    -
BTWA527501K       SSD  1    1TB  -    -
BTWA527501X       SSD  2    1TB  -    -
BTWA527501N       SSD  2    1TB  -    -
BTWA527501N       SSD  2    1TB  -    -
BTWA527501X       SSD  2    1TB  -    -
BTWA527501L       SSD  3    1TB  -    -
BTWA527501V       SSD  3    1TB  -    -
BTWA527501S       SSD  3    1TB  -    -
BTWA527501H       SSD  3    1TB  -    -
Z840E3            HDD  3    8TB  0    0%
Z840E2            HDD  3    8TB  0    0%
Z840E2            HDD  3    8TB  0    0%
Z840E3            HDD  3    8TB  2GB  0%
Z840E6            HDD  3    8TB  2GB  0%
Z840E3            HDD  3    8TB  4GB  0.1%
Z840E3            HDD  3    8TB  4GB  0.1%
Z840E3            HDD  3    8TB  4GB  0.1%
Z840E3            HDD  3    8TB  4GB  0.1%
Z840E7            HDD  3    8TB  4GB  0.1%
Z840E3            HDD  3    8TB  5GB  0.1%
Z840E7            HDD  1    8TB  84GB 1%
Z840DN            HDD  2    8TB  88GB 1.1%
```

▎圖 7-41　第 3 台 S2D 叢集節點主機的儲存裝置開始儲存其它 Slab 資料副本

此時，可以看到 S2D 叢集中 Storage Pool 的總容量儲存空間，從先前運作規模為 2 台時的「175TB」，成長為目前運作規模 3 台的 **262TB** 總容量儲存空間。

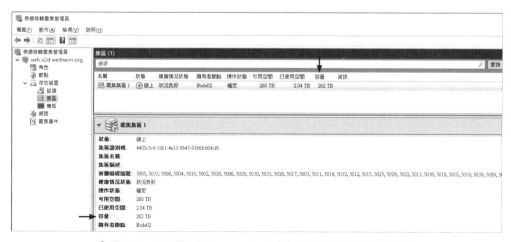

▎圖 7-42　S2D 叢集的 Storage Pool 總容量儲存空間成長至 262TB

❖ 建立三向鏡像磁碟區

先前，由於 S2D 叢集運作規模為「2 台」S2D 叢集節點主機，所以只能建立「雙向鏡像」磁碟區。現在，S2D 叢集運作規模成長為「3 台」S2D 叢集節點主機，所以開始能夠建立「三向鏡像」磁碟區。

只要在建立 CSVFS 磁碟區時，加上 -PhysicalDiskRedundancy 2 的參數即可建立「三向鏡像」磁碟區。接著，透過 S2D 團隊 Cosmos Darwin 撰寫的 PowerShell 指令碼（Show-PrettyVolume.ps1），可以輕鬆幫助你了解 CSVFS 磁碟區的類型及相關資訊。

```
系統管理員: Windows PowerShell
PS C:\> New-Volume -FriendlyName 3Way-1TB -FileSystem CSVFS_ReFS -StoragePoolFriendlyName S2D* -Size 1TB -PhysicalDiskRedundancy 2

DriveLetter FileSystemLabel FileSystem DriveType HealthStatus OperationalStatus SizeRemaining       Size
----------- --------------- ---------- --------- ------------ ----------------- -------------       ----
            3Way-1TB        CSVFS      Fixed     Healthy      OK                1012.35 GB 1023.81 GB

PS C:\> C:\tmp\Show-PrettyVolume.ps1

Volume   Filesystem Capacity Used Resiliency    Size (Mirror) Size (Parity) Footprint Efficiency
------   ---------- -------- ---- ----------    ------------- ------------- --------- ----------
3Way-1TB ReFS       1024GB   1%   3-Way Mirror 1TB            0             3TB       33%
2Way-1TB ReFS       1024GB   2%   2-Way Mirror 1TB            0             2TB       50%
```

圖 7-43　開始能夠建立三向鏡像磁碟區

根據微軟最佳建議作法，當 S2D 叢集運作規模 3 台或以上時，考量資料高可用性應該建立三向鏡像磁碟區而非雙向鏡像。然而，目前的 S2D 叢集預設值，若未加上 -PhysicalDiskRedundancy 2 參數時便會建立雙向鏡像磁碟區，此時我們可以修改 S2D 叢集建立鏡像磁碟區的容錯預設值，之後便無須額外加上參數便能建立三向鏡像磁碟區。請執行 Get-StoragePool S2D* | Get-ResiliencySetting -Name Mirror | Set-ResiliencySetting -PhysicalDiskRedundancyDefault 2 指令，即可將 S2D 叢集建立鏡像磁碟區的容錯預設值，從雙向鏡像調整為三向鏡像。

```
系統管理員: Windows PowerShell
PS C:\> Get-StoragePool S2D* | Get-ResiliencySetting -Name Mirror | Set-ResiliencySetting -PhysicalDiskRedundancyDefault 2
PS C:\> New-Volume -FriendlyName 3Way-Default -FileSystem CSVFS_ReFS -StoragePoolFriendlyName S2D* -Size 1TB

DriveLetter FileSystemLabel FileSystem DriveType HealthStatus OperationalStatus SizeRemaining       Size
----------- --------------- ---------- --------- ------------ ----------------- -------------       ----
            3Way-Default    CSVFS      Fixed     Healthy      OK                1012.35 GB 1023.81 GB

PS C:\> C:\tmp\Show-PrettyVolume.ps1

Volume       Filesystem Capacity Used Resiliency    Size (Mirror) Size (Parity) Footprint Efficiency
------       ---------- -------- ---- ----------    ------------- ------------- --------- ----------
3Way-1TB     ReFS       1024GB   1%   3-Way Mirror 1TB            0             3TB       33%
3Way-Default ReFS       1024GB   1%   3-Way Mirror 1TB            0             3TB       33%
2Way-1TB     ReFS       1024GB   2%   2-Way Mirror 1TB            0             2TB       50%
```

圖 7-44　將 S2D 叢集建立鏡像磁碟區的容錯預設值從雙向鏡像調整為三向鏡像

7.4.2　擴充 S2D 叢集規模（3 台 → 4 台）

現在，S2D 叢集運作規模已經成長為 **3 台**，然而隨著企業及組織專案規模不斷成長，導致工作負載及資料量不斷增加，需要擴充 S2D 叢集規模也就是加入**第 4 台** S2D 叢集節點主機。

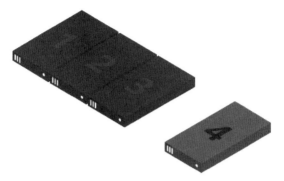

▌圖 7-45　擴充 S2D 叢集運作規模由 3 台增加至 4 台

※ 圖片來源：Microsoft Docs – Adding servers or drives to Storage Spaces Direct

目前，S2D 叢集運作規模為 3 台，可以看到目前 S2D 叢集中 Storage Pool 的總容量儲存空間為 **262TB**，稍後加入第 4 台 S2D 叢集節點主機後，將會再次驗證 Storage Pool 的總容量儲存空間是否自動成長。

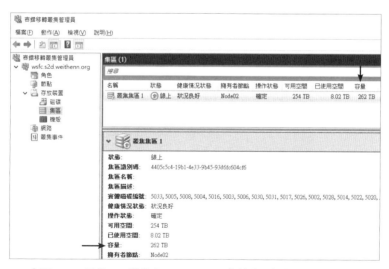

▌圖 7-46　目前 S2D 叢集中 Storage Pool 的總容量儲存空間為 262TB

增加 S2D 叢集運作規模非常簡單，只要新加入的 S2D 叢集節點主機如同先前章節中所述，配置符合規格的 x86 硬體伺服器並組態設定好系統組態。接著，請在加入新的 S2D 叢

集節點主機前進行叢集驗證程序並確認無誤後，執行 PowerShell 指令 Add-ClusterNode –Name Node04 即可。

此 時，使 用 PowerShell 指 令 Get-StorageJob 或 Get-StorageHealthAction，可以看到 S2D 叢集正在**自動**將新加入 S2D 叢集節點主機中，所有的儲存裝置加入到 Storage Pool 當中。原則上，加入新儲存裝置至 Storage Pool 的動作約 **15 分鐘**以內會自動完成，當然實際上將會因為 S2D 叢集節點主機儲存裝置數量及儲存空間大小而有所不同。

▌圖 7-47　加入新的 S2D 叢集節點主機

同樣的，順利將第 4 台 S2D 叢集節點主機加入 S2D 叢集後，剛開始第 4 台 S2D 叢集節點主機上所有儲存裝置的使用空間狀態是 **0%**。接著，在 **30 分鐘**之後 S2D 叢集將會自動執行 Slab 資料副本負載平衡的動作，也就是**最佳化**（Optimizing）或**重新平衡**（Re-Balancing）。此時，再次執行 Show-PrettyPool.ps1 指令碼，可以看到第 4 台 S2D 叢集節點主機的儲存裝置的使用空間狀態，由原本的「0%」開始儲存其它 Slab 資料副本而增加使用空間比例。

▌圖 7-48　第 4 台 S2D 叢集節點主機的儲存裝置開始儲存其它 Slab 資料副本

此時，可以看到 S2D 叢集中 Storage Pool 的總容量儲存空間，從先前運作規模為 3 台時的「262TB」，成長為目前運作規模 4 台的 **350TB** 總容量儲存空間。

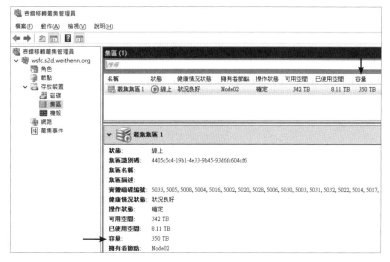

圖 7-49　S2D 叢集的 Storage Pool 總容量儲存空間成長至 350TB

❖ 建立雙同位磁碟區

先前，由於 S2D 叢集運作規模為「3 台」S2D 叢集節點主機，所以只能建立**單同位磁碟區**。現在，S2D 叢集運作規模成長為「4 台」S2D 叢集節點主機開始能夠建立**雙同位磁碟區**。

只要在建立 CSVFS 磁碟區時，加上 -PhysicalDiskRedundancy 2 及 ResiliencySettingName = Parity 的參數即可建立「雙同位」磁碟區。接著，透過 S2D 團隊 Cosmos Darwin 撰寫的 PowerShell 指令碼（Show-PrettyVolume.ps1），可以輕鬆幫助你了解 CSVFS 磁碟區的類型及相關資訊。

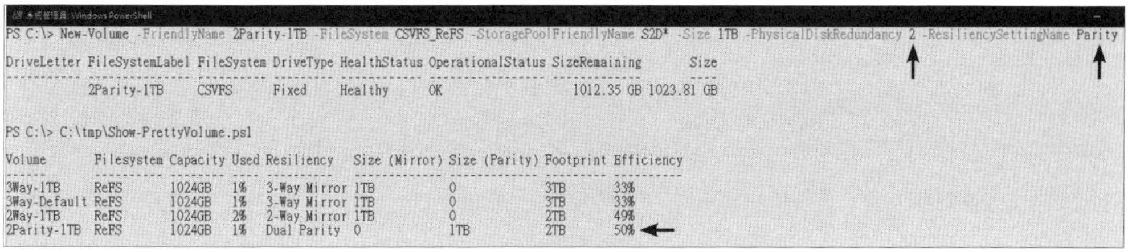

圖 7-50　開始能夠建立雙同位磁碟區

根據微軟最佳建議作法，當 S2D 叢集運作規模 **4 台**或以上時，考量資料高可用性應該建立雙同位或三向鏡像磁碟區而非單同位。然而，目前的 S2D 叢集預設值，若未加

上 -PhysicalDiskRedundancy 2 參數時便會建立單同位磁碟區，此時我們可以修改 S2D 叢集建立同位磁碟區的容錯預設值，之後便無須額外加上參數便能建立雙同位磁碟區。請執行 Get-StoragePool S2D* | Get-ResiliencySetting -Name Parity | Set-ResiliencySetting -PhysicalDiskRedundancyDefault 2 指令，即可將 S2D 叢集建立同位磁碟區的容錯預設值，從單同位調整為雙同位。

▌圖 7-51　將 S2D 叢集建立鏡像磁碟區的容錯預設值從單同位調整為雙同位

❖ 建立混合式復原磁碟區

此外，當 S2D 叢集運作規模成長為「4 台」時，S2D 叢集節點主機也開始能夠建立**混合式復原**磁碟區。

請在 PowerShell 指令視窗中執行下列指令碼，將原本 S2D 叢集節點主機中的「Capacity」儲存層級範本刪除，接著建立名稱為「Performance」的三向鏡像儲存層級，以及名稱為「Capacity」的雙同位儲存層級。

```
# 刪除舊有的儲存層級範本
Remove-StorageTier -FriendlyName Capacity
# 建立 Performance 三向鏡像儲存層級
New-StorageTier -StoragePoolFriendlyName S2D* -MediaType HDD -PhysicalDiskRedundancy 2
 -ResiliencySettingName Mirror -FriendlyName Performance
# 建立 Capacity 雙同位儲存層級
New-StorageTier -StoragePoolFriendlyName S2D* -MediaType HDD -PhysicalDiskRedundancy 2
 -ResiliencySettingName Parity -FriendlyName Capacity
```

 說明

刪除先前舊有的儲存層級範本，並不會影響到任何採用該儲存層級範本建立的磁碟區。

現在，IT管理人員可以搭配 -StorageTierFriendlyNames Performance, Capacity 及 -StorageTierSizes <Size, Size> 參數，建立混合式復原磁碟區並指定快取空間及儲存空間的比例。最後，再次透過 S2D 團隊 Cosmos Darwin 撰寫的 PowerShell 指令碼（Show-PrettyVolume.ps1），幫助你快速查詢 CSVFS 磁碟區的類型及相關資訊。

```
PS C:\> New-Volume -FriendlyName Mix-1TB -FileSystem CSVFS_ReFS -StoragePoolFriendlyName S2D* -StorageTierFriendlyNames Performance, Capacity -StorageTierSizes 100GB, 900GB

DriveLetter FileSystemLabel FileSystem DriveType HealthStatus OperationalStatus SizeRemaining     Size

            Mix-1TB         CSVFS      Fixed     Healthy      OK                987.66 GB 999.81 GB

PS C:\> C:\tmp\Show-PrettyVolume.ps1

Volume           Filesystem Capacity Used Resiliency           Size (Mirror) Size (Parity) Footprint Efficiency
3Way-1TB         ReFS       1024GB   1%   3-Way Mirror         1TB           0             3TB       33%
3Way-Default     ReFS       1024GB   1%   3-Way Mirror         1TB           0             3TB       33%
Mix-1TB          ReFS       1000GB   1%   Mix (3-Way + Dual)   100GB         900GB         2TB       48%   ←
2Parity-1TB      ReFS       1024GB   1%   Dual Parity          0             1TB           2TB       50%
2Parity-Default  ReFS       1024GB   1%   Dual Parity          0             1TB           2TB       50%
2Way-1TB         ReFS       1024GB   2%   2-Way Mirror         1TB           0             2TB       50%
```

┃ 圖 7-52　建立混合式復原磁碟區

後續，當 S2D 叢集要再度擴充運作規模至 **5 ～ 16 台**時，便無須再調整鏡像、同位、混合磁碟區的預設值。同時，隨著 S2D 叢集節點主機的數量不斷增加後，**同位**磁碟區的儲存效率將會不斷提升，舉例來說，當 S2D 叢集節點主機數量為 6 ～ 7 台時，儲存效率將會從 50% 提升至 66.7%。

7.5　擴充 CSVFS 磁碟區空間

隨著時間的推移，當初建立的 CSVFS 儲存資源磁碟空間可能會發生不足的情況。此時，可以透過調整 CSVFS 儲存資源磁碟空間，滿足企業及組織不斷變化的專案需求。然而，CSVFS 儲存資源磁碟空間，是由底層 Storage Tier、Virtual Disk、Disk……等所組成，所以若要擴充 CSVFS 儲存資源磁碟空間，便需要依序將相關層級逐步擴充才行。

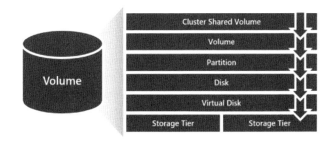

┃ 圖 7-53　CSVFS 儲存資源結構示意圖

※ 圖片來源：Microsoft Docs – Extending volumes in Storage Spaces Direct

❖ 暫停 CSVFS 磁碟區 Storage IO

在開始進行 CSVFS 儲存資源磁碟空間擴充作業之前，請先確認所要擴充的 CSVFS 儲存資源「名稱」（FriendlyName），可以透過 PowerShell 的 Get-VirtualDisk 指令，或透過 Cosmos Darwin 撰寫的 Show-PrettyVolume.ps1 指令碼查看詳細資訊。

在本小節實作中，我們將針對 2 個 1TB 大小儲存空間進行擴充的動作，但這 2 個 CSVFS 磁碟區中有 1 個採用三向鏡像，另 1 個是整合 Storage Tier 機制的混合式復原。

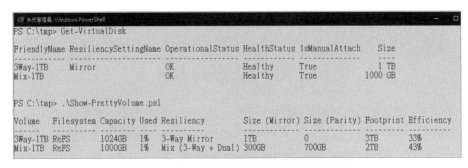

▌圖 7-54　確認所要擴充的 CSVFS 儲存資源名稱

在開始擴充指定的 CSVFS 儲存資源磁碟空間前，微軟官方建議**暫停**（Suspending）該磁碟區的 Storage IO 工作負載。請在容錯移轉叢集員視窗中，點選「存放裝置→磁碟」項目後點選希望暫停的 CSVFS 磁碟區，在右鍵選單中依序點選「其他動作→開啟維護模式」即可。

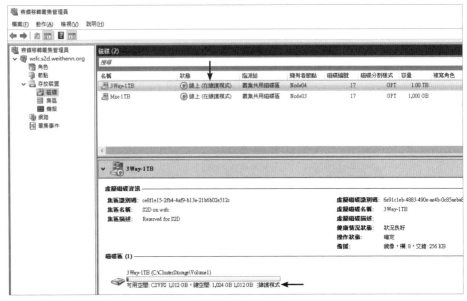

▌圖 7-55　CSVFS 磁碟區暫停 Storage IO 工作負載

或者，IT 管理人員也可以在 PowerShell 指令視窗中，執行 Get-ClusterSharedVolume <Name> | Suspend-ClusterResource 指令。同樣可以達到暫停 CSVFS 磁碟區 Storage IO 工作負載的目的。

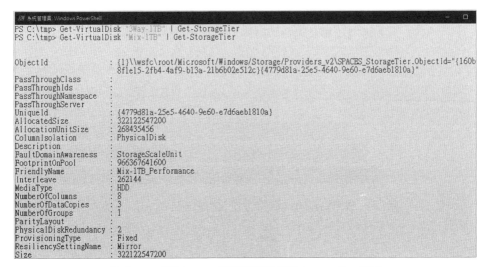

‖ 圖 7-56　CSVFS 磁碟區暫停 Storage IO 工作負載

❖ 擴充 Virtual Disk 儲存空間

在執行擴充「Virtual Disk」儲存空間的動作之前，必須先確認 CSVFS 磁碟區是否有使用「Storage Tier」機制，舉例來說，本小節實作環境中 **3Way-1TB** 磁碟區採用三向鏡像，所以並**沒有**使用 Storage Tier 機制，而 **Mix-1TB** 磁碟區採用混合式復原所以**有**使用 Storage Tier 機制。同時，也可以使用 PowerShell 指令 Get-VirtualDisk <FriendlyName> | Get-StorageTier 進行確認。

```
PS C:\tmp> Get-VirtualDisk "3Way-1TB" | Get-StorageTier
PS C:\tmp> Get-VirtualDisk "Mix-1TB" | Get-StorageTier


ObjectId                : {1}\\wsfc\root/Microsoft/Windows/Storage/Providers_v2\SPACES_StorageTier.ObjectId="{160b
                          8f1e15-2fb4-4af9-b13a-21b6b02e512c}{4779d81a-25e5-4640-9e60-e7d6aeb1810a}"
PassThroughClass        :
PassThroughIds          :
PassThroughNamespace    :
PassThroughServer       :
UniqueId                : {4779d81a-25e5-4640-9e60-e7d6aeb1810a}
AllocatedSize           : 322122547200
AllocationUnitSize      : 268435456
ColumnIsolation         : PhysicalDisk
Description             :
FaultDomainAwareness    : StorageScaleUnit
FootprintOnPool         : 966367641600
FriendlyName            : Mix-1TB_Performance
Interleave              : 262144
MediaType               : HDD
NumberOfColumns         : 8
NumberOfDataCopies      : 3
NumberOfGroups          : 1
ParityLayout            :
PhysicalDiskRedundancy  : 2
ProvisioningType        : Fixed
ResiliencySettingName   : Mirror
Size                    : 322122547200
```

‖ 圖 7-57　確認 CSVFS 磁碟區是否使用 Storage Tier 機制

首先，本小節實作環境中 **3Way-1TB** 磁碟區採用三向鏡像，所以並沒有使用 Storage Tier 機制。因此，可以直接使用 PowerShell 指令 **Resize-VirtualDisk**，執行儲存空間擴充的動作。

當 Virtual Disk 儲存空間擴充時，上層的 Disk 儲存空間也將自動進行儲存空間擴充的動作。

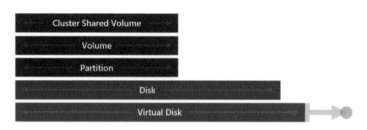

▎圖 7-58　擴充 Virtual Disk 儲存空間示意圖（未使用 Storage Tier 機制）

※ 圖片來源：Microsoft Docs – Extending volumes in Storage Spaces Direct

現在，我們可以使用 PowerShell 指令 Get-VirtualDisk 3Way-1TB | Resize-VirtualDisk –Size 2TB，將「3Way-1TB」的 CSVFS 磁碟區儲存空間，由原本的「1TB」擴充至 **2TB**。

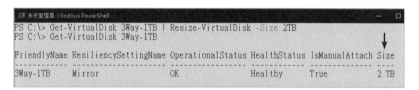

▎圖 7-59　擴充 3Way-1TB 的 CSVFS 磁碟區儲存空間至 2TB

接著，本小節實作環境中 **Mix-1TB** 磁碟區採用混合式復原，所以有使用 Storage Tier 機制。因此，需要使用 PowerShell 指令 **Resize-StorageTier**，執行儲存空間擴充的動作。

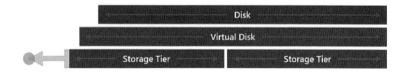

▎圖 7-60　擴充 Virtual Disk 儲存空間示意圖（使用 Storage Tier 機制）

※ 圖片來源：Microsoft Docs – Extending volumes in Storage Spaces Direct

請先使用 PowerShell 指令 Get-VirtualDisk Mix-1TB | Get-StorageTier | Select FriendlyName，確認混合式復原 CSVFS 磁碟區中快取空間及儲存空間的名稱。然後，執行 PowerShell 指令 Get-StorageTier Mix-1TB_Performance | Resize-StorageTier –Size

600GB，將「Mix-1TB」的 CSVFS 磁碟區**快取**空間，由原本的「300GB」擴充至 **600GB**，執行 PowerShell 指令 Get-StorageTier Mix-1TB_Capacity | Resize-StorageTier -Size 1.4TB，將「Mix-1TB」的 CSVFS 磁碟區**儲存**空間，由原本的「700GB」擴充至 **1.4TB**。

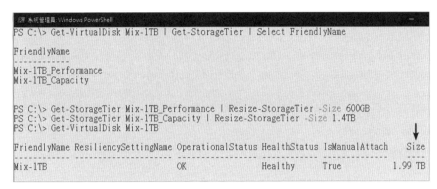

■ 圖 7-61　擴充 Mix-1TB 的 CSVFS 磁碟區儲存空間至 2TB

❖ 擴充分割區儲存空間

現在，已經順利將 CSVFS 磁碟區儲存空間擴充至 2TB。最後，只要透過 PowerShell 指令 Resize-Partition，將 CSVFS 磁碟區所屬的分割區儲存空間也擴充至 2TB 即可。

> **說明**
>
> 當 Partition 儲存空間擴充時，上層的 Volume 及 Cluster Shared Volume 儲存空間也將自動進行儲存空間擴充的動作。

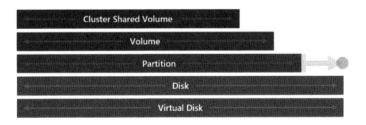

■ 圖 7-62　擴充 Partition 儲存空間示意圖

※ 圖片來源：Microsoft Docs – Extending volumes in Storage Spaces Direct

請執行下列 PowerShell 指令碼內容，以便執行擴充「3Way-1TB、Mix-1TB」分割區空間的動作，然後透過 PowerShell 指令 Get-VirtualDisk | Get-Disk | Get-Partition，確認 CSVFS 磁碟區所屬的分割區儲存空間是否擴充完畢。

```
# 擴充 3Way-1TB 分割區空間
$3WayvDisk = Get-VirtualDisk 3Way-1TB
$3WayPartition = $3WayvDisk | Get-Disk | Get-Partition | where PartitionNumber -EQ 2
$3WayPartition | Resize-Partition -Size ($3WayPartition | Get-PartitionSupportedSize).
 SizeMax
# 擴充 Mix-1TB 分割區空間
$MixvDisk = Get-VirtualDisk Mix-1TB
$MixPartition = $MixvDisk | Get-Disk | Get-Partition | where PartitionNumber -EQ 2
$MixPartition | Resize-Partition -Size ($MixPartition | Get-PartitionSupportedSize).
 SizeMax
# 確認分割區空間擴充完成
Get-VirtualDisk | Get-Disk | Get-Partition
```

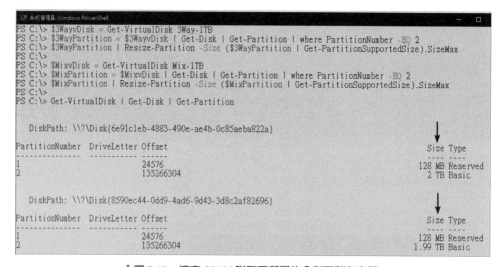

┃圖 7-63　擴充 CSVFS 磁碟區所屬的分割區儲存空間

❖ 恢復 CSVFS 磁碟區 Storage IO

現在，可以執行**恢復**（Resume）磁碟區 Storage IO 工作負載的動作。請在容錯移轉叢集
員視窗中，點選「存放裝置→磁碟」項目後點選希望恢復的 CSVFS 磁碟區，在右鍵選單中
依序點選「其他動作→關閉維護模式」即可。

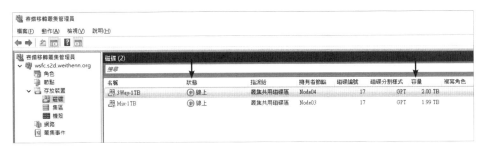

| 圖 7-64　CSVFS 磁碟區恢復 Storage IO 工作負載

或者，IT 管理人員也可以在 PowerShell 指令視窗中，執行 Get-ClusterSharedVolume <Name> | Resume-ClusterResource 指令。同樣可以達到恢復 CSVFS 磁碟區 Storage IO 工作負載的目的。

| 圖 7-65　CSVFS 磁碟區恢復 Storage IO 工作負載

順利完 CSVFS 磁碟區儲存空間擴充的任務後，可以再次確認 CSVFS 磁碟區儲存空間資訊。

```
PS C:\tmp> Get-VirtualDisk

FriendlyName ResiliencySettingName OperationalStatus HealthStatus IsManualAttach   Size
------------ --------------------- ----------------- ------------ --------------   ----
3Way-1TB     Mirror                OK                Healthy      True             2 TB
Mix-1TB                            OK                Healthy      True             1.99 TB

PS C:\tmp> .\Show-PrettyVolume.ps1

Volume   Filesystem Capacity Used Resiliency        Size (Mirror) Size (Parity) Footprint Efficiency
------   ---------- -------- ---- ----------        ------------- ------------- --------- ----------
3Way-1TB ReFS       2TB      1%   3-Way Mirror      2TB           0             6TB       33%
Mix-1TB  ReFS       2TB      1%   Mix (3-Way + Dual) 600GB        1TB           5TB       44%
```

| 圖 7-66　順利完成 CSVFS 磁碟區儲存空間擴充的任務

APPENDIX

S2D 解決方案

A.1 簡介 S2D 解決方案

在第 2 章節中，我們曾經提到在 Microsoft Ignite 2016 大會中，已經有許多硬體伺服器供應商通過微軟測試程序，並正式支援建立 S2D 軟體定義儲存運作環境，相關詳細資訊請參考 Microsoft Ignite 2016 議程 BRK3008、BRK2167。

現在，我們進一步介紹市場上各家硬體伺服器供應商的 S2D 解決方案。下列為支援 S2D 軟體定義儲存技術硬體伺服器供應商的概要清單（供應商名稱以英文字母順序排序）：

- Cisco UCS C240 M4。

- DataOn S2D-3110、S2D-3240、S2D-3116。

- Dell PowerEdge R730 XD。

- Fujitsu Primergy RX2540 M2。

- HPE ProLiant DL380 G9。

- Inspur NF5166 M4、NF5280 M4。

- Intel MCB2224THY1、MCB2312WHY2、MCB2224TAF3、MCB2208WAF4。

- Lenovo x3650 M5。

- NEC Express5800 R120f-2M、R120g-2E。

- QCT QxStack MSW2000、MSW6000、MSW8000。

- RAID Inc. Ability HCI Series S2D100、S2D200、S2D220、S2D240。

- Supermicro ASSM-2000、ASSM-3000、ASSM-5000、ASSM-7000。

Cisco UCS C240 M4	DataON S2D-3110	DELL PowerEdge R730XD
Fujitsu Primergy RX2540 M2	HPE ProLiant DL380 Gen9	Inspur NF5280M4
Intel MCB2224TAF3	Lenovo X3650 M5	NEC Express5800 R120f-2M
Quanta D51B-2U (MSW6000)	RAID Inc. Ability™ HCI Series S2D200	SuperMicro SYS-2028U-TRT+

▍圖 A-1　支援 S2D 軟體定義儲存技術硬體伺服器清單

※ 圖片來源：Channel 9 – Discover Storage Spaces Direct, the ultimate software-defined storage for Hyper-V（BRK3088）

A.2 Dell EMC – S2D 解決方案

　　Dell EMC 推出「Dell EMC Microsoft Storage Spaces Direct Ready Nodes」的 S2D 解決方案，依據企業及組織不同需求分別提供「Hybrid Capacity、Hybrid Balanced、All-Flash」3 種 S2D 解決方案。詳細資訊請參考 Dell EMC 官方網站（**URL** http://en.community.dell.com/techcenter/extras/w/wiki/12305.dell-emc-microsoft-storage-spaces-direct-ready-nodes）。

Dell EMC Microsoft Storage Spaces Direct Ready Nodes configuration options

Not all workloads have the same requirements, so Dell EMC provides a variety of ready-to-order configurations based on different requirements.

	Hybrid capacity configuration	Hybrid balanced with OS RAID configuration	All-flash OS RAID configuration
Server	PowerEdge R730xd	PowerEdge R730xd — 3.5" Chassis	PowerEdge R730xd — 2.5" Chassis
Chassis configuration	12 x 3.5" front facing + 4 x 3.5" mid bay + 2 x 2.5" flex bay	12 x 3.5" front facing + 2 x 2.5" flex bay	20 x 2.5" front facing + 4 x 2.5" PCIe SSD + 2 x 2.5" flex bay
Processors	Choice of: 2 x Intel® Xeon® E5-2640 v4 2 x Intel Xeon E5-2650 v4 2 x Intel Xeon E5-2660 v4	Choice of: 2 x Intel Xeon E5-2640 v4 2 x Intel Xeon E5-2650 v4 2 x Intel Xeon E5-2660 v4 2 x Intel Xeon E5-2680 v4 2 x Intel Xeon E5-2695 v4	Choice of: 2 x Intel Xeon E5-2660 v4 2 x Intel Xeon E5-2667 v4 2 x Intel Xeon E5-2680 v4 2 x Intel Xeon E5-2695 v4 2 x Intel Xeon E5-2699 v4
Memory	Choice of: 256GB (8 x 32GB RDIMM, 2400 Mhz) 384GB (8 x 32GB + 8 x 16GB RDIMM, 2400 Mhz) 512GB (16 x 32GB RDIMM, 2400 Mhz)		
Storage controller	Internal HBA330		
		Enablement of hardware-based RAID controller to mirror operating system (OS) boot drives	
Storage: OS boot	Flex bay 1 x mixed use SATA SSD	Flex bay 2 x mixed use SATA SSD with RAID-1	
Storage: cache	4–6x write intensive or mixed use SATA SSD	4x write intensive or mixed use SATA SSD	2–4x mixed use PCIe SSD (NVMe)
Storage: capacity	10–12 x 3.5" SATA 6Gbps HDD	8 x 3.5" SATA 6Gbps HDD	8–20x mixed use SATA SSD
Network cards	Add-in: Mellanox® ConnectX® Pro 3 DP (10GbE SFP+) Network Daughter Card (NDC): Intel i350 QP 1GbE (default)		
Power supply	Redundant 1,100 watts		
System software	integrated Dell Remote Access Controller (iDRAC) 8, OpenManage Essentials		
Trusted platform module (TPM)	Dell EMC TPM 2.0		

┃圖 A-2　Dell EMC – S2D 解決方案

※ 圖片來源：Dell EMC 官方網站 – Microsoft Storage Spaces Direct Ready Nodes Solution Overview

A.3 Fujitsu – S2D 解決方案

Fujitsu 推 出「Fujitsu Integrated System Software defined storage solution with Microsoft Storage Spaces Direct」的 S2D 解決方案，依據企業及組織不同需求分別提供「Hybrid、All-Flash」多種 S2D 解決方案。詳細資訊請參考 Fujitsu 官方網站（*URL* http://www.fujitsu.com/fts/products/computing/integrated-systems/ms-s2d.html ）。

	Fujitsu Windows Server Software-defined Configuration			PRIMEFLEX powered by Microsoft Hyper-converged	
	All Flash		Hybrid	Hybrid	
Server Models	PRIMERGY RX2540 M2 (2.5" Model)			PRIMERGY RX2540 M2 (2.5" Model)	PRIMERGY RX2530 M2 (2.5" Model)
Minimum Node	4 Nodes		4 Nodes	2 Nodes	
Maximum Node	8 Nodes		8 Nodes	16 Nodes	
Configuration per Node					
CPU	Intel® Xeon® Processor E5 v4 family (6 – 22 cores) 2 Sockets			Intel® Xeon® Processor E5 v4 family (4 – 22 cores) 1 or 2 Socket	
Memory	128- 1,536 GB			64 – 1,536 GB	
Boot Module	SATA Flash Module 128 GB				
Security Chip	TPM 2.0				
SAS Controller	SAS Controller Card (8port/SAS 12Gbps)				
Network	10GBASE x 4 ports, Dynamic LoM				
LAN PCI card	Dual port LAN Card (10GBASE) x2				
OnBoard LAN	Dynamic LAN-on-Motherboard				
Storage	PCIe SSD(NVMe) + SSD		SSD + HDD	SSD + HDD	SSD + HDD
Maximum Capacity					
Storage Drive Bay	16(front)	4(rear)	24	24	10
SAS HDD	-		43.2 TB	43.2 TB	18 TB
Nearline SAS HDD	-		48 TB	48 TB	20 TB
BC-SATA HDD	-		48 TB	48 TB	20 TB
SAS SSD	25.6TB	6.4TB	38.4 TB	38.4 TB	16 TB
SATA SSD	30.72TB,	7.68TB	46.08TB	46.08TB	19.2T
PCIe SSD	8TB	8TB	-	-	-
Microsoft Software	Windows Server 2016 Data Center Edition System Center 2016 (option)			Windows Server 2016 Data Center Edition System Center 2016 (option)	
Fujitsu Software	Serverview Infrastructure Manager for PRIMEFLEX V2, iRMC S4				
External Switch	Brocade VDX 6740				

┃ 圖 A-3　Fujitsu – S2D 解決方案

※ 圖片來源：Fujitsu 官方網站 – Integrated System Software defined storage solution with Microsoft Storage Spaces Direct

A.4　HPE – S2D 解決方案

HPE 推出「Microsoft Storage Spaces Direct with HPE Hyper-Converged Solution」的 S2D 解決方案，依據企業及組織不同需求分別提供「Flexible、Hybrid、Performance」3 種 S2D 解決方案。詳細資訊請參考 HPE 官方網站（**URL** http://h20195.www2.hpe.com/v2/GetDocument.aspx?docname=4aa6-8953enw ）。

3.2.2.1　Hardware components (per node)
Table 4. HPE Hyper Converged Hybrid HW BOM—LFF Drives

	Hyper-Converged environment	Part number	Quantity
Platform	HPE ProLiant DL380 Gen9	719061-B21	1
CPU	Intel Xeon E5-2660 v4 (2.0GHz/14-core/35MB/105W)	817945-B21	2
Memory	HPE 32GB (1x32GB) Dual Rank DDR4-2400	805351-B21	8
Storage	HPE Smart Array P840 12Gbps SAS Controller	726897-B21	1
	HPE 1.6TB 6G Mixed Use SATA LFF SSD	804634-B21	4
	HPE 6TB 6G SATA 7.2K rpm LFF HDD	793683-B21	10
	HPE Dual 340GB Read Intensive-2 Solid State Drive M.2 Kit	835565-B21	1
Network	HPE Ethernet 10Gb 2-port 546FLR-SFP+ Adapter	779799-B21	1
	HPE X240 10G SFP+ SFP+ 3m DAC Cable	JD097C	2
	HPE FlexFabric 5900AF-48XG-4QSFP+ 48-port Switch	JC772A	1
TPM	HP TPM Module 2.0 Kit	745823-B21	1

┃ 圖 A-4　HPE – S2D 解決方案

※ 圖片來源： HPE 官方網站 – Implementing Windows Server 2016 software-defined storage using HPE ProLiant servers, storage, and options

A.5 Intel – S2D 解決方案

Intel 推出「Intel / Microsoft HCI」的 S2D 解決方案，依據企業及組織不同需求分別提供「CO（Capacity Optimized）、PCO（Performance / Capacity Optimized）、PO（Performance Optimized）」3 種 S2D 解決方案。詳細資訊請參考 Intel 官方網站（**URL** https://builders.intel.com/docs/cloudbuilders/recommended_hyper_converged_infrastructure.pdf）。

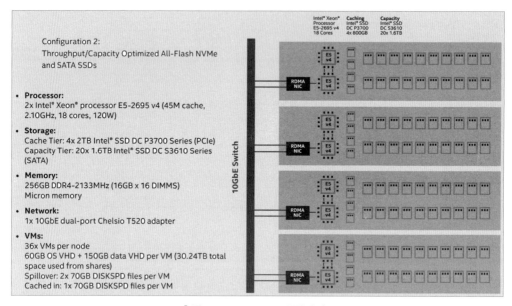

圖 A-5　Intel – S2D 解決方案

※ 圖片來源： Intel 官方網站 – Recommended HCI Reference Architecture

A.6 Lenovo – S2D 解決方案

Lenovo 推出「Lenovo Cloud Design for Microsoft Storage Spaces Direct」的 S2D 解決方案，依據企業及組織不同需求分別提供多種 S2D 解決方案。詳細資訊請參考 Lenovo 官方網站（**URL** http://www3.lenovo.com/us/en/data-center/solutions/cloud/#tab-Microsoft-Cloud-Tab）。

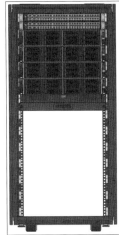

Networking: Two Lenovo RackSwitch G8272 switches, each containing:

▶ 48 ports at 10Gbps SFP+
▶ 4 ports at 40Gbps QSFP+

Compute: Four Lenovo System x3650 M5 servers, each containing:

▶ Two Intel Xeon E5-2680 v4 processors
▶ 256 GB memory
▶ One dual-port 10GbE Mellanox ConnectX-4 PCIe adapter with RoCE support

Storage in each x3650 M5 server:

▶ Twelve 3.5" HDD at front
▶ Two 3.5" HDD + Two 2.5" HDD at rear
▶ ServeRAID M1215 SAS RAID adapter
▶ N2215 SAS HBA (LSI SAS3008 at 12 Gbps)

▌圖 A-6　Lenovo – S2D 解決方案

※ 圖片來源：Lenovo 官方網站 – Reference Architecture for Microsoft Storage Spaces Direct

A.7 QCT – S2D 解決方案

QCT 推出「QxStack Windows Server 2016 Cloud Ready Appliances」的 S2D 解決方案，依據企業及組織不同需求分別提供「MSW2000、MSW6000、MSW8000」3 種 S2D 解決方案。詳細資訊請參考 QCT 官方網站（ **URL** http://www.qct.io/solution/index/Compute-Virtualization/QxStack-Microsoft-Windows-2016-Cloud-Ready-Appliance）。

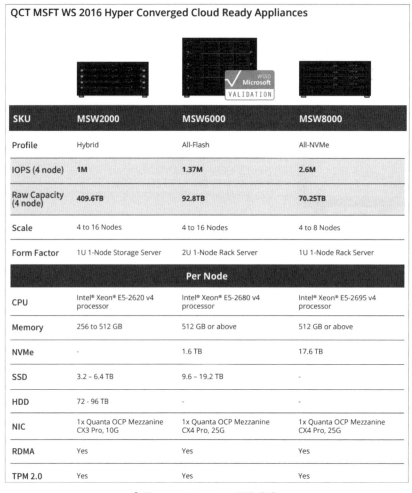

QCT MSFT WS 2016 Hyper Converged Cloud Ready Appliances

SKU	MSW2000	MSW6000	MSW8000
Profile	Hybrid	All-Flash	All-NVMe
IOPS (4 node)	1M	1.37M	2.6M
Raw Capacity (4 node)	409.6TB	92.8TB	70.25TB
Scale	4 to 16 Nodes	4 to 16 Nodes	4 to 8 Nodes
Form Factor	1U 1-Node Storage Server	2U 1-Node Rack Server	1U 1-Node Rack Server
Per Node			
CPU	Intel® Xeon® E5-2620 v4 processor	Intel® Xeon® E5-2680 v4 processor	Intel® Xeon® E5-2695 v4 processor
Memory	256 to 512 GB	512 GB or above	512 GB or above
NVMe	-	1.6 TB	17.6 TB
SSD	3.2 – 6.4 TB	9.6 – 19.2 TB	-
HDD	72 - 96 TB	-	-
NIC	1x Quanta OCP Mezzanine CX3 Pro, 10G	1x Quanta OCP Mezzanine CX4 Pro, 25G	1x Quanta OCP Mezzanine CX4 Pro, 25G
RDMA	Yes	Yes	Yes
TPM 2.0	Yes	Yes	Yes

▌圖 A-7　QCT – S2D 解決方案

※ 圖片來源：QCT 官方網站 – QxStack Windows Server 2016 Cloud Ready Appliances

A.8　Supermicro – S2D 解決方案

　　Supermicro 推出「Supermicro Hyper Converged Infrastructure Solution Using Storage Spaces Direct」的 S2D 解決方案，依據企業及組織不同需求分別提供多種 S2D 解決方案。詳細資訊請參考 Supermicro 官方網站（**URL** https://www.supermicro.com.tw/solutions/WSSD.cfm ）。

Category	Hyper-Converged Infrastructure Premium					
Orderable BOM	SYS-1028U-S2D			SYS-2028TP-S2D		
Server SKU	SYS-1028U-TN10RT+			SYS-2028TP-DNCTR		
OS	Windows Server 2016 Datacenter Edition Included					
Profile	All-flash NMVe			Hybrid		
Scalability	4 nodes			4 nodes		
Form Factor	4x 1U			2x 2U		
RDMA	Yes			Yes		
TPM 2.0	Yes			Yes		
CPU	Intel® Xeon® processor E5-2600 v4 product family					
Memory	128GB (up to 3TB per node)			128GB (up to 3TB per node)		
HBA	N/A			LSI 3008		
NIC	Supermicro AOC-S25G-m2S			Supermicro AOC-S25G-m2S		
Storage	Type	Qty.	Form Factor	Type	Qty.	Form Factor
Caching	400GB NVMe	2	2.5" U.2	800GB NVMe	3	2.5" U.2
Capacity	2TB NVMe	6	2.5" U.2	2TB SATA3 HDD	6	2.5" U.2

▍圖 A-8　Supermicro – S2D 解決方案

※ 圖片來源：Supermicro 官方網站 – Hyper Converged Infrastructure Solution Using Storage Spaces Direct

博弗斯娛樂文創

曼畫新秀愛徵稿
點燃滿滿二次元的創作能量

創漫畫作品強烈招募中!

馬登錄獨享
經評選簽約,成為平台創作者。
協助作品推廣台灣、中國與東南亞各國。
有機會將作品集結成冊,一圓出版夢。
重點IP培育,品牌塑造與周邊開發。
專業經紀制度,協助故事架構與作品賣點。

投稿方式
即日起至活動官網進行
會員申請與投稿,活動網址:
http://blt.ly/2JX5xtY

活動 QR-Code

喜愛畫漫畫,熱愛畫漫畫,沒有畫漫畫就吃不下飯,就睡不著覺,
甚至就會活不下去的漫畫癡、漫畫狂,好消息來囉!

博弗斯現在為廣大愛畫漫畫的創作者提供了這一個滿滿的大平台,
只要你動筆,博弗斯就可以完成你當漫畫家的美夢,
數位內容同步發行到世界各地。

斯摩比 為創業者加油
網路創業中心

博碩讀者獨享
送您NT500元

每月5美元，2小時打造支援SSL高效能Wordpress網站

linode + SSL + **WORDPRESS**

5美元=20GB SSD+1GB RAM

CentOS   CONTROL   Let's Encrypt

課程網址：https://smallbig.in

優惠券代碼：drmaster2017

使用說明：
1. 適用於「每月5美元，2小時打造支援SSL高效能Wordpress網站」課程。
2. 在結帳頁面輸入優惠券代碼，即可以馬上享有新台幣500元折價。
3. 本優惠恕無法折換現金或與其他優惠重覆使用。
4. 每一個申請帳號限使用一次。
5. 斯摩比網路創業中心保留所有優惠變更權利，並公佈於官網上。

曾經有一份真誠的愛情，擺在我的面前，但是我沒有珍惜。
等到了失去的時候，才後悔莫及，塵世間最痛苦的事莫過於此。
如果上天可以給我一個機會，再來一次的話，我會跟那個女孩子說：
「我愛她」。
如果能有一次讓我提筆紀錄下我與她的愛情故事
不用等待上天的憐憫
在這裡，我們提供你發揮創作的舞台！

咪咕之星 徵文

活動說明

你有滿腔的熱血、滿腹的文騷無法發洩嗎？博碩文化為大家提供了文學創作的競飆舞台，集結了台灣、大陸與東南亞的數位內容平台，只要現在動筆，博碩文化就可完成你的出版美夢，發行內容到世界各地。

徵選主題

各式小說題材徵選：都市、情感、青春、玄幻、奇幻、仙俠、官場、科幻、軍事、武俠、職場、商戰、歷史、懸疑、傳記、勵志、短篇、童話。

投稿方式

即日起至活動官網進行會員申請與投稿，活動網址：
https://goo.gl/jevOi6

活動 QR-Code

合作平台

中國移動 China Mobile

咪咕阅读　讀書吧

HyRead ebook 電子書店

kobo　myBook

買書×看書×分享書

TAAZE 讀冊生活 www.taaze.tw

Google Play

PubU 電子書城 www.pubu.com.tw

1766 一起聽網路廣播電台，讓你帶著聽的好書 http://www.1766.tor.tay

──── 即日起徵稿 ────
期限：一萬年！

主辦單位
博碩文化・博弗斯娛樂文創・博碩數媒

讀者回函

讀者回函

感謝您購買本公司出版的書，您的意見對我們非常重要！由於您寶貴的建議，我們才得以不斷地推陳出新，繼續出版更實用、精緻的圖書。因此，請填妥下列資料(也可直接貼上名片)，寄回本公司(免貼郵票)，您將不定期收到最新的圖書資料！

購買書號：　　　　**書名：**

姓　　　名：_____

職　　　業：□上班族　　□教師　　　□學生　　　□工程師　　□其它

學　　　歷：□研究所　　□大學　　　□專科　　　□高中職　　□其它

年　　　齡：□10~20　　□20~30　　□30~40　　□40~50　　□50~

單　　　位：_____部門科系：_____

職　　　稱：_____聯絡電話：_____

電子郵件：_____

通訊住址：□□□ _____

您從何處購買此書：

□書局_____　□電腦店_____　□展覽_____　□其他_____

您覺得本書的品質：

內容方面：　□很好　　　　□好　　　　□尚可　　　　□差

排版方面：　□很好　　　　□好　　　　□尚可　　　　□差

印刷方面：　□很好　　　　□好　　　　□尚可　　　　□差

紙張方面：　□很好　　　　□好　　　　□尚可　　　　□差

您最喜歡本書的地方：_____

您最不喜歡本書的地方：_____

假如請您對本書評分，您會給(0~100分)：_____ 分

您最希望我們出版那些電腦書籍：

請將您對本書的意見告訴我們：

您有寫作的點子嗎？□無　　□有　　專長領域：_____

歡迎您加入博碩文化的行列哦！

✂請沿虛線剪下寄回本公司

Give Us a Piece Of Your Mind

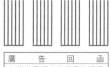

廣　告　回　函
台灣北區郵政管理局登記證
北 台 字 第 4 6 4 7 號
印 刷 品 ・ 免 貼 郵 票

221

博碩文化股份有限公司　產品部

台灣新北市汐止區新台五路一段112號10樓Ａ棟